博碩文化

U0077527

圖解
資料結構
使用 JavaScript

吳燦銘　著

作　　者：吳燦銘 著
責任編輯：Cathy

董 事 長：陳來勝
總 編 輯：陳錦輝

出　　版：博碩文化股份有限公司
地　　址：221 新北市汐止區新台五路一段 112 號 10 樓 A 棟
　　　　　電話 (02) 2696-2869　傳真 (02) 2696-2867

發　　行：博碩文化股份有限公司
郵撥帳號：17484299　戶名：博碩文化股份有限公司
博碩網站：http://www.drmaster.com.tw
讀者服務信箱：dr26962869@gmail.com
訂購服務專線：(02) 2696-2869 分機 238、519
(週一至週五 09:30 ～ 12:00；13:30 ～ 17:00)

版　　次：2021 年 9 月初版

建議零售價：新台幣 580 元
I S B N：978-986-434-893-0
律師顧問：鳴權法律事務所 陳曉鳴律師

本書如有破損或裝訂錯誤，請寄回本公司更換

國家圖書館出版品預行編目資料

圖解資料結構：使用 JavaScript/ 吳燦銘作 . --
初版 . -- 新北市：博碩文化股份有限公司，
2021.09
　　面；　公分

ISBN 978-986-434-893-0(平裝)

1.資料結構 2.Java Script(電腦程式語言)

312.73　　　　　　　　　　　　110015173

Printed in Taiwan

博碩粉絲團　歡迎團體訂購，另有優惠，請洽服務專線
(02) 2696-2869 分機 238、519

序

Preface

　　資料結構一直是電腦科學領域非常重要的基礎課程，它除了是全國各大專院校資訊、資工、資管、應用數學、電腦科學、計算機等資訊相關科系的必修科目，近年來包括電機、電子或一些商學管理科系也列入選修課程。同時，一些資訊相關科系的轉學考、研究所考試、國家高、普、特考，資料結構都列入必考科目，由此可知，不論就考試的角度，或是研究資訊科學學問的角度，資料結構確實是有志從事資訊工作的專業人員，不得不重視的一門基礎課程。

　　對於第一次接觸資料結構課程的初學者來說，資料結構中大量的理論及演算法不易理解，常會造成學習障礙與挫折感。為了幫助讀者快速理解資料結構，本書採用豐富圖例來闡述基本概念，並將重要理論、演算法做最意簡言明的詮釋及舉例，同時配合完整的範例程式碼，期能透過實作來熟悉資料結構。因此，這是一本兼具內容及專業的資料結構教學用書。

　　市面上以 JavaScript 來實作資料結構理論的書籍較為缺乏，本書則是一本如何將資料結構概念 JavaScript 實作的重要著作，為了方便學習，書中都是完整的程式碼，可以避免片斷學習程式的困擾。本書的主要特色在於將較為複雜的理論以圖文並茂的解說方式，並以最簡單的表達方式，將這些資料結構理論加以詮釋。

　　由於筆者長期從事資訊教育及寫作工作，在文句的表達上盡量朝向簡潔有力、邏輯清楚闡述為主，而為了驗收各章的學習成果，特別蒐集了大量的習題，並參閱國內各種重要考試與資料結構相關的題型，提供讀者更多的實戰演練經驗。

　　在附錄 A 提供 JavaScript 語言的快速入門，本單元以最精要的方式，介紹在資料結構實作過程中，需要用到的基礎語法及重要觀念。附錄 B 則是資料結構使用 JavaScript 程式除錯經驗分享，在本單元列出資料結構實作過程中較常出的錯誤畫面，並提供可能原因的經驗分享與解決建議，希望有助於各位的學習。

　　我想一本好的理論書籍除了內容的完備專業外，更需要有清楚易懂的架構安排及表達方式。在細細閱讀本書之後，相信您會體會筆者的用心，也希望您能對這門基礎學問有更深更完整的認識。

目錄

Contents

Chapter 1

資料結構導論

Chapter 2

陣列結構

Chapter 3

鏈結串列

Chapter 4

堆疊

Chapter 5

佇列

Chapter 6

樹狀結構

Chapter 7

圖形結構

Chapter 8

排序

Chapter 9

搜尋

Appendix A

開發環境與 JavaScript 快速入門

Appendix **B**

資料結構使用 JavaScript 程式除錯實錄

1

資料結構導論

- 資料結構的定義
- 演算法
- 認識程式設計
- 演算法效能分析

對於一個有志於從事資訊專業領域的人員來說，資料結構（Data Structure）是一門和電腦硬體與軟體都有相關涉獵的學科，稱得上是近十幾年來蓬勃興起的一門新興科學；它的研究重點是在電腦的程式設計領域中，如何將電腦中相關資料的組合，以某種方式組識而成，其中包含了演算法（Algorithm）、資料儲存架構、排序、搜尋、程式設計概念與雜湊函數。

1-1 資料結構的定義

各位可以將資料結構看成是在資料處理過程中一種分析、組織資料的方法與邏輯，它考慮到了資料間的特性與相互關係。簡單來說，資料結構的定義就是一種程式設計最佳化的方法論，它不僅討論到儲存的資料，同時也考慮到彼此之間的關係與運算，使達到加快執行速度與減少記憶體佔用空間等功用。

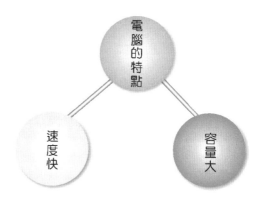

在現代的社會中，電腦與資訊是息息相關的，因為電腦處理速度快與儲存容量大的兩大特點，在資料處理的角色上更為舉足輕重。資料結構無疑就是資料進入電腦化處理的一套完整邏輯。就像程式設計師必須選擇一種資料結構來進行資料的新增、修改、刪除、儲存等動作，如果在選擇資料結構時作了錯誤的決定，那程式執行起來的速度將可能變得非常沒有效率，甚至如果選錯了資料型態，那後果更是不堪設想。

當我們要求電腦為我們解決問題時，必須以電腦所能接受的模式來確認問題，而安排適當的演算法去處理資料，就是資料結構討論的重點。具體而言，資料結構就是資料與演算法結構的研究與討論。

1-1-1 資料與資訊

談到資料結構，首先就必須了解何謂資料（Data）與資訊（Information）。從字義上來看，所謂資料，指的就是一種未經處理的原始文字（Word）、數字（Number）、符號（Symbol）或圖形（Graph）等，它所表達出來的只是一種沒有評估價值的基本元素或項目。例如姓名或我們常看到的課表、通訊錄等等都可泛稱是一種「資料」。

當資料經過處理（Process）過程，例如以特定的方式有系統的整理、歸納甚至進行分析後，就成為「資訊」。而這樣處理的過程就稱為「資料處理」（Data Processing）。

從嚴謹的角度來形容－「資料處理」，就是用人力或機器設備，對資料進行有系統的整理，如記錄、排序、合併、整合、計算、統計等，以使原始的資料符合需求，而成為有用的資訊。

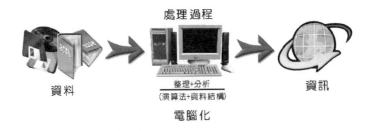

不過各位可能會有疑問：「那麼資料和資訊的角色是否絕對一成不變？」。這到也不一定，同一份文件可能在某種情況下為資料，而在另一種狀況下則為資訊。例如美伊戰爭的某場戰役死傷人數報告，對你我這些平民百姓而言，只是一份「資料」，不過對於英美聯軍指揮官而言，這就是彌足珍貴的「資訊」。

1-1-2 資料的特性

通常依照計算機中所儲存和使用的對象，我們可將資料分為兩大類，一為數值資料（Numeric Data），例如 0, 1, 2, 3...9 所組成，可用運算子（Operator）

來做運算的資料,另一類為文數資料(Alphanumeric Data),像 A, B, C...+,* 等非數值資料(Non-Numeric Data)。不過如果依據資料在計算機程式語言中的存在層次來區分,可以分為以下三種型態:

● 基本資料型態(Primitive Data Type)

不能以其他型態來定義的資料型態,或稱為純量資料型態(Scalar Data Type),幾乎所有的程式語言都會提供一組基本資料,例如 JavaScript 語言中的基本資料型態,就包括了數值(Number)、布林(Boolean)及字串(String)資料型態。

● 結構化資料型態(Structured Data Type)

或稱為虛擬資料型態(Virtual Data Type),是一種比基本資料型態更高一層的資料型態,例如字串(string)、陣列(array)、指標(pointer)、串列(list)、檔案(file)等。

● 抽象資料型態(Abstract Data Type)

對一種資料型態而言,我們可以將其看成是一種值的集合,以及在這些值上所作的運算與本身所代表的屬性所成的集合。「抽象資料型態」(Abstract Data Type, ADT)所代表的意義便是定義這種資料型態所具備的數學關係。也就是說,ADT 在電腦中是表示一種「資訊隱藏」(Information Hiding)的精神與某一種特定的關係模式。例如堆疊(Stack)是一種後進先出(Last In, First Out)的資料運作方式,就是一種很典型的 ADT 模式。

1-1-3 資料結構的應用

在現實生活中,電腦的主要工作就是把我們口中所稱的資料(Data),透過某種運算處理的過程,轉換為實用的資訊(Information)。例如一個學生的國文成績是 90 分,我們可以說這是一筆成績的資料,不過無法判斷它具備任何意義。如果經過某些如排序(sorting)的處理,就可以知道這學生國文成績在班上同學中的名次，也就是清楚在這班學生中的相對好壞，因此這就是一種資訊，而排序就是資料結構的一種應用。以下我們將介紹一些資料結構的常見應用：

樹狀結構

樹狀結構是一種相當重要的非線性資料結構，廣泛運用在如人類社會的族譜或是機關組織、計算機上的 MS-DOS 和 Unix 作業系統、平面繪圖應用、遊戲設計等。例如年輕人喜愛的大型線上遊戲中，需要取得某些物體所在的地形資訊，如果程式是依次從構成地形的模型三角面尋找，往往會耗費許多執行時間，非常沒有效率。因此一般程式設計師就會使用樹狀結構中的二元空間分割樹（BSP tree）、四元樹（Quadtree）、八元樹（Octree）等來分割場景資料。

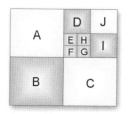
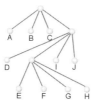
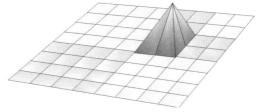

四元樹示意圖　　　　　　　　　地形與四元樹的對應關係

最短路徑

最短路徑的功用是在眾多不同的路徑中，找尋行經距離最短、或者花費成本最少的路徑。最傳統的應用是在公共交通運輸或網路架設上可能開始時間的最短路徑問題，如都市運輸系統、鐵道運輸系統、通信網路系統等。

如衛星導航系統（Global Positioning System, GPS），就是透過衛星與地面接收器，達到傳遞方位訊息、計算路程、語音導航與電子地圖等功能，目前有許多汽車與手機都有安裝 GPS 定位器作為定位與路況查詢之用。其中路程的計算就以最短路徑的理論為程式設計上的依歸，提供旅行者路徑選擇方案，增加駕駛者選擇的彈性。

許多大眾運輸系統都必須運用到最短路徑的理論

◉ 搜尋理論

所謂「搜尋引擎」（Searching Engine）是一種自動從網際網路的眾多網站中蒐集資訊，經過一定整理後，提供給使用者進行查詢的系統，例如 Yahoo、Google、蕃薯藤等。

搜尋引擎的資訊來源主要有兩種，一種是使用者或網站管理員主動登錄，一種是撰寫程式主動搜尋網路上的資訊（例如 Google 的 Spider 程式，會主動經由網站上的超連結爬行到另一個網站，並收集該網站上的資訊），並收錄到資料庫中。使用者在進行搜尋時，當在內部的程式設計就必須仰賴不同的搜尋理論來進行，資訊會由上而下列出，如果資料筆數過多，則分數頁擺放，列出的方式則是由搜尋引擎自行判斷使用者搜尋時最有可能想得到的結果來擺放。

1-2 演算法

資料結構與演算法是程式設計中最基本的內涵。一個程式能否快速而有效率的完成預定的任務，取決於是否選對了資料結構，

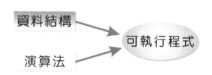

而程式是否能清楚而正確的把問題解決，則取決於演算法。所以各位可以這麼認為：「資料結構加上演算法等於可執行的程式。」

在韋氏辭典中演算法定義為：「在有限步驟內解決數學問題的程序。」如果運用在計算機領域中，我們也可以把演算法定義成：「為了解決某一個工作或問題，所需要有限數目的機械性或重複性指令與計算步驟。」其實日常生活中有許多工作都可以利用演算法來描述，例如員工的工作報告、寵物的飼養過程、學生的功課表等等。

1-2-1 演算法的條件

當認識了演算法的定義後，我們還要說明演算法所必須符合的五個條件：

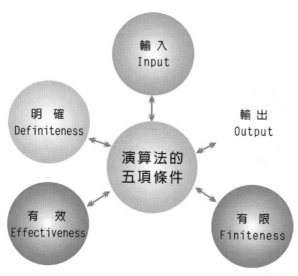

演算法的五項條件

演算法特性	內容與說明
輸入（Input）	0 個或多個輸入資料，這些輸入必須有清楚的描述或定義。
輸出（Output）	至少會有一個輸出結果，不可以沒有輸出結果。
明確性（Definiteness）	每一個指令或步驟必須是簡潔明確而不含糊的。
有限性（Finiteness）	在有限步驟後一定會結束，不會產生無窮迴路。
有效性（Effectiveness）	步驟清楚且可行，能讓使用者用紙筆計算而求出答案。

當各位認識了演算法的定義與條件後，接著要來思考到該用什麼方法來表達演算法最為適當呢？其實演算法的主要目的是在提供給人們閱讀了解所執行的工作流程與步驟，只要能夠清楚表現演算法的五項特性即可。常用的演算法如下：

- 一般文字敘述：中文、英文、數字等。文字敘述法的特色是使用文字或語言敘述來說明演算步驟。例如右圖就是學生小華早上上學並買早餐的簡單文字演算法：

- 虛擬語言（Pseudo-Language）：接近高階程式語言的寫法，也是一種不能直接放進電腦中執行的語言。一般都需要一種特定的前置處理器（preprocessor），或者用手寫轉換成真正的電腦語言，經常使用的有 SPARK、PASCAL-LIKE 等語言。以下是用 SPARK 寫成的鏈結串列反轉的演算法：

```
Procedure Invert(x)
    P←x; Q←Nil;
    WHILE P≠NIL do
        r←q; q←p;
        p←LINK(p);
        LINK(q)←r;
    END
x←q;
END
```

- 表格或圖形：如陣列、樹狀圖、矩陣圖等。

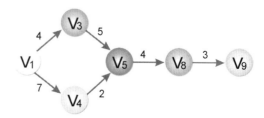

■ 流程圖：流程圖（Flow Diagram）算是一種通用的表示法，必須使用某些圖形符號。例如請您輸入一個數值，並判別是奇數或偶數。

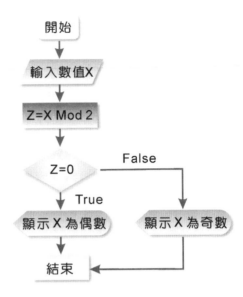

■ 程序語言：目前演算法也能夠直接以可讀性高的高階語言來表示，例如 Visual Basic 語言、C 語言、C++ 語言、Java、Python、JavaScript 語言。以下演算法是以 JavaScript 語言來計算所輸入兩數 x、y 的 x^y 值函數 Pow()：

```
var Pow=(x,y)=> {
    p=1;
    for(i=1;i<y+1;i++)
        p *=x;
    return p;
}
```

TIPS　演算法和程序（procedure）有何不同？與流程圖又有什麼關係？

演算法和程序是有所區別的，因為程式不一定要滿足有限性的要求，如作業系統或機器上的運作程序。除非當機，否則永遠在等待迴路（waiting loop），這也違反了演算法五大原則之一的「有限性」。另外只要是演算法都能夠利用程式流程圖表現，但因為程序流程圖可包含無窮迴路，所以無法利用演算法來表達。

1-3 認識程式設計

在資料結構中,所探討的目標就是將演算法朝向有效率、可讀性高的程式設計方向努力。簡單的說,資料結構與演算法必須透過程式(Program)的轉換,才能真正由電腦系統來執行。

所謂程式,是由合乎程式語言語法規則的指令所組成,而程式設計的目的就是透過程式的撰寫與執行來達到使用者的需求。或許各位讀者認為程式設計的主要目的只是要「跑」出正確結果,而忽略了包括執行績效或者日後的維護成本,其實這是不清楚程式設計的真正意義。

1-3-1 程式開發流程

程式設計時必須利用何種程式語言表達,通常可根據主客觀環境的需要,並無特別規定。一般評斷程式語言好壞的四項如下:

- 可讀性(Readability)高:閱讀與理解都相當容易。
- 平均成本低:成本考量不侷限於編碼的成本,還包括了執行、編譯、維護、學習、除錯與日後更新等成本。
- 可靠度高:所撰寫出來的程式碼穩定性高,不容易產生邊際錯誤(Side Effect)。
- 可撰寫性高:對於針對需求所撰寫的程式相對容易。

對於程式設計領域的學習方向而言,無疑就是期待朝向有效率、可讀性高的程式設計成果為目標。一個程式的產生過程,則可區分為以下五個設計步驟:

① 需求認識(requirements):了解程式所要解決的問題是什麼,有哪些輸入及輸出等。

② 設計規劃(design and plan):根據需求,選擇適合的資料結構,並以任何的表示方式寫一個演算法以解決問題。

③　分析討論（analysis and discussion）：思考其他可能適合的演算法及資料結構，最後再選出最適當的標的。

④　編寫程式（coding）：把分析的結論，寫成初步的程式碼。

⑤　測試檢驗（verification）：最後必須確認程式的輸出是否符合需求，這個步驟得細部的執行程式並進行許多的相關測試。

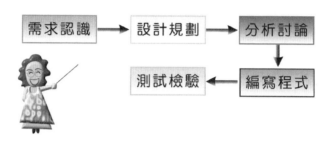

程式設計的五大步驟

1-3-2　結構化程式設計

在傳統程式設計的方法中，主要是以「由下而上法」與「由上而下法」為主。所謂「由下而上法」是指程式設計師將整個程式需求最容易的部份先編寫，再逐步擴大來完成整個程式。

「由上而下法」則是將整個程式需求從上而下、由大到小逐步分解成較小的單元，或稱為「模組」（module），這樣使得程式設計師可針對各模組分別開發，不但減輕設計者負擔、可讀性較高，對於日後維護也容易許多。結構化程式設計的核心精神，就是「由上而下設計」與「模組化設計」。例如在 Pascal 語言中，這些模組稱為「程序」（Procedure），C 語言中稱為「函數」（Function）。

通常「結構化程式設計」具備以下三種控制流程，對於一個結構化程式，不管其結構如何複雜，皆可利用以下基本控制流程來加以表達：

流程結構名稱	概念示意圖
[循序結構] 逐步的撰寫敘述。	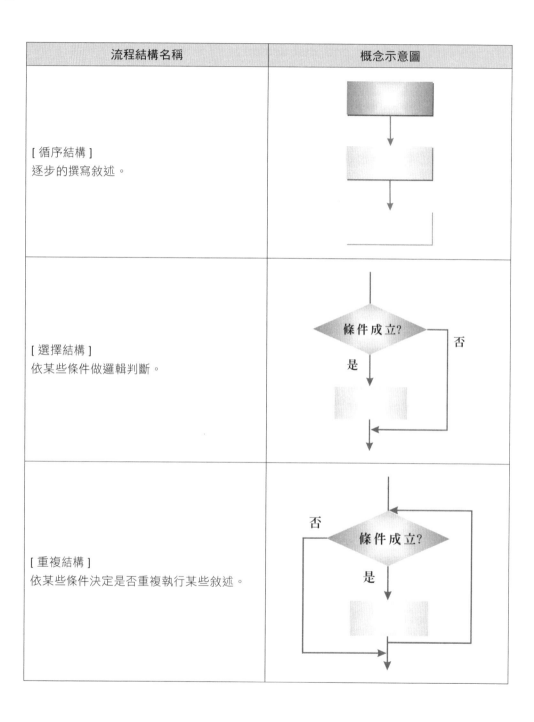
[選擇結構] 依某些條件做邏輯判斷。	
[重複結構] 依某些條件決定是否重複執行某些敘述。	

1-3-3 物件導向程式設計

物件導向程式設計（Object-Oriented Programming, OOP）的主要精神就是將存在於日常生活中舉目所見的物件（object）概念，應用在軟體設計的發展模式（software development model）。也就是說，OOP 讓各位從事程式設計時，能以一種更生活化、可讀性更高的設計觀念來進行，並且所開發出來的程式也較容易擴充、修改及維護。

現實生活中充滿了各種形形色色的物體，每個物體都可視為一種物件。我們可以透過物件的外部行為（behavior）運作及內部狀態（state）模式，來進行詳細地描述。行為代表此物件對外所顯示出來的運作方法，狀態則代表物件內部各種特徵的目前狀況。如右圖所示：

例如想要自己組一部電腦，而目前人在宜蘭，因為零件不足，可能必須找遍宜蘭市所有的電腦零件公司，如果仍不能在宜蘭市找到所需要的零件，或許你必須到台北找尋你所需要的設備。也就是說，一切的工作必須一步一步按照自己的計畫，分別到不同的公司去找尋你所需的零件。試想即使省了少許金錢成本，卻為時間成本付出相當大的代價。

但換個角度來看，假使不必去理會貨源如何取得，完全交給電腦公司全權負責，事情便會單純許多。你只需填好一份配備的清單，該電腦公司便會收集好所有的零件，寄往你所指定的地方，至於該電腦公司如何取得貨源，便不是我們所要關心的事。我們要強調的觀念便在此，只要確立每一個單位是一個獨立的個體，該獨立個體有其特定之功能，而各項工作之完成，僅需在這些個別獨立的個體間作訊息（Message）交換即可。

物件導向設計的理念就是認定每一個物件是一個獨立的個體，而每個獨立個體有其特定之功能，對我們而言，無需去理解這些特定功能如何達成這個目標過程，僅須將需求告訴這個獨立個體，如果此個體能獨立完成，便可直接

將此任務，交付給發號命令者。物件導向程式設計的重點是強調程式的可讀性
（Readability）重複使用性（Reusability）與延伸性（Extension），並具備以下
三種特性，說明如下：

● 封裝

封裝（Encapsulation）是利用「類別」（class）來實作「抽象化資料型態」
（ADT）。類別是一種用來具體描述物件狀態與行為的資料型態，也可以看成是
一個模型或藍圖，按照這個模型或藍圖所生產出來的實體（Instance），就被稱
為物件。

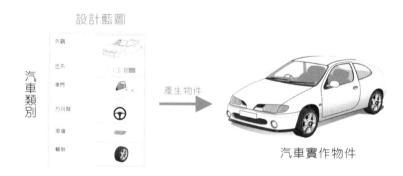

<類別與物件的關係>

所謂「抽象化」，就是將代表事物特徵的資料隱藏起來，並定義「方法」
（Method）做為操作這些資料的介面，讓使用者只能接觸到這些方法，而無法
直接使用資料，符合了「資訊隱藏」（Information Hiding）的意義，這種自訂的
資料型態就稱為『抽象化資料型態』。相對於傳統程式設計理念，就必須掌握
所有的來龍去脈，針對時效性而言，便大大地打了折扣。

繼承

　　繼承性稱得上是物件導向語言中最強大的功能，因為它允許程式碼的重複使用（Code Reusability），及表達了樹狀結構中父代與子代的遺傳現象。「繼承」（inheritance）則是類似現實生活中的遺傳，允許我們去定義一個新的類別來繼承既存的類別（class），進而使用或修改繼承而來的方法（method），並可在子類別中加入新的資料成員與函數成員。在繼承關係中，可以把它單純地視為一種複製（copy）的動作。換句話說當程式開發人員以繼承機制宣告新增類別時，它會先將所參照的原始類別內所有成員，完整地寫入新增類別之中。例如右圖的類別繼承關係圖所示：

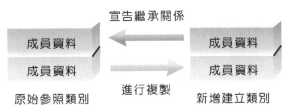

多形

　　多形（Polymorphism）也是物件導向設計的重要特性，可讓軟體在發展和維護時，達到充份的延伸性。多形（polymorphism），按照英文字面解釋，就是一樣東西同時具有多種不同的型態。在物件導向程式語言中，多形的定義是利用類別的繼承架構，先建立一個基礎類別物件，使用者可透過物件的轉型宣告，將此物件向下轉型為衍生類別物件，進而控制所有衍生類別的「同名異式」成員方法。簡單的說，多形最直接的定義就是讓具有繼承關係的不同類別物件，可以呼叫相同名稱的成員函數，並產生不同的反應結果。

1-4 演算法效能分析

　　對一個程式（或演算法）效能的評估，經常是從時間與空間兩種因素來做考量。時間方面是指程式的執行時間，稱為「時間複雜度」（Time Complexity）。空間方面則是此程式在電腦記憶體所佔的空間大小，稱為「空間複雜度」（Space Complexity）。

❶ 空間複雜度

「空間複雜度」是一種以概量精神來衡量所需要的記憶體空間。而這些所需要的記憶體空間，通常可以區分為「固定空間記憶體」（包括基本程式碼、常數、變數等）與「變動空間記憶體」（隨程式或進行時而改變大小的使用空間，例如參考型態變數）。由於電腦硬體進展的日新月異及牽涉到所使用電腦的不同，所以純粹從程式（或演算法）的效能角度來看，應該以演算法的執行時間為主要評估與分析的依據。

❶ 時間複雜度

例如程式設計師可以就某個演算法的執行步驟計數來衡量執行時間的標準，但是同樣是兩行指令：

```
a=a+1與a=a+0.3/0.7*10005
```

由於涉及到變數儲存型態與運算式的複雜度，所以真正絕對精確的執行時間一定不相同。不過話又說回來，如此大費周章的去考慮程式的執行時間往往窒礙難行，而且毫無意義。這時可以利用一種「概量」的觀念來做為衡量執行時間，我們就稱為「時間複雜度」（Time Complexity）。詳細定義如下：

在一個完全理想狀態下的計算機中，我們定義一個 T(n) 來表示程式執行所要花費的時間，其中 n 代表資料輸入量。當然程式的執行時間或最大執行時間（Worse Case Executing Time）作為時間複雜度的衡量標準，一般以 Big-oh 表示。

由於分析演算法的時間複雜度必須考慮它的成長比率（Rate of Growth）往往是一種函數，而時間複雜度本身也是一種「漸近表示」（Asymptotic Notation）。

1-4-1　Big-oh

O(f(n)) 可視為某演算法在電腦中所需執行時間不會超過某一常數倍的 f(n)，也就是說當某演算法的執行時間 T(n) 的時間複雜度（Time Complexity）為 O(f(n))（讀成 Big-oh of f(n) 或 Order is f(n)）。

意謂存在兩個常數 c 與 n_0，則若 $n \geq n_0$，則 $T(n) \leq cf(n)$，$f(n)$ 又稱之為執行時間的成長率（rate of growth）。請各位多看以下範例題，可以更了解時間複雜度的意義。

範例 **1.4.1** 假如執行時間 $T(n)=3n^3+2n^2+5n$，求時間複雜度為何？

解答 首先得找出常數 c 與 n_0，我們可以找到當 $n_0=0$，c=10 時，則當 $n \geq n_0$ 時，$3n^3+2n^2+5n \leq 10n^3$，因此得知時間複雜度為 $O(n^3)$。

範例 **1.4.2** 請證明 $\displaystyle\sum_{1 \leq i \leq n} i = O(n^2)$

解答 $\displaystyle\sum_{1 \leq i \leq n} i = 1+2+3+...+n = \dfrac{n(n+1)}{2} = \dfrac{n^2+n}{2}$

又可以找到常數 $n_0=0$、c=1，當 $n \geq n_0$，$\dfrac{n^2+n}{2} \leq n^2$，因此得知時間複雜度為 $O(n^2)$。

範例 **1.4.3** 考慮下列 x=x+1 的執行次數。

(1)
```
:x=x+1;
:
```

(2)
```
for (i=1; i<n+1;i++)
    x=x+1;
```

(3)
```
for (i=1; i<n+1;i++)
    for (j=1; i<m+1;j++)
        x=x+1;
```

解答 (1) 1 次 (2) n 次 (3) n*m 次。

範例 **1.4.4** 求下列演算法中 x=x+1 的執行次數及時間複雜度。

```
for (i=1;i<n+1;i++)
    j=i;
    for (k=j+1; k<n+1; k++)
        x=x+1;
```

解答 有關 x=x+1 這行指令的指令次數，因為 j=i，且 k=j+1 所以可用以下數學式表示，所以其執行次數為

$$\sum_{i=1}^{n} \sum_{k=i+1}^{n} 1 = \sum_{i=1}^{n} (n-i) = \sum_{i=1}^{n} n - \sum_{i=1}^{n} i = n^2 - \frac{n(n+1)}{2} = \frac{n(n-1)}{2} \text{（次）}$$

而時間複雜度為 $O(n^2)$。

範例 1.4.5 請決定以下片段程式的執行時間：

```
k=100000;
while (k!=5)
    k=parseInt(k/10);
```

解答 因為「k=parseInt(k/10);」，所以一直到 k=0 時，都不會出現 k=5 的情況，整個迴路為無窮迴路，執行時間為無限長。

常見 Big-oh

事實上，時間複雜度只是執行次數的一個概略的量度層級，並非真實的執行次數。而 Big-oh 則是一種用來表示最壞執行時間的表現方式，它也是最常使用在描述時間複雜度的漸近式表示法。常見的 Big-oh 有下列幾種：

Big-oh	特色與說明
$O(1)$	稱為常數時間（constant time），表示演算法的執行時間是一個常數倍。
$O(n)$	稱為線性時間（linear time），執行的時間會隨資料集合的大小而線性成長。
$O(\log_2 n)$	稱為次線性時間（sub-linear time），成長速度比線性時間還慢，而比常數時間還快。
$O(n^2)$	稱為平方時間（quadratic time），演算法的執行時間會成二次方的成長。
$O(n^3)$	稱為立方時間（cubic time），演算法的執行時間會成三次方的成長。
(2^n)	稱為指數時間（exponential time），演算法的執行時間會成二的 n 次方成長。例如解決 Nonpolynomial Problem 問題演算法的時間複雜度即為 $O(2^n)$。
$O(n\log_2 n)$	稱為線性乘對數時間，介於線性及二次方成長的中間之行為模式。

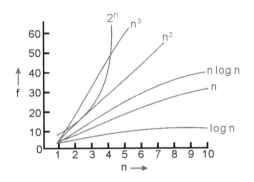

對於 n≧16 時，時間複雜度的優劣比較關係如下：

```
O(1)＜O(log₂n)＜O(n)＜O(nlog₂n)＜O(n²)＜O(n³)＜O(2ⁿ)
```

範例 **1.4.6** 請決定下列的時間複雜度。（f(n) 表執行次數）

(a) $f(n)=n^2 \log n + \log n$

(b) $f(n)=8 \log \log n$

(c) $f(n)=\log n^2$

(d) $f(n)=4 \log \log n$

(e) $f(n)=n/100+1000/n^2$

(f) $f(n)=n!$

解答 (a) $f(n)=(n^2+1)\log n = O(n^2 \log n)$

(b) $f(n)=8 \log \log n = O(\log \log n)$

(c) $f(n)=\log n^2 = 2 \log n = O(\log n)$

(d) $f(n)=4 \log \log n = O(\log \log n)$

(e) $f(n)=n/100+1000/n^2 \leq n/100$（當 n≧1000 時）$=O(n)$

(f) $f(n)=n!=1*2*3*4*5...*n \leq n*n*n*...n*n \leq n^n$（n≧1 時）$=O(n^n)$

1-4-2 Ω（omega）

Ω 也是一種時間複雜度的漸近表示法，如果說 Big-oh 是執行時間量度的最壞情況，那 Ω 就是執行時間量度的最好狀況。以下是 Ω 的定義：

對 $f(n)=\Omega(g(n))$（讀作 "big-omega of g(n)"），意指存在常數 c 和 n_0，對所有的 n 值而言，$n \geq n_0$ 時，$f(n) \geq cg(n)$ 均成立。例如 $f(n)=5n+6$，存在 c=5，$n_0=1$，對所有 $n \geq 1$ 時，$5n+6 \geq 5n$，因此 $f(n) = \Omega(n)$ 而言，n 就是成長的最大函數。

範例 **1.4.7** $f(n)=6n^2+3n+2$，請利用 Ω 來表示 f(n) 的時間複雜度。

解答 $f(n)= 6n^2+3n+2$，存在 c=6，$n_0 \geq 1$，對所有的 $n \geq n_0$，使得 $6n^2+3n+2 \geq 6n^2$，所以 $f(n)= \Omega(n^2)$

1-4-3 θ（theta）

是一種比 Big-O 與 Ω 更精確時間複雜度的漸近表示法。定義如下：

$f(n)= \theta(g(n))$（讀作 "big-theta of g(n)"），意指常數 c_1、c_2、n_0，對所有的 $n \geq n_0$ 時，$c_1 g(n) \leq f(n) \leq c_2 g(n)$ 均成立。換句話說，當 $f(n)=\theta(g(n))$ 時，就表示 g(n) 可代表 f(n) 的上限與下限。

例如以 $f(n)=n^2+2n$ 為例，當 $n \geq 0$ 時，$n^2+2n \leq 3n^2$，可得 $f(n)=O(n^2)$。同理，$n \geq 0$ 時，$n^2+2n \geq n^2$，可得 $f(n)=\Omega(n^2)$，所以 $f(n)=n^2+2n=\theta(n^2)$。

1. 請問以下 JavaScript 程式片段是否相當嚴謹地表現出演算法的意義？

```
count=0;
while (count!=3)
    console.log(count);
```

2. 請問下列程式區段的迴圈部份，實際執行次數與時間複雜度。

```
for (i=1;i<n+1;i++)
    for (j=i;j<n+1;j++)
        for (k=j;k<n+1;k++)
```

3. 試證明 $f(n)=a_m n^m+...+a_1 n+a_0$，則 $f(n)=O(n^m)$.

4. 請問以下程式的 Big-O 為何？

```
total=0;
for (i=1;i<n+1;i++)
    total=total+i*i;
```

5. 試述 Nonpolynomial Problem 的意義。

6. 解釋下列名詞：

   (1) O(n)(Big-Oh of n)

   (2) 抽象資料型態（Abstract Data Type）

7. 試述結構化程式設計與物件導向程式設計的特性為何？試簡述之。

8. 請寫一個演算法來求取函數 f(n)，f(n) 的定義如下：

$$f(n):\begin{cases} n^n & \text{if } n\geq 1 \\ 1 & \text{otherwise} \end{cases}$$

9. 演算法必須符合哪五項條件？

10. 請問評斷程式語言好壞的要素為何？

MEMO.

2

陣列結構

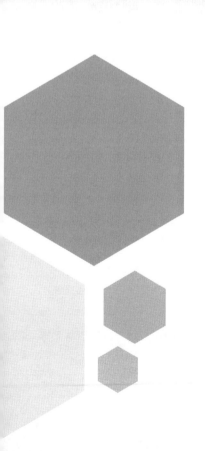

「線性串列」（Linear List）是數學理論應用在電腦科學中一種相當簡單與基本的資料結構，簡單的說，線性串列是 n 個元素的有限序列（n≧0），像是 26 個英文字母的字母串列：A,B,C,D,E...,Z，就是一個線性串列，串列中的資料元素是屬於字母符號，或是 10 個阿拉伯數字的串列 0,1,2,3,4,5,6,7,8,9。線性串列的應用在計算機科學領域中是相當廣泛的，例如本章要介紹的陣列結構（Array）就是一種典型線性串列的應用。

2-1 線性串列簡介

線性串列的關係（Relation）本身可以看成是一種有序對的集合，目的在表現串列中的任兩相鄰元素之間的關係。其中 a_{i-1} 稱為 a_i 的先行元素，a_i 是 a_{i-1} 的後繼元素，簡單的表示線性串列，各位可以寫成 $(a_1, a_2, a_3.........,a_{n-1}, a_n)$。以下我們嘗試以更清楚及口語化來重新定義「線性串列」（Linear List）的定義：

① 有序串列可以是空集合，或者可寫成 $(a_1, a_2, a_3, ..., a_{n-1}, a_n)$。
② 存在唯一的第一個元素 a_1 與存在唯一的最後一個元素 a_n。
③ 除了第一個元素 a_1 外，每一個元素都有唯一的先行者（precessor），例如 a_i 的先行者為 a_{i-1}。
④ 除了最後一個元素 a_n 外，每一個元素都有唯一的後續者（successor），例如 a_{i+1} 是 a_i 的後續者。

線性串列中的每一元素與相鄰元素間還會存在某種關係，例如以下 8 種常見的運算方式：

① 計算串列的長度 n。
② 取出串列中的第 i 項元素來加以修正，1≦i≦n。
③ 插入一個新元素到第 i 項，1≦i≦n，並使得原來的第 i，i+1...，n 項，後移變成 i+1，i+2...，n+1 項。

④ 刪除第 i 項的元素，1≦i≦n，並使得第 i+1，i+2，...n 項，前移變成第 i，i+1...，n-1 項。

⑤ 從右到左或從左到右讀取串列中各個元素的值。

⑥ 在第 i 項存入新值，並取代舊值，1≦i≦n。

⑦ 複製串列。

⑧ 合併串列。

2-1-1 儲存結構簡介

線性串列也可應用在電腦中的資料儲存結構，基本上按照記憶體儲存的方式，可區分為以下兩種方式：

❶ 靜態資料結構（Static Data Structure）

靜態資料結構或稱為「密集串列」（Dense List），它是一種將有序串列的資料使用連續記憶空間（Contiguous Allocation）來儲存。靜態資料結構的記憶體配置是在編譯時，就必須配置給相關的變數，因此在建立初期，必須事先宣告最大可能的固定記憶體空間，容易造成記憶體的浪費，例如陣列型態就是一種典型的靜態資料結構。優點是設計時相當簡單及讀取與修改串列中任一元素的時間都固定。缺點則是刪除或加入資料時，需要移動大量的資料。

❶ 動態資料結構（dynamic data structure）

動態資料結構又稱為「鏈結串列」（linked list），它是一種將具有線性串列原理的資料，使用不連續記憶空間來儲存，優點是資料的插入或刪除都相當方便，不需要移動大量資料。另外動態資料結構的記憶體配置是在執行時才發生，所以不需事先宣告，能夠充份節省記憶體。缺點就是在設計資料結構時較為麻煩，另外在搜尋資料時，也無法像靜態資料一般可以隨機讀取資料，必須透過循序方法找到該資料為止。

範例 2.1.1 密集串列（Dense List）於某些應用上相當方便，請問：(1) 何種情況下不適用？(2) 如果原有 n 筆資料，請計算插入一筆新資料，平均需要移動幾筆資料？

解答 (1) 密集串列中同時加入或刪除多筆資料時，會造成資料的大量移動，此種狀況非常不方便，例如陣列結構。

(2) 因為可能插入位置的機率都一樣為 1/n，所以平均移動資料的筆數為（求期望值）。

$$E = 1 * \frac{1}{n} + 2 * \frac{1}{n} + 3 * \frac{1}{n} + \ldots\ldots + n * \frac{1}{n}$$

$$= \frac{1}{n} * \frac{n*(n+1)}{2} = \frac{n+1}{2} \text{ 筆}$$

2-2 認識陣列

「陣列」（Array）結構就是一排緊密相鄰的可數記憶體，並提供一個能夠直接存取單一資料內容的計算方法。各位其實可以想像成住家前面的信箱，每個信箱都有住址，其中路名就是名稱，而信箱號碼就是索引。郵差可以依照傳遞信件上的住址，把信件直接投遞到指定的信箱中，這就好比程式語言中陣列的名稱是表示一塊緊密相鄰記憶體的起始位置，而陣列的索引功能則是用來表示從此記憶體起始位置的第幾個區塊。

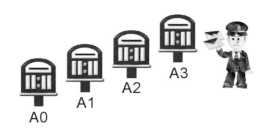

在不同的程式語言中，陣列結構型態的宣告也會有所差異，不過通常都必須包含下列五種屬性：

① **起始位址**：表示陣列名稱（或陣列第一個元素）所在記憶體中的起始位址。

② **維度（dimension）**：代表此陣列為幾維陣列，如一維陣列、二維陣列、三維陣列等等。

③ **索引上下限**：指元素在此陣列中，記憶體所儲存位置的上標與下標。

④ **陣列元素個數**：是索引上限與索引下限的差 +1。

⑤ **陣列型態**：宣告此陣列的型態，它決定陣列元素在記憶體所佔有的大小。

任何程式語言中的陣列表示法（Representation of Arrays），只要符合具備有陣列五種屬性與電腦記憶體足夠的理想情況下，都可能容許 n 維陣列的存在。通常陣列的使用可以分為一維陣列、二維陣列與多維陣列等等，其基本的運作原理都相同。其實多維陣列（二維或以上陣列）也必須在一維的實體記憶體中表示，因為記憶體位置都是依線性順序遞增。通常依照不同的語言，又可區分為兩種方式：

1. **以列為主（Row-major）**：一列一列來依序儲存，例如 C/C++、Java、PASCAL 語言的陣列存放方式。

2. **以行為主（Column-major）**：：一行一行來依序儲存，例如 Fortran 語言的陣列存放方式。

接下來我們將更深入為各位逐步介紹各種不同維數陣列的詳細定義，在其他程式語言中（例如：C、Java 或 JavaScript 語言）所指的陣列（Array）。例如以下語法表示宣告一個名稱為 Score，串列長度（以資料結構較常見的說法稱為陣列大小）為 5 的串列其示意圖如下：

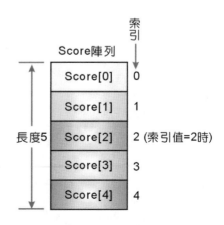

範例 **2.2.1** 假設 A 為一個具有 1000 個元素的陣列，每個元素為 4 個位元組的實數 ，若 A[500] 的位置為 1000_{16}，請問 A[1000] 的位址為何？

解答 本題很簡單，主要是位址以 16 進位法表式→

loc(A[1000])=loc(A[500])+(1000-500)*4

=4096(1000_{16})+2000=6096

範例 **2.2.2** 有一 PASCAL 陣列 A:ARRAY[6..99] of REAL（假設 REAL 元素大小有 4），如果已知陣列 A 的起始位址為 500，則元素 A[30] 的位址為何？

解答 Loc(A[30])=Loc(A[6])+(30-6)*4=500+96=596

範例 **2.2.3** 請使用一維陣列來記錄 5 個學生的分數，並使用 for 迴圈列印出每筆學生成績及計算分數總和。

程式碼：**one.js**

```
01    var Score=[87,66,90,65,70];
02    var Total_Score=0;
03    for(count=0;count<5;count++) {
04        process.stdout.write('第 '+(count+1)+' 位學生的分數:'+Score[count]+'\n');
05        Total_Score+=Score[count];
06    }
07    process.stdout.write('------------------------\n');
08    process.stdout.write('5位學生的總分:'+Total_Score);
```

【執行結果】

```
D:\sample>node ex02/one.js
第 1 位學生的分數:87
第 2 位學生的分數:66
第 3 位學生的分數:90
第 4 位學生的分數:65
第 5 位學生的分數:70
------------------------
5位學生的總分:378
D:\sample>
```

2-2-1 二維陣列

二維陣列（Two-dimension Array）可視為一維陣列的延伸，都是處理相同資料型態資料，差別只在於維度的宣告。例如一個含有 m*n 個元素的二維陣列 A(1:m, 1:n)，m 代表列數，n 代表行數，各個元素在直觀平面上的排列方式如下矩陣，A[4][4] 陣列中各個元素在直觀平面上的排列方式如下：

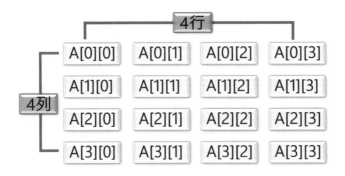

當然在實際的電腦記憶體中是無法以矩陣方式儲存，仍然必須以線性方式，視為一維陣列的延伸來處理。通常依照不同的語言，又可區分為兩種方式：

1. 以列為主（**Row-major**）：則存放順序為 $a_{11}, a_{12}, \ldots a_{1n}, a_{21}, a_{22}, \ldots, \ldots a_{mn}$，假設 α 為陣列 A 在記憶體中起始位址，d 為單位空間，那麼陣列元素 a_{ij} 與記憶體位址有下列關係：

   $$Loc(a_{ij}) = \alpha + n*(i-1)*d + (j-1)*d$$

2. 以行為主（**Column-major**）：則存放順序為 $a_{11}, a_{21}, \ldots a_{m1}, a_{12}, a_{22}, \ldots, \ldots a_{mn}$，假設 α 為陣列 A 在記憶體中起始位址，d 為單位空間，那麼陣列元素 a_{ij} 與記憶體位址有下列關係：

   $$Loc(a_{ij}) = \alpha + (i-1)*d + m*(j-1)*d$$

　　了解以上的公式後，我們在此以下例圖說為各位說明。如果宣告陣列 A(1:2,1:4)，表示法如下：

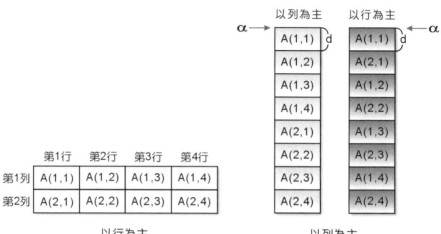

	第1行	第2行	第3行	第4行
第1列	A(1,1)	A(1,2)	A(1,3)	A(1,4)
第2列	A(2,1)	A(2,2)	A(2,3)	A(2,4)

以行為主

　　以上兩種計算陣列元素位址的方法，都是以 A(m,n) 或寫成 A(1:m,1:n) 的方式來表示，這樣的方式稱為簡單表示法，且 m 與 n 的起始值一定都是 1。如果我們把陣列 A 宣告成 $A(l_1:u_1,l_2:u_2)$，且對任意 a_{ij}，有 $u_1 \geq i \geq l_1$，$u_2 \geq j \geq l_2$，這種方式稱為「註標表示法」。此陣列共有 (u_1-l_1+1) 列，(u_2-l_2+1) 行。那麼位址計算公式和上面以簡單表示法有些不同，假設 α 仍為起始位址，而且 $m=(u_1-l_1+1)$,$n=(u_2-l_2+1)$，則可導出下列公式：

1.　以列為主（**Row-major**）

　　$Loc(a_{ij})=\alpha+((i-l_1+1)-1)*n*d+((j-l_2+1)-1)*d$

　　　　　$=\alpha+(i-l_1)*n*d+(j-l_2)*d$

2.　以行為主（**Column-major**）

　　$Loc(a_{ij})=\alpha+((i-l_1+1)-1)*d+((j-l_2+1)-1)*m*d$

　　　　　$=\alpha+(i-l_1)*d+(j-l_2)*m*d$

下述簡例說分明：

```
number = [[11, 12, 13], [22, 24, 26], [33, 35, 37]]
```

上述中的 number 是一個陣列。number[0] 或稱第一列索引，存放另一個陣列；number[1] 或稱第二列索引，也是存放另一個陣列，依此類推。第一列索引有 3 欄，各別存放元素，其位置 number[0][0] 是指向數值「11」，number[0][1] 是指向數值「12」，依此類推。所以 number 是 3*3 的二維陣列，其列和欄的索引示意如下。

	欄索引 [0]	欄索引 [1]	欄索引 [2]
列索引 [0]	11	12	13
列索引 [1]	22	24	26
列索引 [2]	33	35	37

二維陣列同樣是以 [] 運算子來表達其索引並存取元素，語法如下：

```
串列名稱[列索引][欄索引];
```

例如：

```
number[0];      //輸出第一列的三個元素 [11, 12, 13]
number[1][2]  //輸出第二列的第三欄元素   26
```

這裡假設 arr 為一個 2 列 3 行的二維陣列，也可以視為 2*3 的矩陣。在存取二維陣列中的資料時，使用的索引值仍然是由 0 開始計算。至於在二維陣列設定初始值時，為了方便區隔行與列。所以除了最外層的 [] 外，必須以 [] 括住每一列的元素初始值，並以「,」區隔每個陣列元素，語法如下：

```
陣列名稱=[ [第0列初值],[第1列初值],...,[第n-1列初值] ]
```

例如：

```
arr=[[1,2,3],[2,3,4]];
```

範例 **2.2.4** 現有一個二維陣列 A，有 3*5 個元素，陣列的起始位址 A(1,1) 是 100，以列為主（Row-major）排列，每個元素佔 2bytes，請問 A(2,3) 的位址？

解答 直接代入公式，Loc(A(2,3))=100+(2-1)*5*2+(3-1)*2=114

範例 **2.2.5** 二維陣列 A[1:5,1:6]，如果以 Column-major 存放，則 A(4,5) 排在此陣列的第幾個位置？ (α=0，d=1)

解答 Loc(A(4,5))=0+(4-1)*5*1+(5-1)*1=19（下一個），所以 A(4,5) 在第 20 個位置。

範例 **2.2.6** A(-3:5,-4:2) 的起始位址 A(-3,-4)=1200，以 Row-major 排列，每個元素佔 1bytes，請問 Loc(A(1,1))=？

解答 假設 A 陣列以 Row-major 排列，且 α=Loc(A(-3,-4))=1200

m=5-(-3)+1=9（列）、n=2-(-4)+1=7（行），

A(1,1)=1200+1*7*(1-(-3))+1*(1-(-4))=1233

範例 **2.2.7** 請撰寫一個求二階行列式的範例。二階行列式的計算公式為：a1*b2-a2*b1。

程式碼：two.js

```
01  const prompt = require('prompt-sync')();
02  var N=2;
03  //宣告2x2陣列arr並將所有元素指定為null
04  arr=[[],[]];
05  process.stdout.write('|a1 b1|\n');
06  process.stdout.write('|a2 b2|\n');
07  arr[0][0]=parseInt(prompt('請輸入a1:'));
08  arr[0][1]=parseInt(prompt('請輸入b1:'));
09  arr[1][0]=parseInt(prompt('請輸入a2:'));
10  arr[1][1]=parseInt(prompt('請輸入b2:'));
11  //求二階行列式的值
12  result = arr[0][0]*arr[1][1]-arr[0][1]*arr[1][0];
13  process.stdout.write('|'+arr[0][0]+' '+arr[0][1]+'|\n');
14  process.stdout.write('|'+arr[1][0]+' '+arr[1][1]+'|\n');
15  process.stdout.write('行列式值='+result+'\n');
```

【執行結果】

```
D:\sample>node ex02/two.js
|a1 b1|
|a2 b2|
請輸入a1:5
請輸入b1:9
請輸入a2:3
請輸入b2:4
|5 9|
|3 4|
行列式值=-7

D:\sample>
```

2-2-2 三維陣列

現在讓我們來看看三維陣列（Three-dimension Array），基本上三維陣列的表示法和二維陣列一樣，皆可視為是一維陣列的延伸，如果陣列為三維陣列時，可以看作是一個立方體。如右圖所示。

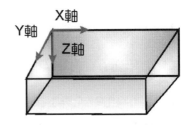

基本上，三維陣列若以線性的方式來處理，一樣可分為「以列為主」和「以行為主」兩種方式。如果陣列 A 宣告為 $A(1:u_1, 1:u_2, 1:u_3)$，表示 A 為一個含有 $u_1*u_2*u_3$ 元素的三維陣列。我們可以把 $A(i,j,k)$ 元素想像成空間上的立方體圖：

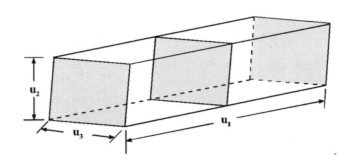

● 以列為主（**Row-major**）

我們可以將陣列 A 視為 u_1 個 $u_2 * u_3$ 的二維陣列，再將每個陣列視為有 u_2 個一維陣列，每一個一維陣列可包含 u_3 的元素。另外每個元素有 d 個單位空間，且 α 為陣列起始位址。

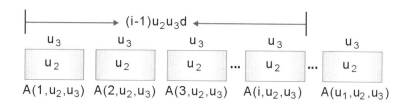

在想像轉換公式時，只要知道我們最終是要把 A(i,j,k)，看看它是在一直線排列的第幾個，所以很簡單可以得到以下位址計算公式：

$$Loc(A(i,j,k))=\alpha+(i-1)u_2u_3d+(j-1)u_3d+(k-1)d$$

若陣列 A 宣告為 $A(l_1:u_1, l_2:u_2, l_3:u_3)$ 模式，則

$$a= u_1 - l_1 + 1, b= u_2 - l_2 + 1, c= u_3 - l_3 + 1 \; ;$$
$$Loc(A(i,j,k))=\alpha+(i-l_1)bcd+(j-l_2)cd+(k-l_3)d$$

● 以行為主（**Column-major**）：

將陣列 A 視為 u_3 個 $u_2 * u_1$ 的二維陣列，再將每個二維陣列視為有 u_2 個一維陣列，每一陣列含有 u_1 個元素。每個元素有 d 單位空間，且 α 為起始位址：

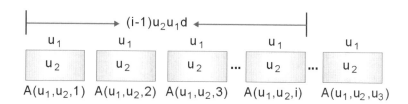

可以得到下列的位址計算公式：

$$Loc(A(i,j,k))=\alpha+(k-1)u_2u_1d+(j-1)u_1d+(i-l)d$$

若陣列宣告為 $A(l_1{:}u_1,l_2{:}u_2,l_3{:}u_3)$ 模式，則

a= u_1- l_1+1,b= u_2- l_2+1,c= u_3- l_3+1 ；

Loc(A(i,j,k))=α+(k-l_3)abd+(j-l_2)ad+(i-l_1)d

例如三維陣列宣告方式如下：

num=[[[33,45,67],[23,71,66],[55,38,66]],[[21,9,15],[38,69,18],[90,101,89]]]

範例 2.2.8 假設有以列為主排列的程式語言，宣告 A(1:3,1:4,1:5) 三維陣列，
且 Loc(A(1,1,1))=100，請求出 Loc(A(1,2,3))= ？

解答 直接代入公式：Loc(A(1,2,3))=100+(1-1)*4*5*1+(2-1)*5*1+(3-1)*1=107

範例 2.2.9 A(6,4,2) 是以列為主方式排列，若 α=300，且 d=1，求 A(4,4,1)
的位址。

解答 這題是以列為主 (Row-Major)，我們直接代入公式即可：

Loc(A(4,4,1))=300+(4-1)*4*2*1+(4-1)*2*1+(1-1)*1=300+24+6=330

範例 2.2.10 假設一個三維陣列元素內容如下：

num=[[[33,45,67],[23,71,66],[55,38,66]],[[21,9,15],[38,69,18],[90,101,89]]]

請設計一支程式，利用三層巢狀迴圈來找出此 2*3*3 三維陣列中所儲存數值中
的最小值。

程式碼：**three.js**

```
01  num=[[[33,45,67],[23,71,66],[55,38,66]],
02      [[21,9,15],[38,69,18],[90,101,89]]];
03
04  var value=num[0][0][0]//設定main為num陣列的第一個元素
05  for (i=0;i<2;i++)
06      for (j=0;j<3;j++)
07          for (k=0;k<3;k++)
08              if(value>=num[i][j][k])
09                  value=num[i][j][k]; //利用三層迴圈找出最小值
10
11  process.stdout.write('最小值= '+value+'\n');
```

【執行結果】

```
D:\sample>node ex02/three.js
最小值= 9

D:\sample>_
```

2-2-3　n 維陣列

有了一維、二維、三維陣列，當然也可能有四維、五維、或者更多維數的陣列。然而受限於電腦記憶體，通常程式語言中的陣列宣告都會有維數的限制。在此，我們將三維以上的陣列歸納為 n 維陣列。

假設陣列 A 宣告為 $A(1:u_1,1:u_2,1:u_3......,1:u_n)$，則可將陣列視為有 u_1 個 n-1 維陣列，每個 n-1 維陣列中有 u_2 個 n-2 維陣列，每個 n-2 維陣列中，有 u_3 個 n-3 維陣列………有 u_{n-1} 個一維陣列，在每個一維陣列中有 u_n 個元素。

如果 α 為起始位址 ($\alpha=Loc(A(1,1,1,1,......1))$)，d 為單位空間。則陣列 A 元素中的記憶體配置公式如下兩種方式：

1. 以列為主（Row-major）

$$
\begin{aligned}
Loc(A(i_1,i_2,i_3.........,i_n))= &\ \alpha+(i_1-1)u_2u_3u_4......u_nd \\
&+(i_2-1)u_3u_4......u_nd \\
&+(i_3-1)u_4u_5......u_nd \\
&+(i_4-1)u_5u_6......u_nd \\
&+(i_5-1)u_6u_7......u_nd \\
&\ \ \vdots \\
&+(i_{n-1}-1)u_nd \\
&+(i_n-1)d
\end{aligned}
$$

2. 以行為主（**Column-major**）

$$
\begin{aligned}
\mathrm{Loc}(A(i_1,i_2,i_3\ldots\ldots,i_n)) = {} & \alpha+(i_n-1)u_{n-1}u_{n-2}\ldots\ldots u_1 d \\
& +(i_{n-1}-1)u_{n-2}\ldots\ldots u_1 d \\
& \vdots \\
& +(i_2-1)u_1 d \\
& +(i_1-1)d
\end{aligned}
$$

範例 2.2.11 在 4-Darray A[1:4,1:6,1:5,1:3] 中，且 $\alpha=200$，d=1，並已知是以行排列（Column-major），求 A[3,1,3,1] 的位址。

解答 由於本題中原本就是陣列的簡單表示法，所以不須經過轉換，並直接代入計算公式即可。

Loc(A[3,1,3,1])

=200+(1-1)*5*6*4+(3-1)*6*4+(1-1)*4+3-1

=250

2-3 矩陣

從數學的角度來看，對於 m*n 矩陣（Matrix）的形式，可以描述一個電腦中 A(m,n) 二維陣列，如下圖 A 矩陣，各位是否立即想到了一個宣告為 A(1:3,1:3) 的二維陣列。

$$
A=\begin{bmatrix} a_{11} & a_{12} & a_{13} \\ a_{21} & a_{22} & a_{23} \\ a_{31} & a_{32} & a_{33} \end{bmatrix} 3 \times 3
$$

基本上，許多矩陣的運算與應用，都可以使用電腦中的二維陣列解決，本節中我們將會討論到兩個矩陣的相加、相乘，或是某些稀疏矩陣（Sparse Matrix）、轉置矩陣 (A^t)、上三角形矩陣（Upper Triangular Matrix）與下三角形矩陣（Lower Triangular Matrix）等等。

2-3-1 矩陣相加

矩陣的相加運算則較為簡單，前提是相加的兩矩陣列數與行數都必須相等，而相加後矩陣的列數與行數也是相同。必須兩者的列數與行數都相等，例如 $A_{m*n}+B_{m*n}=C_{m*n}$。以下我們就來實際進行一個矩陣相加的例子：

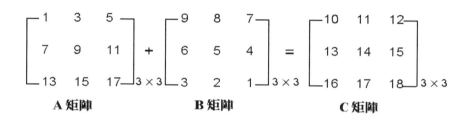

| A 矩陣 | B 矩陣 | C 矩陣 |

範例 2.3.1 請設計一程式來宣告 3 個二維陣列來實作上圖 2 個矩陣相加的過程，並顯示兩矩陣相加後的結果。

程式碼：matrix_add.js

```
01  var A=new Array();
02  var B=new Array();
03  var C=new Array();
04  for(let i=0;i<3;i++){
05      A[i]=new Array();
06      B[i]=new Array();
07      C[i]=new Array();
08  }
09  A= [[1,3,5],[7,9,11],[13,15,17]];        //二維陣列的宣告
10  B= [[9,8,7],[6,5,4],[3,2,1]];            //二維陣列的宣告
11  N=3;
12  for(let i=0;i<3;i++) {
13      for (let j=0; j<3;j++) {
14          C[i][j]=A[i][j]+B[i][j];          //矩陣C=矩陣A+矩陣B
15      }
16  }
17  console.log("[矩陣A和矩陣B相加的結果]")      //印出A+B的內容
18  let str='';
19  for(let i=0;i<3;i++) {
20      for (let j=0; j<3;j++) {
```

```
21              str=str+C[i][j]+'\t'
22          }
23      str=str+'\n';
24  }
25  console.log(str);
```

【執行結果】

```
D:\sample>node ex02/matrix_add.js
[矩陣A和矩陣B相加的結果]
10      11      12
13      14      15
16      17      18

D:\sample>
```

2-3-2 矩陣相乘

如果談到兩個矩陣 A 與 B 的相乘，是有某些條件限制。首先必須符合 A 為一個 m*n 的矩陣，B 為一個 n*p 的矩陣，對 A*B 之後的結果為一個 m*p 的矩陣 C。如下圖所示：

$$\begin{bmatrix} a_{11} \cdots a_{1n} \\ \cdot \quad \cdot \\ \cdot \quad \cdot \\ a_{m1} \cdots a_{mn} \end{bmatrix} \times \begin{bmatrix} b_{11} \cdots b_{1p} \\ \cdot \quad \cdot \\ \cdot \quad \cdot \\ b_{n1} \cdots b_{np} \end{bmatrix} = \begin{bmatrix} c_{11} \cdots c_{1p} \\ \cdot \quad \cdot \\ \cdot \quad \cdot \\ c_{m1} \cdots c_{mp} \end{bmatrix}$$

$$m \times n \qquad\qquad n \times p \qquad\qquad m \times p$$

$$C_{11} = a_{11} * b_{11} + a_{12} * b_{21} + \ldots\ldots + a_{1n} * b_{n1}$$
$$\vdots$$
$$\vdots$$
$$C_{1p} = a_{11} * b_{1p} + a_{12} * b_{2p} + \ldots\ldots + a_{1n} * b_{np}$$
$$\vdots$$
$$\vdots$$
$$C_{mp} = a_{m1} * b_{1p} + a_{m2} * b_{2p} + \ldots\ldots + a_{mn} * b_{np}$$

範例 2.3.2 請設計一程式來實作下列兩個矩陣的相乘結果。

程式碼：matrix_multiply.js

```
01   const M = 2;
02   const N = 3;
03   const P=2;
04   A=[6,3,5,8,9,7];
05   B=[5,10,14,7,6,8];
06   C=[0,0,0,0];
07   if (M<=0 || N<=0 || P<=0) console.log('[錯誤:維數M,N,P必須大於0]');
08
09   for (let i=0;i<M;i++) {
10       for (let j=0;j<P;j++) {
11           let Temp=0;
12           for( let k=0; k<N; k++) Temp = Temp + parseInt(A[i*N+k])*parse
                                            Int(B[k*P+j]);
13           C[i*P+j] = Temp;
14       }
15   }
16
17   console.log('[AxB的結果是]')
18
19   let str='';
20   for (i=0;i<M;i++) {
21       for (j=0;j<P;j++) {
22           str=str+C[i*P+j]+ '\t'
23       }
24       str=str+'\n';
25   }
26   console.log(str);
```

【執行結果】

```
D:\sample>node ex02/matrix_multiply.js
[AxB的結果是]
102      121
208      199


D:\sample>_
```

2-3-3 轉置矩陣

「轉置矩陣」(Aᵗ) 就是把原矩陣的行座標元素與列座標元素相互調換，假設 A^t 為 A 的轉置矩陣，則有 $A^t[j,i]=A[i,j]$，如下圖所示：

$$\mathbf{A}= \begin{bmatrix} 1 & 2 & 3 \\ 4 & 5 & 6 \\ 7 & 8 & 9 \end{bmatrix}_{3 \times 3} \qquad \mathbf{A^t}= \begin{bmatrix} 1 & 4 & 7 \\ 2 & 5 & 8 \\ 3 & 6 & 9 \end{bmatrix}_{3 \times 3}$$

範例 2.3.3 請設計一程式來實作一 4*4 二維陣列的轉置矩陣。

程式碼：transpose.js

```
01  arrA=[[1,2,3,4],[5,6,7,8],[9,10,11,12],[13,14,15,16]];
02  N=4;
03  arrB=[[],[],[],[]];
04  console.log('[原設定的矩陣內容]');
05  for (i=0;i<4;i++) {
06      str='';
07      for (j=0;j<4;j++) {
08          str=str+arrA[i][j]+'\t'
09      }
10      console.log(str);
11  }
12  //進行矩陣轉置的動作
13  for (i=0;i<4;i++) {
14      for (j=0;j<4;j++) {
15          arrB[i][j]=arrA[j][i];
16      }
17  }
18  console.log('[轉置矩陣的內容為]')
19  for (i=0;i<4;i++) {
20      str='';
21      for (j=0;j<4;j++) {
22          str=str+arrB[i][j]+'\t'
23      }
24      console.log(str);
25  }
```

【執行結果】

```
D:\sample>node ex02/transpose.js
[原設定的矩陣內容]
1         2         3         4
5         6         7         8
9         10        11        12
13        14        15        16
[轉置矩陣的內容為]
1         5         9         13
2         6         10        14
3         7         11        15
4         8         12        16

D:\sample>_
```

2-3-4　稀疏矩陣

　　對於抽象資料型態而言，我們希望闡述的是在電腦應用中具備某種意義的特別概念（Concept），例如稀疏矩陣（Sparse Matrix）就是一個很好的例子。什麼是稀疏矩陣呢？簡單的說：「如果一個矩陣中的大部分元素為零的話，就可以稱為稀疏矩陣」。以下就是典型的稀疏矩陣：

$$
\begin{bmatrix}
25 & 0 & 0 & 32 & 0 & -25 \\
0 & 33 & 77 & 0 & 0 & 0 \\
0 & 0 & 0 & 55 & 0 & 0 \\
0 & 0 & 0 & 0 & 0 & 0 \\
101 & 0 & 0 & 0 & 0 & 0 \\
0 & 0 & 38 & 0 & 0 & 0
\end{bmatrix}
\quad 6 \times 6
$$

　　對稀疏矩陣而言，實際儲存的資料項目很少，如果在電腦中利用傳統的二維陣列方式存放，就會十分浪費儲存的空間。特別是當矩陣很大時，考慮儲存一個 1000*1000 的矩陣所需空間需求，而且大部分的元素都是零的話，這樣空間的管理確實不經濟，要改進記憶體空間浪費的方法就是利用三項式（3-tuple）的資料結構。我們把每一個非零項目以（i, j, item-value）來表示。

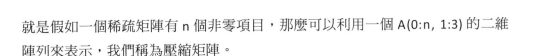

就是假如一個稀疏矩陣有 n 個非零項目，那麼可以利用一個 A(0:n, 1:3) 的二維陣列來表示，我們稱為壓縮矩陣。

A(0,1) 代表此稀疏矩陣的列數，A(0,2) 代表此稀疏矩陣的行數，而 A(0,3) 則是此稀疏矩陣非零項目的總數。另外每一個非零項目以（i, j, item-value）來表示。其中 i 為此非零項目所在的列數，j 為此非零項目所在的行數，item-value 則為此非零項的值。以右圖 6*6 稀疏矩陣為例，可以如下表示：

A(0,1)=> 表示此矩陣的列數

A(0,2)=> 表示此矩陣的行數

A(0,3)=> 表示此矩陣非零項目的總數

	1	2	3
0	6	6	8
1	1	1	25
2	1	4	32
3	1	6	-25
4	2	2	33
5	2	3	77
6	3	4	55
7	5	1	101
8	6	3	38

範例 **2.3.4** 請設計一程式來利用 3 項式（3-tuple）資料結構，並壓縮 6*6 稀疏矩陣，以達到減少記憶體不必要的浪費。

程式碼：sparse.js

```
01   var NONZERO=0
02   temp=1
03   Sparse=[[15,0,0,22,0,-15],[0,11,3,0,0,0],
04         [0,0,0,-6,0,0],[0,0,0,0,0,0],
05         [91,0,0,0,0,0],[0,0,28,0,0,0]]; //宣告稀疏矩陣,稀疏矩陣的所有元素設為0
06
07   str='';
08   console.log('[稀疏矩陣的各個元素]')          //印出稀疏矩陣的各個元素
09   for (i=0;i<6;i++) {
10       for (j=0;j<6;j++) {
11           process.stdout.write(Sparse[i][j]+'\t');
12           if (Sparse[i][j]!=0) NONZERO=NONZERO+1;
13       }
14       console.log();
15   }
16
17   Compress=new Array(); //宣告壓縮矩陣
18   for (let i=0; i<NONZERO+1; i++) Compress[i]=[];
```

```
19
20    //開始壓縮稀疏矩陣
21    Compress[0][0] = 6;
22    Compress[0][1] = 6;
23    Compress[0][2] = NONZERO;
24
25    for (i=0;i<6;i++) {
26        for (j=0;j<6;j++) {
27            if (Sparse[i][j]!=0){
28                Compress[temp][0]=i;
29                Compress[temp][1]=j;
30                Compress[temp][2]=Sparse[i][j];
31                temp=temp+1;
32            }
33        }
34    }
35    console.log('[稀疏矩陣壓縮後的內容]') //印出壓縮矩陣的各個元素
36    for (i=0;i<NONZERO+1;i++) {
37        for (j=0;j<3;j++) {
38            process.stdout.write(Compress[i][j]+'\t');
39        }
40        console.log();
41    }
```

【執行結果】

```
D:\sample>node ex02/sparse.js
[稀疏矩陣的各個元素]
15      0       0       22      0       -15
0       11      3       0       0       0
0       0       0       -6      0       0
0       0       0       0       0       0
91      0       0       0       0       0
0       0       28      0       0       0
[稀疏矩陣壓縮後的內容]
6       6       8
0       0       15
0       3       22
0       5       -15
1       1       11
1       2       3
2       3       -6
4       0       91
5       2       28

D:\sample>_
```

各位清楚了壓縮稀疏矩陣的儲存方法後，我們還要說明稀疏矩陣的相關運算，例如轉置矩陣的問題就是挺有趣的。依照轉置矩陣的基本定義，對於任何稀疏矩陣而言，它的轉置矩陣仍然是一個稀疏矩陣。

如果直接將此稀疏矩陣轉換，因為只利用兩個 for 迴圈，所以時間複雜度可以視為 O(columns*rows)。如果說我們利用一個用三項式表示的壓縮矩陣，它首先會決定在原始稀疏矩陣中每一行的元素個數。根據這個原因，就可以事先決定轉置矩陣中每一列的起始位置，接著再將原始稀疏矩陣中的元素一個個地放到在轉置矩陣中的相關正確位置。這樣的做法可以將時間複雜度調整到 O(columns+rows)。

2-3-5　上三角形矩陣

上三角形矩陣（Upper Triangular Matrix）就是一種對角線以下元素皆為 0 的 n*n 矩陣。其中又可分為右上三角形矩陣（Right Upper Triangular Matrix）與左上三角形矩陣（Left Upper Triangular Matrix）。由於上三角形矩陣仍有許多元素為 0，為了避免浪費空間，我們可以把三角形矩陣的二維模式，儲存在一維陣列中。我們分別討論如下：

● 右上三角形矩陣矩陣

即對 n*n 的矩陣 A，假如 i>j，那麼 A(i,j)=0，如下圖所示：

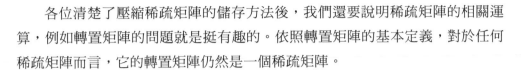

$$A=\begin{bmatrix} a_{11} & a_{12} & a_{13} & \cdots\cdots & a_{1n} \\ & a_{22} & a_{23} & & \vdots \\ & & a_{33} & \cdots & \vdots \\ & & & \ddots & a_{n-1n} \\ & & & & a_{nn} \end{bmatrix}$$

①$A(i,j)\begin{cases} A(i,j)=0 & \text{if } i>j \\ A(i,j)=a_{ij} & \text{if } i\leq j \end{cases}$

②共有 $1+2+\cdots\cdots+n=\dfrac{n(n+1)}{2}$ 個非零項目

由於此二維矩陣的非零項目可依序對映成一維矩陣，且需要一個一維陣列 B（$1:\dfrac{n*(n+1)}{2}$）來儲存。對映方式也可區分為以列為主及以行為主，兩種陣列記憶體配置方式。

1. 以列為主（Row-major）

由右圖可得 a_{ij} 在 B 陣列中所對應的 k 值，也就是 a_{ij} 會存放在 B(k) 中，則 k 的值會等於第 1 列到第 i-1 列，所有的元素個數減去第 1 列到第 i-1 列中，所有值為零的元素個數加上 a_{ij} 所在的行數 j，即：

$$k=n*(i\text{-}1)-\frac{i*(i\text{-}1)}{2}+j$$

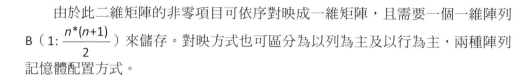

2. 以行為主（Column-major）

由右圖可得 a_{ij} 在 B 陣列中所對應的 k 值，也就是 a_{ij} 會存放在 B(k) 中，則 k 的值會等於第 1 行到第 j-1 行的所有非零元素的個數加上 a_{ij} 所在的列數 i，即

$$k=\frac{j*(i\text{-}1)}{2}+i$$

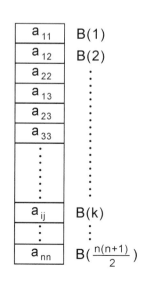

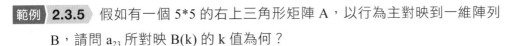

範例 **2.3.5** 假如有一個 5*5 的右上三角形矩陣 A，以行為主對映到一維陣列 B，請問 a_{23} 所對映 B(k) 的 k 值為何？

解答 直接代入右上三角形矩陣公式：

$$k= \frac{j*(j-1)}{2} +i= \frac{3*(3-1)}{2} +2=5 => 對映到 B(5)$$

範例 **2.3.6** 請設計一程式，將右上三角形矩陣壓縮為一維陣列。

程式碼：upper.js

```
01   // [示範]:上三角矩陣
02
03   var ARRAY_SIZE=5   //矩陣的維數大小
04   //一維陣列的陣列宣告
05   B=[];
06
07   var getValue=(i, j)=> {
08       index = parseInt(ARRAY_SIZE*i - i*(i+1)/2 + j);
09       return B[index]
10   }
11   //上三角矩陣的內容
12   A=[[7, 8, 12, 21,   9],
13      [0, 5, 14, 17,   6],
14      [0, 0,  7, 23, 24],
15      [0, 0,  0, 32, 19],
16      [0, 0,  0,  0,  8]] ;
17
18   process.stdout.write('=======================================\n');
19   process.stdout.write('上三角形矩陣：\n');
20
21   for (i=0;i<ARRAY_SIZE;i++) {
22       for (j=0;j<ARRAY_SIZE;j++)
23           process.stdout.write(A[i][j]+'\t');
24       process.stdout.write('\n');
25   }
26   //將右上三角矩陣壓縮為一維陣列
27   index=0;
28   for (i=0;i<ARRAY_SIZE;i++) {
29       for (j=0;j<ARRAY_SIZE;j++) {
```

```
30            if(A[i][j]!=0) {
31                index=index+1;
32                B[index]=A[i][j];
33            }
34        }
35    }
36
37    process.stdout.write('===========================================\n');
38    process.stdout.write('以一維陣列的方式表示：\n');
39    process.stdout.write('[');
40    for (i=0;i<ARRAY_SIZE;i++)
41        for (j=i+1;j<ARRAY_SIZE+1;j++)
42            process.stdout.write(' '+getValue(i,j));
43    process.stdout.write(' ]');
```

【執行結果】

```
D:\sample>node ex02/upper.js

上三角形矩陣：
7        8        12        21        9
0        5        14        17        6
0        0        7         23        24
0        0        0         32        19
0        0        0         0         8

以一維陣列的方式表示：
[ 7 8 12 21 9 5 14 17 6 7 23 24 32 19 8 ]
D:\sample>
```

左上三角形矩陣

即對 n*n 的矩陣 A，假如 i>n-j+1 時，A(i,j)=0，如下圖所示：

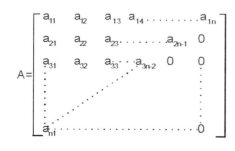

$$A = \begin{bmatrix} a_{11} & a_{12} & a_{13} & a_{14} & \cdots\cdots\cdots & a_{1n} \\ a_{21} & a_{22} & a_{23} & \cdots\cdots & a_{2n-1} & 0 \\ a_{31} & a_{32} & a_{33} & \cdots & a_{3n-2} & 0 & 0 \\ \vdots & & & & & & \\ a_{n1} & & & & & & 0 \end{bmatrix}$$

①A(i,j) $\begin{cases} A(i,j)=0 & \text{if } i>n-j+1 \\ A(i,j)=a_{ij} & \text{if } i \le n-j+1 \end{cases}$

②共有 $\dfrac{n(n+1)}{2}$ 個非零項目

與右上三角形矩陣相同，對應方式也分為以列為主及以行為主兩種陣列記憶體配置方式。

1.　以列為主（Row-major）

由右圖可得 a_{ij} 在 B 陣列中所對應的 k 值，也就是 a_{ij} 會存放在 B(k) 中，則 k 的值會等於第 1 列到第 i-1 列，所有的元素個數減去第 1 列到第 i-2 列中所有值為零的元素個數加上 a_{ij} 所在的行數 j，即

$$k = n*(i-1) - \frac{(i-2)*((i-2)+1)}{2} + j$$

$$= n*(i-1) - \frac{(i-2)*(i-1)}{2} + j$$

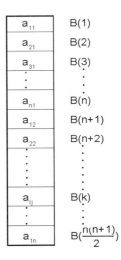

2.　以行為主（Column-major）

由右圖可得 a_{ij} 在 B 陣列中所對應的 k 值，也就是 a_{ij} 會存放在 B(k) 中，則 k 的值會等於第 1 行到第 j-1 行的所有的元素個數減去第 1 行到第 j-2 行中所有值為零的元素個數加上 a_{ij} 所在的列數 i，即

$$k = n*(j-1) - \frac{(j-2)*(j-1)}{2} + i$$

範例 **2.3.7** 假如有一個 5*5 的左上三角形矩陣,以行為主對映到一維陣列 B,請問 a_{23} 所對映 B(k) 的 k 值為何?

解答 由公式可得 $k=n*(j-1)+i-\dfrac{(j-2)*(j-1)}{2}$

$$= 5*(3-1)+2-\dfrac{(3-2)*(3-1)}{2}$$

$$= 10+2-1=11$$

2-3-6 下三角形矩陣

下三角形矩陣與上三角形矩陣相反,就是一種對角線以上元素皆為 0 的 n*n 矩陣。其中也可分為左下三角形矩陣(Left Lower Triangular Matrix)和右下三角形矩陣(Right Lower Triangular Matrix)。我們分別討論如下:

① 左下三角形矩陣

即對 n*n 的矩陣 A,假如 i<j,那麼 A(i,j)=0 如下圖所示:

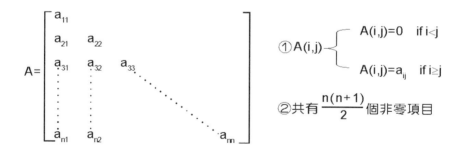

同樣的,對映到一維陣列 $B(1:\dfrac{n*(n+1)}{2})$ 的方式,也可區分為以列為主及以行為主兩種陣列記憶體配置方式。

1. 以列為主（Row-major）

由圖可知 a_{ij} 在 B 陣列中所對應的 k 值，也就是 a_{ij} 會存放在 B(k) 中。則 k 的值會等於第 1 列到第 i-1 列所有非零元素個數加上 a_{ij} 所在的行數 j。

$$k= \frac{i*(i-1)}{2}+j$$

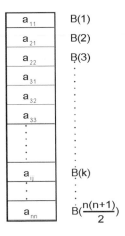

2. 以行為主（Column-major）

由圖可知 a_{ij} 在 B 陣列中所對應的 k 值，也就是 a_{ij} 會存放在 B(k) 中。則 k 的值會等於第 1 行到第 j-1 行所有非零元素個數減去第 1 行到第 j-1 行所有值為零的元素個數，再加上 a_{ij} 所在的列數 i。

$$k = n*(j-1)+i- \frac{(i-1)*[1+(j-1)]}{2}$$

$$= n*(j-1)+i- \frac{j*(j-1)}{2}$$

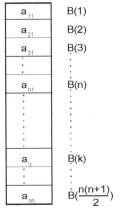

範例 **2.3.8** 有一 6*6 的左下三角形矩陣，以行為主的方式對映到一維陣列 B，求元素 a_{32} 所對映 B(k) 的大值為何？

解答 代入公式 $k=n*(j-1)+i- \frac{j*(j-1)}{2}$

$$=6*(2-1)+3- \frac{2*(2-1)}{2}$$

$$=6+3-1=8$$

範例 **2.3.9** 請設計一程式，將左下三角形矩陣壓縮為一維陣列。

程式碼：lower.js

```
01  // 下三角矩陣
02  var ARRAY_SIZE=5   //矩陣的維數大小
03  //一維陣列的陣列宣告
04  B=[];
05
06  var getValue=(i,j)=> {
07      index = parseInt(ARRAY_SIZE*i - i*(i+1)/2 + j);
08      return B[index];
09  }
10  //下三角矩陣的內容
11  A=[[76, 0, 0, 0, 0],
12     [54, 51, 0, 0, 0],
13     [23, 8, 26, 0, 0],
14     [43, 35, 28, 18, 0],
15     [12, 9, 14, 35, 46]];
16
17  process.stdout.write('======================================\n');
18  process.stdout.write('下三角形矩陣：\n');
19  for (i=0;i<ARRAY_SIZE;i++) {
20      for (j=0;j<ARRAY_SIZE;j++)
21          process.stdout.write(A[i][j]+'\t');
22      process.stdout.write('\n');
23  }
24  //將左下三角矩陣壓縮為一維陣列
25  index=0;
26  for (i=0;i<ARRAY_SIZE;i++) {
27      for (j=0;j<ARRAY_SIZE;j++) {
28          if(A[i][j]!=0) {
29              index=index+1;
30              B[index]=A[i][j];
31          }
32      }
33  }
34  process.stdout.write('======================================\n');
35  process.stdout.write('以一維陣列的方式表示：\n');
36  process.stdout.write('[');
37  for (i=0;i<ARRAY_SIZE;i++)
38      for (j=i+1;j<ARRAY_SIZE+1;j++)
39          process.stdout.write(' '+getValue(i,j));
40  process.stdout.write(' ]');
```

【執行結果】

```
D:\sample>node ex02/lower.js
下三角形矩陣：
76        0        0        0        0
54        51       0        0        0
23        8        26       0        0
43        35       28       18       0
12        9        14       35       46
以一維陣列的方式表示：
[ 76 54 51 23 8 26 43 35 28 18 12 9 14 35 46 ]
D:\sample>
```

❹ 右下三角形矩陣

即對 n*n 的矩陣 A，假如 i<n-j+1，那麼 A(i,j)=0，如下圖所示：

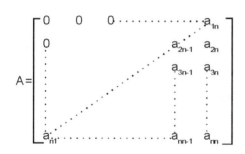

① $A(i,j)$
- $A(i,j)=0$, if $i < n-j+1$
- $A(i,j)=a_{ij}$, if $i \geqq n-j+1$

② 共有 $\dfrac{n(n+1)}{2}$ 個非零項目

同樣的，對映到一維陣列 B（$1:\dfrac{n*(n+1)}{2}$）的方式，也可區分為以列為主與以行為主兩種陣列記憶體配置方式。

1. 以列為主（Row-major）

由右圖可知 a_{ij} 在 B 陣列中所對應的 k 值，也就是 a_{ij} 會存放在 B(k) 中。則 k 的值會等於第 1 列到第 i-1 列非零元素的個數加上 a_{ij} 所在的行數 j，再減去該行中所有值為零的個數：

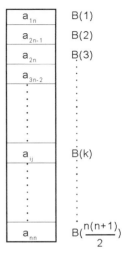

$$k = \frac{(i-1)}{2} *[1+(i-1)]+j-(n-i)$$

$$= \frac{[i*(i-1)+2*i]}{2} +j-n$$

$$= \frac{i*(i+1)}{2} +j-n$$

2. 以行為主（Column-major）

由右圖可知 a_{ij} 在 B 陣列中所對應的 k 值，也就是 a_{ij} 會存放在 B(k) 中，則 k 的值會等於第 1 行到第 j-1 行的非零元素個數加上 a_{ij} 所在的第 i 列減去該列中所有值為零的元素個數。

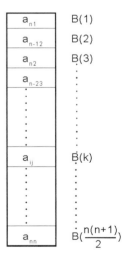

$$k = \frac{(j-1)*[1+(j-1)]}{2} +i-(n-j)$$

$$= \frac{j*(j+1)}{2} +i-n$$

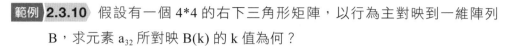

範例 **2.3.10** 假設有一個 4*4 的右下三角形矩陣,以行為主對映到一維陣列

B,求元素 a_{32} 所對映 B(k) 的 k 值為何?

解答 代入公式 k= $\dfrac{j*(j+1)}{2}$ + i-n

$$= \frac{2*(2+1)}{2} + 3\text{-}4$$

$$=2$$

2-3-7 帶狀矩陣

帶狀矩陣(Band Matrix)是一種在應用上較為特殊且稀少的矩陣。定義就是在上三角形矩陣中,右上方的元素皆為零,在下三角形矩陣中,左下方的元素也為零,也就是除了第一列與第 n 列有兩個元素外,其餘每列都具有三個元素,使得中間主軸附近的值形成類似帶狀的矩陣。如下圖所示:

$$\begin{bmatrix} a_{11} & a_{21} & 0 & 0 & 0 \\ a_{12} & a_{22} & a_{32} & 0 & 0 \\ 0 & a_{23} & a_{33} & a_{43} & 0 \\ 0 & 0 & a_{34} & a_{44} & a_{54} \\ 0 & 0 & 0 & a_{45} & a_{55} \end{bmatrix}_{5 \times 5}$$

$a_{ij}=0,\ if|i\text{-}j|>|$

由於本身也是稀疏矩陣,在儲存上也只將非零項目儲存到一維陣列中,對映關係同樣可分為以列為主及以行為主兩種。例如對以列為主的儲存方式而言,對一個 n*n 帶狀矩陣來說,除了第 1 及第 n 列為 2 個元素,其餘均為三個元素,因此非零項總數最多為 3n-2,而 a_{ij} 所對應到的 B(k)。

```
k=2+3+...+3+j-i+2
 =2+3i-6+j-i+2
 =2i+j-2
```

2-4 陣列與多項式

多項式是數學中相當重要的表現方式，通常如果使用電腦來處理多項式的各種相關運算，可以將多項式以陣列（Array）或鏈結串列（Linked List）來儲存。本節中，我們先來討論多項式以陣列結構表示的相關應用。

2-4-1 認識多項式

假如一個多項式 $P(x)=a_n x^n+a_{n-1} x^{n-1}+......+a_1 x+a_0$，則稱 $P(x)$ 為一 n 次多項式。而一個多項式使用陣列結構儲存在電腦中的話，可以使用以下兩種模式：

1. 使用一個 n+2 長度的一維陣列存放，陣列的第一個位置儲存最大指數 n，其他位置依照指數 n 遞減，依序儲存相對應的係數：

   $P=(n,a_n,a_{n-1},......,a_1,a_0)$ 儲存在 A(1:n+2)，例如 $P(x)=2x^5+3x^4+5x^2+4x+1$，可轉換為成 A 陣列來表示，例如：

   A=[5,2,3,0,5,4,1]

   使用這種表示法的優點就是在電腦中運用時，對於多項式的各種運算（如加法與乘法）較為方便設計。不過如果多項式的係數為多半為零，如 $x^{100}+1$，就顯得太浪費空間了。

2. 只儲存多項式中非零項目。如果有 m 項非零項目則使用 2m+1 長的陣列來儲存每一個非零項的指數及係數，但陣列的第一個元素則為此多項式非零項的個數。

   例如 $P(x)=2x^5+3x^4+5x^2+4x+1$，可表示成 A(1:2m+1) 陣列，例如：

   A=[5,2,5,3,4,5,2,4,1,1,0]

   這種方法的優點是可以節省不必要的記憶空間浪費，但缺點則是在多項式各種演算法設計時，會較為複雜許多。

範例 **2.4.1** 以下以本節所介紹的第一種多項式表示法設計一個程式，來進行
兩多項式 $A(x)=3x^4+7x^3+6x+2$，$B(x)=x^4+5x^3+2x^2+9$ 的加法運算。

程式碼：**poly_add.js**

```
01   //將兩個最高次方相等的多項式相加後輸出結果
02   ITEMS=6
03   var PrintPoly=(Poly,items)=> {
04       MaxExp=Poly[0];
05       for(i=1;i<Poly[0]+2;i++) {
06           MaxExp=MaxExp-1;
07           if (Poly[i]!=0 ){
08               if ((MaxExp+1)!=0)
09                   process.stdout.write(Poly[i]+'X^'+(MaxExp+1)+' ');
10               else
11                   process.stdout.write(' '+Poly[i]);
12               if (MaxExp>=0)
13                   process.stdout.write('+');
14           }
15       }
16   }
17   var PolySum=(Poly1, Poly2)=>{
18       result=[];
19       result[0] = Poly1[0]
20       for(i=1;i<Poly1[0]+2;i++) {
21           result[i]=Poly1[i]+Poly2[i] //等冪的係數相加
22       }
23       PrintPoly(result,ITEMS);
24   }
25   PolyA=[4,3,7,0,6,2]                  //宣告多項式A
26   PolyB=[4,1,5,2,0,9]                  //宣告多項式B
27   process.stdout.write('多項式A=> ')
28   PrintPoly(PolyA,ITEMS)              //印出多項式A
29   console.log();
30   process.stdout.write('多項式B=> ')
31   PrintPoly(PolyB,ITEMS)              //印出多項式B
32   console.log();
33   process.stdout.write('A+B => ')
34   PolySum(PolyA,PolyB)                //多項式A+多項式B
```

【執行結果】

```
D:\sample>node ex02/poly_add.js
多項式A=> 3X^4 +7X^3 +6X^1 + 2
多項式B=> 1X^4 +5X^3 +2X^2 + 9
A+B => 4X^4 +12X^3 +2X^2 +6X^1 + 11
D:\sample>
```

1. 密集串列（dense list）於某些應用上相當方便，請問 (1) 何種情況下不適用？(2) 如果原有 n 筆資料，請計算插入一筆新資料，平均需要移動幾筆資料？

2. 試舉出 8 種線性串列常見的運算方式。

3. A(-3:5,-4:2) 陣列的起始位址 A(-3,-4)=100，以列排列為主，請問 Loc(A(1,1))=？

4. 若 A(3,3) 在位置 121，A(6,4) 在位置 159，則 A(4,5) 的位置為何？（單位空間 d=1）

5. 若 A(1,1) 在位置 2，A(2,3) 在位置 18，A(3,2) 在位置 28，試求 A(4,5) 的位置？

6. 請說明稀疏矩陣的定義，並舉例說明之。

7. 假設陣列 A[-1:3,2:4,1:4,-2:1] 是以列為主排列，起始位址 α=200，每個陣列元素儲存空間為 5，請問 A [-1,2,1,-2]、A [3,4,4,1]、A [3,2,1,0] 的位置。

8. 求下圖稀疏矩陣的壓縮陣列表示法。

$$\begin{bmatrix} 0 & 0 & 0 & 0 & 3 \\ 1 & 0 & 0 & 0 & 0 \\ 0 & 0 & 0 & 4 & 0 \\ 6 & 0 & 0 & 0 & 7 \\ 0 & 5 & 0 & 0 & 0 \end{bmatrix}$$

9. 何謂帶狀矩陣（Band Matrix）？並舉例說明。

10. 解釋下列名詞：

① 轉置矩陣　②稀疏矩陣　③ 左下三角形矩陣　④ 有序串列

11. 陣列結構型態通常包含哪幾種屬性？

12. 陣列（Array）是以 PASCAL 語言來宣告，每個陣列元素佔用 4 個單位的記憶體。若起始位址是 255，在下列宣告中，所列元素存放位置為何？

    (1) VarA=array[-55...1,1...55]，求 A[1,12] 之位址。

    (2) VarA=array[5...20,-10...40]，求 A[5,-5] 之位址。

13. 假設我們以 FORTRAN 語言來宣告浮點數陣列 A[8][10]，且每個陣列元素佔用 4 個單位的記憶體，如果 A[0][0] 的起始位址是 200，則元素 A[5][6] 的位址為何？

14. 假設有一三維陣列宣告為 A(1:3,1:4,1:5)，A(1,1,1)=300，且 d=1，試問以行為主的排列方式下，求出 A(2,2,3) 的所在位址。

15. 有一個三維陣列 A(-3:2,-2:3,0:4)，以 Row-major 方式排列，陣列之起始位址是 1118，試求 Loc(A(1,3,3))= ？ (d=1)

16. 假設有一三維陣列宣告為 A(-3:2,-2:3,0:4)，A(1,1,1)=300，且 d=2，試問以行為主的排列方式下，求出 A(2,2,3) 的所在位址。

17. 一個下三角陣列（Lower Triangular Array），B 是一個 n*n 的陣列，其中 B[i,j]=0，i<j。

    (1) 求 B 陣列中不為 0 的最大個數。

    (2) 如何將 B 陣列以最經濟的方式儲存在記憶體中。

    (3) 寫出在 (2) 的儲存方式中，如何求得 B[i,j]，i>=j。

18. 請使用多項式的兩種陣列表示法來儲存 $P(x)=8x^5+7x^4+5x^2+12$。

19. 如何表示與儲存多項式 $P(x,y)=9x^5+4x^4y^3+14x^2y^2+13xy^2+15$ ？試說明之。

3

鏈結串列

　　鏈結串列（Linked List）是由許多相同資料型態的項目，依特定順序排列而成的線性串列，但特性是在電腦記憶體中位置是不連續、隨機（Random）的方式儲存，優點是資料的插入或刪除都相當方便。當有新資料加入就向系統要一塊記憶體空間，資料刪除後，就把空間還給系統，不需要移動大量資料。缺點就是設計資料結構時較為麻煩，另外在搜尋資料時，也無法像靜態資料一般可隨機讀取資料，必須循序找到該資料為止。

　　日常生活中有許多鏈結串列的抽象運用，例如可以把「單向鏈結串列」想像成自強號火車，有多少人就只掛多少節的車廂，當假日人多時，需要較多車廂時可多掛些車廂，人少了就把車廂數量減少，作法十分彈性。或者像遊樂場中的摩天輪也是一種「環狀鏈結串列」的應用，可以自由增加坐廂數量。

3-1 單向鏈結串列

　　在動態配置記憶體空間時，最常使用的就是「單向鏈結串列」（Single Linked List）。基本上，一個單向鏈結串列節點由兩個欄位，即資料欄及指標欄組成，而指標欄將會指向下一個元素的記憶體所在位置。如右圖所示：

1	資料欄位
2	鏈結欄位

　　在「單向鏈結串列」中第一個節點是「串列指標首」，而指向最後一個節點的鏈結欄位設為 null，表示它是「串列指標尾」，代表不指向任何地方。例如串列 A={a, b, c, d, x}，其單向串列資料結構如下：

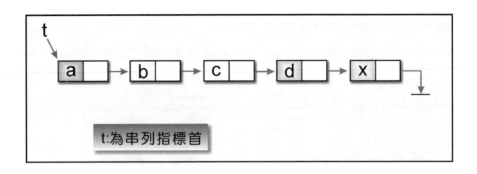

由於串列中所有節點都知道節點本身的下一個節點在那裡,但是對於前一個節點卻是沒有辦法知道,所以在串列的各種動作中,「串列指標首」就顯得相當重要,只要有串列首存在,就可以對整個串列進行走訪、加入及刪除節點等動作,並且除非必要否則不可移動串列指標首。

3-1-1 建立單向鏈結串列

在 JavaScript 中,如果以動態配置產生鏈結串列的節點,必須先行自訂一個類別,接著在該類別中定義一個指標欄位,用意在指向下一個鏈結點,及至少一個資料欄位。例如我們宣告一學生成績串列節點的結構宣告,並且包含下面兩個資料欄位;姓名(name)、成績(score),與一個指標欄位(next)。可以宣告如下:

```
class student {
    constructor() {
        this.name='';
        this.score=0;
        this.next=null;
    }
}
```

當各位完成節點類別的宣告後,就可以動態建立鏈結串列中的每個節點。假設我們現在要新增一個節點至串列的尾端,且 ptr 指向串列的第一個節點,在程式上必須設計四個步驟:

① 動態配置記憶體空間給新節點使用。

② 將原串列尾端的指標欄（next）指向新元素所在的記憶體位置。

③ 將 ptr 指標指向新節點的記憶體位置，表示這是新的串列尾端。

④ 由於新節點目前為串列最後一個元素，所以將它的指標欄（next）指向 null。

例如要將 s1 的 next 變數指向 s2，而且 s2 的 next 變數指向 null：

```
s1.next = s2;
s2.next = null;
```

由於串列的基本特性就是 next 變數將會指向下一個節點的記憶體位址，這時 s1 節點與 s2 節點間的關係就如下圖所示：

以下程式片段是建立學生節點的單向鏈結串列的演算法：

```
const prompt = require('prompt-sync')();
var head=new student(); //建立串列首
head.next=null;
var ptr = head;
var Msum=Esum=num=student_no=0;
var select=0;

while (select !=2) {
    process.stdout.write('(1)新增 (2)離開 =>\n')
    const select = parseInt(prompt('請輸入一個選項: '));
    if (select ==1) {
        new_data=new student(); //新增下一元素
        new_data.name = prompt('姓名:');
        new_data.no=prompt('學號:');
        new_data.Math=parseInt(prompt('數學成績:'));
```

```
    new_data.Eng=parseInt(prompt('英文成績:'));
    ptr.next=new_data; //存取指標設定為新元素所在位置
    new_data.next=null; //下一元素的next先設定為null
    ptr=ptr.next;
    num=num+1;
  }
  if (select==2) break;
}
```

3-1-2 走訪單向鏈結串列

單向鏈結串列的走訪（traverse），是使用指標運算來拜訪串列中的每個節點。在此我們延續前節中的範例，如果要走訪已建立三個節點的單向鏈結串列，可利用結構指標 ptr 來作為串列的讀取旗標，一開始是指向串列首。每次讀完串列的一個節點，就將 ptr 往下一個節點位址移動，直到 ptr 指向 null 為止。如下圖所示：

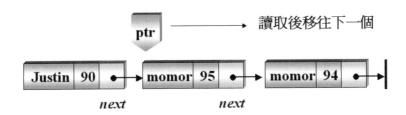

JavaScript 的程式片段如下：

```
ptr=head.next //設定存取指標從頭開始
process.stdout.write ('\n');
while (ptr !=null){
    process.stdout.write ('姓名:'+ptr.name+'\t學號:'+ptr.no+'\t數學成績:'+
                          ptr.Math+'\t英文成績:'+ptr.Eng+'\n');
    Msum=Msum+ptr.Math;
    Esum=Esum+ptr.Eng;
    student_no=student_no+1;
    ptr=ptr.next; //將ptr移往下一元素
}
```

範例 **3.1.1** 請設計一程式，可以讓使用者輸入資料來新增學生資料節點，與建立一個單向鏈結串列。當使用者輸入結束後，可走訪此串列並顯示其內容，並求取目前此串列中所有學生的數學與英文資料的平均成績。此學生節點的結構資料型態如下：

```
class student {
    constructor() {
        this.name='';
        this.Math=0;
        this.Eng=0;
        this.no='';
        this.next=null;
    }
}
```

程式碼：traverse.js

```
01   class student {
02       constructor() {
03           this.name='';
04           this.Math=0;
05           this.Eng=0;
06           this.no='';
07           this.next=null;
08       }
09   }
10
11   const prompt = require('prompt-sync')();
12   var head=new student(); //建立串列首
13   head.next=null;
14   var ptr = head;
15   var Msum=Esum=num=student_no=0;
16   var select=0;
17
18   while (select !=2) {
19       process.stdout.write('(1)新增 (2)離開 =>\n')
20       const select = parseInt(prompt('請輸入一個選項: '));
21       if (select ==1) {
22           new_data=new student(); //新增下一元素
23           new_data.name = prompt('姓名:');
24           new_data.no=prompt('學號:')
25           new_data.Math=parseInt(prompt('數學成績:'));
26           new_data.Eng=parseInt(prompt('英文成績:'));
27           ptr.next=new_data; //存取指標設定為新元素所在位置
```

```
28          new_data.next=null; //下一元素的next先設定為null
29          ptr=ptr.next;
30          num=num+1;
31      }
32      if (select==2) break;
33  }
34
35  ptr=head.next //設定存取指標從頭開始
36  process.stdout.write('\n');
37  while (ptr !=null) {
38      process.stdout.write('姓名：'+ptr.name+'\t學號:'+ptr.no+'\t數學成績:'+
39                           ptr.Math+'\t英文成績:'+ptr.Eng+'\n');
40      Msum=Msum+ptr.Math;
41      Esum=Esum+ptr.Eng;
42      student_no=student_no+1;
43      ptr=ptr.next; //將ptr移往下一元素
44  }
45  if (student_no !=0) {
46      process.stdout.write('----------------------------------------------\n');
47      process.stdout.write('本串列學生 數學平均成績:'+Msum/student_no+
48                           ' 英文平均成績:'+Esum/student_no+'\n');
49  }
```

【執行結果】

```
D:\sample>node ex03/traverse.js
(1)新增 (2)離開 =>
請輸入一個選項: 1
姓名:andy
學號:1
數學成績:98
英文成績:96
(1)新增 (2)離開 =>
請輸入一個選項: 1
姓名:jane
學號:2
數學成績:95
英文成績:96
(1)新增 (2)離開 =>
請輸入一個選項: 2

姓名：andy        學號:1   數學成績:98     英文成績:96
姓名：jane        學號:2   數學成績:95     英文成績:96
----------------------------------------------
本串列學生 數學平均成績:96.5 英文平均成績:96

D:\sample>
```

3-1-3　單向串列插入新節點

在單向鏈結串列中插入新節點，如同一列火車中加入新的車廂，有三種情況：加於第 1 個節點之前、加於最後一個節點之後以及加於此串列中間任一位置。接下來，我們利用圖解方式說明如下：

◉ 新節點插入第一個節點之前，即成為此串列的首節點

只需把新節點的指標指向串列的原來第一個節點，再把串列指標首移到新節點上即可。

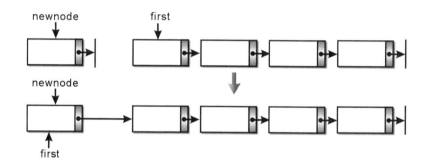

演算法如下：

```
newnode.next=first;
first=newnode;
```

◉ 新節點插入最後一個節點之後

只需把串列的最後一個節點的指標指向新節點，新節點再指向 null 即可。

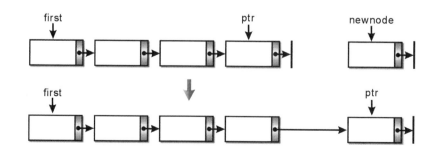

演算法如下：

```
ptr.next=newnode;
newnode.next=null;
```

◑ 將新節點插入串列中間的位置

　　例如插入的節點是在 X 與 Y 之間，只要將 X 節點的指標指向新節點，新節點的指標指向 Y 節點即可。如下圖所示：

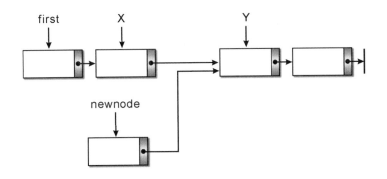

　　接著把插入點指標指向的新節點：

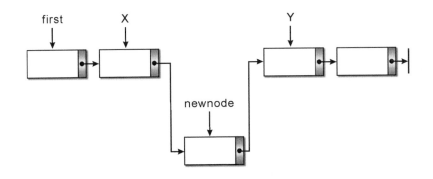

　　演算法如下：

```
newnode.next=x.next;
x.next=newnode;
```

範例 **3.1.2** 請設計一程式，建立一個員工資料的單向鏈結串列，並且允許可以在串列首、串列尾及串列中間等三種狀況下插入新節點。最後離開時，列出此串列的最後所有節點的資料欄內容。結構成員型態如下：

```
class employee {
    constructor() {
        this.num=0;
        this.salary=0;
        this.name='';
        this.next=null;
    }
}
```

程式碼：insert_node.js

```
01  class employee {
02      constructor() {
03          this.num=0;
04          this.salary=0;
05          this.name='';
06          this.next=null;
07      }
08  }
09
10  var findnode=(head,num)=>{
11      ptr=head;
12      while (ptr!=null) {
13          if (ptr.num==num)return ptr;
14          ptr=ptr.next;
15      }
16      return ptr;
17  }
18
19  var insertnode=(head,ptr,num,salary,name)=>{
20      InsertNode=new employee();
21      if (!InsertNode)return null;
22      InsertNode.num=num;
23      InsertNode.salary=salary;
24      InsertNode.name=name;
25      InsertNode.next=null;
26      if (ptr==null) { //插入第一個節點
```

```
27          InsertNode.next=head;
28          return InsertNode;
29      }
30      else {
31          if (ptr.next==null)  //插入最後一個節點
32              ptr.next=InsertNode;
33          else {  //插入中間節點
34              InsertNode.next=ptr.next;
35              ptr.next=InsertNode;
36          }
37      }
38      return head;
39  }
40
41  position=0;
42  data=[[1001,32367],[1002,24388],[1003,27556],[1007,31299],
43          [1012,42660],[1014,25676],[1018,44145],[1043,52182],
44          [1031,32769],[1037,21100],[1041,32196],[1046,25776]];
45  namedata=['Allen','Scott','Marry','John','Mark','Ricky',
46          'Lisa','Jasica','Hanson','Daniel','Axel','Jack'];
47  process.stdout.write('員工編號 薪水\t員工編號 薪水\t員工編號 薪水\t員工編號 薪
    水\n');
48  process.stdout.write('--------------------------------------------------\n');
49  for (i=0; i<3;i++) {
50      for (j=0; j<4; j++)
51          process.stdout.write(data[j*3+i][0]+ '\t'+data[j*3+i][1]+'\t');
52      console.log();
53  }
54  console.log('-----------------------------------------------------------');
55
56  head=new employee();  //建立串列首
57  head.next=null;
58
59  if (!head) {
60      console.log('Error!! 記憶體配置失敗!!')
61      return;
62  }
63  head.num=data[0][0];
64  head.name=namedata[0];
65  head.salary=data[0][1];
66  head.next=null;
67  ptr=head;
```

```
68   for(i=1;i<12;i++){   //建立串列
69       newnode=new employee();
70       newnode.next=null;
71       newnode.num=data[i][0];
72       newnode.name=namedata[i];
73       newnode.salary=data[i][1];
74       newnode.next=null;
75       ptr.next=newnode;
76       ptr=ptr.next;
77   }
78
79   while(true) {
80       process.stdout.write('請輸入要插入其後的員工編號,如輸入的編號不在此串列中,\n');
81       const prompt = require('prompt-sync')();
82       const position = parseInt(prompt('新輸入的員工節點將視為此串列的串列首,
         要結束插入過程,請輸入-1：'));
83       if (position ==-1)
84           break;
85       else {
86           ptr=findnode(head,position);
87           new_num = parseInt(prompt('請輸入新插入的員工編號：'));
88           new_salary = parseInt(prompt('請輸入新插入的員工薪水：'));
89           new_name = prompt('請輸入新插入的員工姓名：');
90           head=insertnode(head,ptr,new_num,new_salary,new_name);
91       }
92       console.log();
93   }
94   ptr=head;
95   console.log('\t員工編號    姓名\t薪水');
96   console.log('\t==============================')
97   while (ptr!=null) {
98       process.stdout.write('\t['+ptr.num+' ]\t[ '+ptr.name+' ]\t[ '
99                           +ptr.salary+']\n');
100      ptr=ptr.next;
101  }
```

【執行結果】

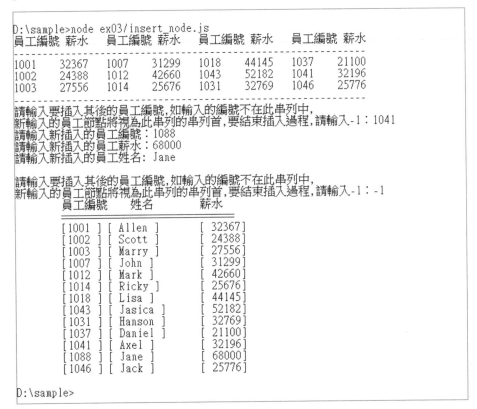

```
D:\sample>node ex03/insert_node.js
員工編號 薪水    員工編號 薪水    員工編號 薪水    員工編號 薪水
--------------------------------------------------------------------------
1001    32367   1007    31299   1018    44145   1037    21100
1002    24388   1012    42660   1043    52182   1041    32196
1003    27556   1014    25676   1031    32769   1046    25776
--------------------------------------------------------------------------
請輸入要插入其後的員工編號,如輸入的編號不在此串列中,
新輸入的員工節點將視為此串列的串列首,要結束插入過程,請輸入-1：1041
請輸入新插入的員工編號：1088
請輸入新插入的員工薪水：68000
請輸入新插入的員工姓名：Jane

請輸入要插入其後的員工編號,如輸入的編號不在此串列中,
新輸入的員工節點將視為此串列的串列首,要結束插入過程,請輸入-1：-1
        員工編號       姓名           薪水
        [1001  ] [ Allen  ]     [ 32367]
        [1002  ] [ Scott  ]     [ 24388]
        [1003  ] [ Marry  ]     [ 27556]
        [1007  ] [ John   ]     [ 31299]
        [1012  ] [ Mark   ]     [ 42660]
        [1014  ] [ Ricky  ]     [ 25676]
        [1018  ] [ Lisa   ]     [ 44145]
        [1043  ] [ Jasica ]     [ 52182]
        [1031  ] [ Hanson ]     [ 32769]
        [1037  ] [ Daniel ]     [ 21100]
        [1041  ] [ Axel   ]     [ 32196]
        [1088  ] [ Jane   ]     [ 68000]
        [1046  ] [ Jack   ]     [ 25776]

D:\sample>
```

3-1-4　單向串列刪除節點

在單向鏈結型態的資料結構中，如果要在串列中刪除一個節點，如同一列火車中拿掉原有的車廂，依據所刪除節點的位置會有三種不同的情形：

- 刪除串列的第一個節點：只要把串列指標首指向第二個節點即可。如下圖所示：

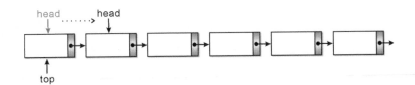

演算法如下：

```
top=head;
head=head.next;
```

◎ 刪除串列後的最後一個節點

只要指向最後一個節點 ptr 的指標，直接指向 null 即可。如下圖所示：

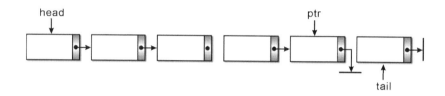

演算法如下：

```
ptr.next=tail;
ptr.next=null;
```

◎ 刪除串列內的中間節點

只要將刪除節點的前一個節點的指標，指向欲刪除節點的下一個節點即可。如下圖所示：

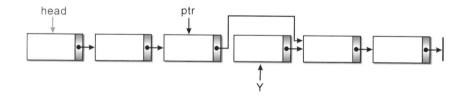

演算法如下：

```
Y=ptr.next;
ptr.next=Y.next;
```

範例 **3.1.3** 請設計一程式，在一員工資料的串列中刪除節點，並且允許所刪除的節點有串列首、串列尾及串列中間等三種狀況。最後離開時，列出此串列的最後所有節點的資料欄內容。結構成員型態如下：

```
class employee {
    constructor() {
        this.num=0;
        this.salary=0;
        this.name='';
        this.next=null;
    }
}
```

程式碼：del_node.js

```
01   class employee {
02       constructor() {
03           this.num=0;
04           this.salary=0;
05           this.name='';
06           this.next=null;
07       }
08   }
09
10   var del_ptr=(head,ptr)=> {          //刪除節點副程式
11       top=head;
12       if (ptr.num==head.num) {        //[情形1]:刪除點在串列首
13           head=head.next;
14           process.stdout.write('已刪除第 '+ptr.num+' 號員工 姓名：'+ptr.
     name+' 薪資:'+ptr.salary);
15       }
16       else {
17           while (top.next!=ptr)       //找到刪除點的前一個位置
18               top=top.next;
19           if (ptr.next==null) {       //刪除在串列尾的節點
20               top.next=null;
21               process.stdout.write('已刪除第 '+ptr.num+' 號員工 姓名：
     '+ptr.name+' 薪資:'+ptr.salary+'\n');
22           }
23           else {
24               top.next=ptr.next; //刪除在串列中的任一節點
25               process.stdout.write('已刪除第 '+ptr.num+' 號員工 姓名：
     '+ptr.name+' 薪資:'+ptr.salary+'\n');
```

```
26          }
27      }
28      return head   //回傳串列
29  }
30
31  findword=0;
32  namedata=['Allen','Scott','Mary','John','Mark','Ricky',
33          'Lisa','Jasica','Hanson','Daniel','Axel','Jack'];
34  data=[[1001,32367],[1002,24388],[1003,27556],[1007,31299],
35      [1012,42660],[1014,25676],[1018,44145],[1043,52182],
36      [1031,32769],[1037,21100],[1041,32196],[1046,25776]]
37  process.stdout.write('員工編號 薪水 員工編號 薪水 員工編號 薪水 員工編號 薪水\n')
38  process.stdout.write('-------------------------------------------\n')
39
40  for (i=0; i<3;i++) {
41      for (j=0; j<4; j++)
42          process.stdout.write(data[j*3+i][0]+ '\t'+data[j*3+i][1]+'\t');
43      console.log();
44  }
45  head=new employee() //建立串列首
46  if (!head) {
47      console.log('Error!! 記憶體配置失敗!!')
48      return;
49  }
50  head.num=data[0][0];
51  head.name=namedata[0];
52  head.salary=data[0][1];
53  head.next=null;
54
55  ptr=head;
56  for(i=1;i<12;i++){   //建立串列
57      newnode=new employee();
58      newnode.next=null;
59      newnode.num=data[i][0];
60      newnode.name=namedata[i];
61      newnode.salary=data[i][1];
62      newnode.next=null;
63      ptr.next=newnode;
64      ptr=ptr.next;
65  }
66  const prompt = require('prompt-sync')();
67  while(true) {
68      const findword = parseInt(prompt('請輸入要刪除的員工編號,要結束刪除過程,
    請輸入-1：'));
69      if(findword==-1) //迴圈中斷條件
70          break;
```

```
71        else {
72            ptr=head;
73            find=0;
74            while (ptr!=null) {
75                if (ptr.num==findword) {
76                    ptr=del_ptr(head,ptr);
77                    find=find+1;
78                    head=ptr;
79                }
80                ptr=ptr.next;
81            }
82            if (find==0)
83                process.stdout.write('/////////////沒有找到/////////////\n');
84        }
85    }
86    ptr=head;
87    process.stdout.write('\t座號\t    姓名\t成績\n');      //列印剩餘串列資料
88    process.stdout.write('\t===============================\n');
89    while(ptr!=null) {
90        process.stdout.write('\t['+ptr.num+' ]\t[ '+ptr.name+' ]\t[ '
91                            +ptr.salary+']\n');
92        ptr=ptr.next;
93    }
```

【執行結果】

```
D:\sample>node ex03/del_node.js
員工編號 薪水 員工編號 薪水 員工編號 薪水 員工編號 薪水
--------------------------------------------------------
1001     32367    1007     31299    1018     44145    1037     21100
1002     24388    1012     42660    1043     52182    1041     32196
1003     27556    1014     25676    1031     32769    1046     25776
請輸入要刪除的員工編號,要結束刪除過程,請輸入-1：1041
已刪除第 1041 號員工 姓名：Axel 薪資:32196
請輸入要刪除的員工編號,要結束刪除過程,請輸入-1：-1
        座號          姓名        成績
        ===============================
        [1001 ] [ Allen ]     [ 32367]
        [1002 ] [ Scott ]     [ 24388]
        [1003 ] [ Mary ]      [ 27556]
        [1007 ] [ John ]      [ 31299]
        [1012 ] [ Mark ]      [ 42660]
        [1014 ] [ Ricky ]     [ 25676]
        [1018 ] [ Lisa ]      [ 44145]
        [1043 ] [ Jasica ]    [ 52182]
        [1031 ] [ Hanson ]    [ 32769]
        [1037 ] [ Daniel ]    [ 21100]
        [1046 ] [ Jack ]      [ 25776]

D:\sample>_
```

3-1-5 單向串列的反轉

　　看完了節點的刪除及插入後，各位可以發現在這種具有方向性的鏈結串列結構中增刪節點是相當容易的一件事。而要從頭到尾列印整個串列也不難，但如果要反轉過來列印就真得需要某些技巧了。我們知道在鏈結串列中的節點特性是知道下一個節點的位置，可是卻無從得知它的上一個節點位置，不過如果要將串列反轉，則必須使用三個指標變數。請看下圖說明：

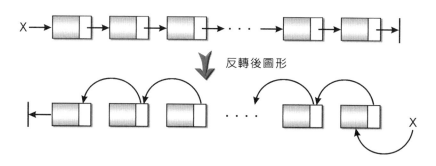

　　演算法如下：

```
class employee {
    constructor() {
        this.num=0;
        this.salary=0;
        this.name='';
        this.next=null;
    }
}
var invert= (x) => { //x為串列的開始指標
    p=x; //將p指向串列的開頭
    q=null; //q是p的前一個節點
    while (p!=null) {
        r=q ; //將r接到q之後
        q=p; //將q接到p之後
        p=p.next; //p移到下一個節點
        q.next=r; //q連結到之前的節點
    }
    return q;
}
```

在以上演算法 invert(X) 中，我們使用了 p、q、r 三個指標變數，它的運算過程如下：

❶ 執行 while 迴路前

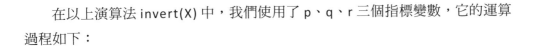

❶ 第一次執行 while 迴路

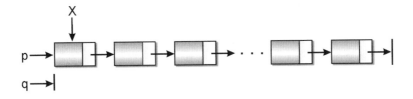

❶ 第二次執行 while 迴路

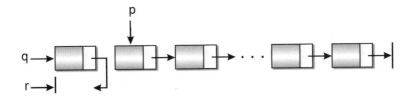

當執行到 p=null 時，整個串列也就整個反轉過來了。

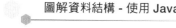

範例 **3.1.4** 請設計一程式，延續範例將員工資料的串列節點依照座號反轉列
印出來。

程式碼：rev_node.js

```
01  class employee {
02      constructor() {
03          this.num=0;
04          this.salary=0;
05          this.name='';
06          this.next=null;
07      }
08  }
09
10  findword=0;
11  namedata=['Allen','Scott','Marry','John','Mark','Ricky',
12          'Lisa','Jasica','Hanson','Daniel','Axel','Jack'];
13  data=[[1001,32367],[1002,24388],[1003,27556],[1007,31299],
14      [1012,42660],[1014,25676],[1018,44145],[1043,52182],
15      [1031,32769],[1037,21100],[1041,32196],[1046,25776]];
16
17  head=new employee() //建立串列首
18  if (!head) {
19      console.log('Error!! 記憶體配置失敗!!');
20      return;
21  }
22  head.num=data[0][0];
23  head.name=namedata[0];
24  head.salary=data[0][1];
25  head.next=null;
26
27  ptr=head;
28
29  for(i=1;i<12;i++){   //建立串列
30      newnode=new employee();
31      newnode.next=null;
32      newnode.num=data[i][0];
33      newnode.name=namedata[i];
34      newnode.salary=data[i][1];
```

```
35      newnode.next=null;
36      ptr.next=newnode;
37      ptr=ptr.next;
38  }
39
40  ptr=head;
41  i=0;
42  process.stdout.write('原始員工串列節點資料：\n');
43  while (ptr !=null){   //列印串列資料
44      process.stdout.write('['+ptr.num+'\t'+ptr.name+'\t'
45                          +ptr.salary+'] -> ');
46      i=i+1;
47      if (i>=3) {//三個元素為一列
48          console.log();
49          i=0;
50      }
51      ptr=ptr.next;
52  }
53
54  ptr=head;
55  before=null;
56  process.stdout.write('\n反轉後串列節點資料：\n')
57  while (ptr!=null) { //串列反轉,利用三個指標
58      last=before;
59      before=ptr;
60      ptr=ptr.next;
61      before.next=last;
62  }
63  ptr=before;
64  while (ptr!=null) {
65      process.stdout.write('['+ptr.num+'\t'+ptr.name+'\t'
66                          +ptr.salary+'] -> ');
67      i=i+1;
68      if (i>=3) {//三個元素為一列
69          console.log();
70          i=0;
71      }
72      ptr=ptr.next;
73  }
```

【執行結果】

```
D:\sample>node ex03/rev_node.js
原始員工串列節點資料:
[1001    Allen    32367] -> [1002 Scott    24388] -> [1003 Marry    27556] ->
[1007    John     31299] -> [1012 Mark     42660] -> [1014 Ricky    25676] ->
[1018    Lisa     44145] -> [1043 Jasica   52182] -> [1031 Hanson   32769] ->
[1037    Daniel   21100] -> [1041 Axel     32196] -> [1046 Jack     25776] ->

反轉後串列節點資料:
[1046    Jack     25776] -> [1041 Axel     32196] -> [1037 Daniel   21100] ->
[1031    Hanson   32769] -> [1043 Jasica   52182] -> [1018 Lisa     44145] ->
[1014    Ricky    25676] -> [1012 Mark     42660] -> [1007 John     31299] ->
[1003    Marry    27556] -> [1002 Scott    24388] -> [1001 Allen    32367] ->

D:\sample>_
```

3-1-6 單向串列的連結功能

對於兩個或以上鏈結串列的連結（concatenation），其實作法也很容易；只要將串列的首尾相連即可。如下圖所示：

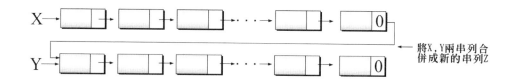

範例 **3.1.5** 以下請設計一程式，將兩組學生成績串列連結起來，並輸出新的學生成績串列。

程式碼：concatlist.js

```
01   // [示範]:單向串列的連結功能
02   var concatlist=(ptr1,ptr2)=> {
03       ptr=ptr1;
04       while (ptr.next!=null) ptr=ptr.next;
05       ptr.next=ptr2;
06       return ptr1;
07   }
08
09   class employee{
```

```
10      constructor() {
11          this.num=0;
12          this.salary=0;
13          this.name='';
14          this.next=null;
15      }
16  }
17
18  findword=0;
19  data=[]
20
21  namedata1=['Allen','Scott','Marry','Jon',
22             'Mark','Ricky','Lisa','Jasica',
23             'Hanson','Amy','Bob','Jack']
24
25  namedata2=['May','John','Michael','Andy',
26             'Tom','Jane','Yoko','Axel',
27             'Alex','Judy','Kelly','Lucy']
28
29  for(i=0;i<12;i++){
30      data[i]=[];
31      data[i][0]=i+1;
32      data[i][1]=Math.floor(51+Math.random()*50);
33  }
34  const head1=new employee();  //建立第一組串列首
35  if (!head1) {
36      console.log('Error!! 記憶體配置失敗!!')
37      return;
38  }
39  head1.num=data[0][0];
40  head1.name=namedata1[0];
41  head1.salary=data[0][1];
42  head1.next=null;
43  ptr=head1;
44
45  for(i=1;i<12;i++){
46  //建立第一組鏈結串列
47      newnode=new employee();
48      newnode.num=data[i][0];
49      newnode.name=namedata1[i];
50      newnode.salary=data[i][1];
51      newnode.next=null;
```

```
52      ptr.next=newnode;
53      ptr=ptr.next;
54  }
55
56  for(i=0;i<12;i++){
57      data[i][0]=i+13;
58      data[i][1]=Math.floor(51+Math.random()*50);
59  }
60
61  const head2=new employee();  //建立第二組串列首
62  if (!head2) {
63      console.log('Error!! 記憶體配置失敗!!')
64      return;
65  }
66
67  head2.num=data[0][0];
68  head2.name=namedata2[0];
69  head2.salary=data[0][1];
70  head2.next=null;
71  ptr=head2;
72  for(i=1;i<12;i++){ //建立第二組鏈結串列
73      newnode=new employee();
74      newnode.num=data[i][0];
75      newnode.name=namedata2[i];
76      newnode.salary=data[i][1];
77      newnode.next=null;
78      ptr.next=newnode;
79      ptr=ptr.next;
80  }
81
82  i=0;
83  ptr=concatlist(head1,head2); //將串列相連
84  console.log('兩個鏈結串列相連的結果：');
85  while (ptr!=null) { //列印串列資料
86      process.stdout.write('['+ptr.num+' '+ptr.name+' '
87                          +ptr.salary+'] => ');
88      i=i+1
89      if (i>=3) {
90          console.log();
91          i=0;
92      }
93      ptr=ptr.next;
94  }
```

【執行結果】

```
D:\sample>node ex03/concatlist.js
兩個鏈結串列相連的結果：
[1 Allen 53] => [2 Scott 65] => [3 Marry 65] =>
[4 Jon 69] => [5 Mark 63] => [6 Ricky 71] =>
[7 Lisa 52] => [8 Jasica 80] => [9 Hanson 59] =>
[10 Amy 86] => [11 Bob 58] => [12 Jack 81] =>
[13 May 91] => [14 John 93] => [15 Michael 88] =>
[16 Andy 99] => [17 Tom 69] => [18 Jane 93] =>
[19 Yoko 77] => [20 Axel 89] => [21 Alex 57] =>
[22 Judy 89] => [23 Kelly 63] => [24 Lucy 76] =>

D:\sample>
```

範例 **3.1.6** 現有 5 個學生的成績如下，請設計一程式，來建立這五個學生成績的單向鏈結串列，並走訪每一個節點與列印姓名與成績。

座號	姓名	成績
1	John	85
2	Helen	95
3	Dean	68
4	Sam	72
5	Kelly	79

程式碼：stulist.js

```
01   const prompt = require('prompt-sync')();
02   class student {
03       constructor() {
04           this.num=0;
05           this.name='';
06           this.score=0;
07           this.next=null;
08       }
09   }
```

```
10
11   process.stdout.write('請輸入 5 筆學生資料：\n')
12   node=new student();
13   if (!node) {
14       process.stdout.write('[Error!!記憶體配置失敗!]\n');
15       return;
16   }
17   node.num=parseInt(prompt('請輸入座號：'));
18   node.name=prompt('請輸入姓名：')
19   node.score=parseInt(prompt('請輸入成績：'));
20   ptr=node; //保留串列首，以ptr為目前節點指標
21
22   for (i=1;i<5;i++) {
23       let newnode=new student(); //建立新節點
24       if (!newnode) {
25           process.stdout.write('[Error!!記憶體配置失敗!\n');
26           return;
27       }
28       newnode.num=parseInt(prompt('請輸入座號：'));
29       newnode.name=prompt('請輸入姓名：');
30       newnode.score=parseInt(prompt('請輸入成績：'));
31       newnode.next=null;
32       ptr.next=newnode; //把新節點加在串列後面
33       ptr=ptr.next;   //讓ptr保持在串列的最後面
34   }
35
36   process.stdout.write('　學　生　成　績\n');
37   process.stdout.write('座號\t姓名\t成績\n====================\n');
38   ptr=node;      //讓ptr回到串列首
39   while (ptr!=null) {
40       process.stdout.write(ptr.num+'\t'+ptr.name+'\t'+ptr.score+'\n');
41       node=ptr;
42       ptr=ptr.next; //ptr依序往後走訪串列
43   }
```

【執行結果】

```
D:\sample>node ex03/stulist.js
請輸入 5 筆學生資料：
請輸入座號：1
請輸入姓名：John
請輸入成績：89
請輸入座號：2
請輸入姓名：Michael
請輸入成績：89
請輸入座號：3
請輸入姓名：Andy
請輸入成績：76
請輸入座號：4
請輸入姓名：Jane
請輸入成績：95
請輸入座號：5
請輸入姓名：Axel
請輸入成績：97
    學  生  成  績
座號    姓名      成績

1       John     89
2       Michael  89
3       Andy     76
4       Jane     95
5       Axel     97

D:\sample>
```

3-1-7　多項式串列表示法

在第二章中我們曾介紹過有關多項式的陣列表示法，不過使用陣列表示法經常會出現以下的困擾：

① 多項式內容變動時，對陣列結構的影響相當大，演算法處理不易。

② 由於陣列是靜態資料結構，所以事先必須尋找一塊連續夠大的記憶體，容易形成空間的浪費。

因為如果使用單向鏈結串列來表示多項式，就可以克服以上的問題。多項式的鏈結串列表示法主要是儲存非零項目，並且每一項均符合以下資料結構：

COEF：表示該變數的係數

EXP ：表示該變數的指數

LINK：表示指到下一個節點的指標

例如假設多項式有 n 個非零項，且 $P(x)=a_{n-1}x^{en-1}+a_{n-2}x^{en-2}+...+a_0$，則可表示成：

$A(x)=3X^2+6X-2$ 的表示方法為：

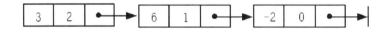

另外關於多項式的加法也相當簡單，只要逐一比較 A、B 串列節點指數，把握指數相同者，係數相加，否則直接照抄入新串列的原則即可。

範例 3.1.7 設計一程式，求出以下兩多項式 A(X)+B(X) 的最後結果。

$A=3X^3+4X+2$

$B=6X^3+8X^2+6X+9$

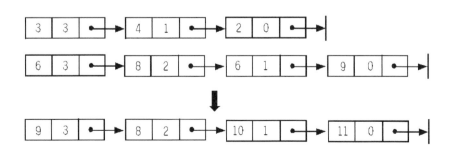

程式碼：poly_link.js

```
01  class LinkedList {   //宣告串列結構
02      constructor() {
03          this.coef=0;
04          this.exp=0;
05          this.next=null;
06      }
07  }
08
09  var create_link=(data)=> { //建立多項式副程式
10      for (i=0;i<4;i++) {
11          newnode=new LinkedList();
12          if (!newnode) {
13              process.stdout.write("Error!! 記憶體配置失敗!!")
14              return;
15          }
16          if (i==0) {
17              newnode.coef=data[i];
18              newnode.exp=3-i;
19              newnode.next=null;
20              head=newnode;
21              ptr=head;
22          }
23          else if (data[i]!=0) {
24              newnode.coef=data[i];
25              newnode.exp=3-i;
26              newnode.next=null;
27              ptr.next=newnode;
28              ptr=newnode;
29          }
30      }
31      return head;
32  }
33
34  var print_link=(head)=> {   //列印多項式副程式
35      while (head !=null) {
36          if (head.exp==1 && head.coef!=0)   //X^1時不顯示指數
37              process.stdout.write(head.coef+'X + ');
38          else if (head.exp!=0 && head.coef!=0)
39              process.stdout.write(head.coef+'X^'+head.exp +'+ ');
40          else if (head.coef!=0)  //X^0時不顯示變數
```

```
41              process.stdout.write(head.coef.toString());
42          head=head.next;
43      }
44      process.stdout.write('\n');
45  }
46
47  var sum_link=(a,b)=>{              //多項式相加副程式
48      let i=0;
49      let ptr=b;
50      let plus=[];
51      while (a!=null)               //判斷多項式1
52          if (a.exp==b.exp) {       //指數相等，係數相加
53              plus[i]=a.coef+b.coef;
54              a=a.next;
55              b=b.next;
56              i=i+1;
57          }
58          else if (b.exp>a.exp) {   //B指數較大，指定係數給C
59              plus[i]=b.coef;
60              b=b.next;
61              i=i+1;
62          }
63          else if (a.exp>b.exp) {   //A指數較大，指定係數給C
64              plus[i]=a.coef;
65              a=a.next;
66              i=i+1;
67          }
68      return create_link(plus);     //建立相加結果串列C
69  }
70
71  data1=[3,0,4,2]                   //多項式A的係數
72  data2=[6,8,6,9]                   //多項式B的係數
73  process.stdout.write("原始多項式：\nA=")
74  a=create_link(data1);             //建立多項式A
75  b=create_link(data2);             //建立多項式B
76  print_link(a);                    //列印多項式A
77  process.stdout.write("B=");
78  print_link(b);                    //列印多項式B
79  process.stdout.write("多項式相加結果：\nC=");  //C為A、B多項式相加結果
80  print_link(sum_link(a,b));        //列印多項式C
```

【執行結果】

```
D:\sample>node ex03/poly_link.js
原始多項式：
A=3X^3+ 4X + 2
B=6X^3+ 8X^2+ 6X + 9
多項式相加結果：
C=9X^3+ 8X^2+ 10X + 11

D:\sample>_
```

3-2 環狀鏈結串列

在單向鏈結串列中，維持串列首是相當重要的事，因為單向鏈結串列有方向性，所以如果串列首指標被破壞或遺失，則整個串列就會遺失，並且浪費整個串列的記憶體空間。

如果我們把串列的最後一個節點指標指向串列首，而不是指向 null，整個串列就成為一個單方向的環狀結構。如此一來便不用擔心串列首遺失的問題了，因為每一個節點都可以是串列首，也可以從任一個節點來追蹤其他節點。通常可做為記憶體工作區與輸出入緩衝區的處理及應用。如下圖所示：

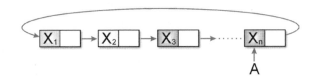

3-2-1 環狀鏈結串列的建立與走訪

簡單來說，環狀鏈結串列（Circular Linked List）的特點是在串列中的任何一個節點，都可以達到此串列內的各節點，建立的過程與單向鏈結串列相似，唯一的不同點是必須要將最後一個節點指向第一個節點。事實上，環狀鏈結串列的優點是可以從任何一個節點追蹤所有節點，而且回收整個串列所需時間是固定的，與長度無關，缺點是需要多一個鏈結空間，而且插入一個節點需要改變兩個鏈結。以下程式片段是建立學生節點的環狀鏈結串列的演算法：

```javascript
class student {
    constructor() {
        this.name='';
        this.no='';
        this.next=null;
    }
}
var head=new student();      //新增串列開頭元素
var ptr = head;              //設定存取指標位置
ptr.next = null;             //目前無下個元素

var select=0;
while (select!=2) {
    select=parseInt(prompt('(1)新增 (2)離開 =>'));
    if (select ==2)
        break;
    ptr.name=prompt('姓名 :');
    ptr.no=prompt('學號 :');
    new_data=new student;    //新增下一元素
    ptr.next=new_data;       //連接下一元素
    new_data.next = null;    //下一元素的next先設定為null
    ptr = new_data;          //存取指標設定為新元素所在位置
}
```

環狀鏈結串列的走訪與單向鏈結串列十分相似，不過檢查串列結束的條件是 ptr.next==head，以下程式片段是環狀鏈結串列節點走訪的演算法：

```javascript
ptr=head;

while (true) {
    process.stdout.write('姓名：='+ptr.name+'\t學號:'+ptr.no+'\n');
    ptr=ptr.next    //將head移往下一元素
    if (ptr.next==head)
        break;
}
```

範例 **3.2.1**   請設計一程式，可以讓使用者輸入資料來新增學生資料節點，與建立一個環狀鏈結串列，當使用者輸入結束後，可走訪此串列並顯示其內容。

程式碼：circular.js

```
01  const prompt = require('prompt-sync')();
02  class student {
03      constructor() {
04          this.name='';
05          this.no='';
06          this.next=null;
07      }
08  }
09
10  var head=new student();      //新增串列開頭元素
11  var ptr = head;              //設定存取指標位置
12  ptr.next = null;             //目前無下個元素
13  var select=0;
14  while (select!=2) {
15      select=parseInt(prompt('(1)新增  (2)離開 =>'));
16      if (select ==2)
17          break;
18      ptr.name=prompt('姓名 :');
19      ptr.no=prompt('學號 :');
20      new_data=new student;   //新增下一元素
21      ptr.next=new_data;      //連接下一元素
22      new_data.next = null;   //下一元素的next先設定為null
23      ptr = new_data;         //存取指標設定為新元素所在位置
24  }
25
26  ptr.next = head;            //設定存取指標從頭開始
27  process.stdout.write('\n');
28  ptr=head;
29
30  while (true) {
31      process.stdout.write('姓名：='+ptr.name+'\t學號:'+ptr.no+'\n');
32      ptr=ptr.next             //將head移往下一元素
33      if (ptr.next==head)
34          break;
35  }
36  process.stdout.write('----------------------------------------------\n');
```

【執行結果】

```
D:\sample>node ex03/circular.js
(1)新增 (2)離開 =>1
姓名 :Patrick
學號 :1001
(1)新增 (2)離開 =>1
姓名 :Daniel
學號 :1002
(1)新增 (2)離開 =>2

姓名 : =Patrick    學號:1001
姓名 : =Daniel     學號:1002
---------------------------------------------------------

D:\sample>_
```

3-2-2　環狀鏈結串列的插入新節點

對於環狀串列的節點插入，與單向串列的插入方式是有不同，由於每一個節點的指標欄都是指向下一個節點，所以沒有所謂從串列尾插入的問題。通常會出現兩種狀況：

❶ 將新節點插在第一個節點前成為串列首

首先將新節點 X 的指標指向原串列首節點，並移動整個串列，將串列首指向新節點。圖形如下：

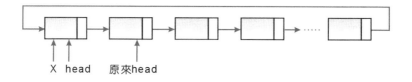

X　head　　原來head

演算法如下：

```
x.next=head;
CurNode=head;
while (CurNode.next!=head) CurNode=CurNode.next;  //找到串列尾後將它的指標指向新增節點
CurNode.next=x;
head=x;  //將串列首指向新增節點
```

⦿ 將新節點 **X** 插在串列中任意節點 I 之後

首先將新節 X 的指標指向 I 節點的下一個節點,並將 I 節點的指標指向 X 節點。圖形如下:

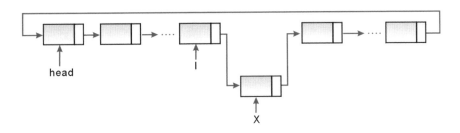

演算法如下:

```
X.next=I.next;
I.next=X;
```

範例 **3.2.2** 請設計一程式,建立一個員工資料的環狀鏈結串列,並且允許在串列首及串列中間插入新節點。最後離開時,列出此串列的最後所有節點的資料欄內容。結構成員型態如下:

```
class employee {
    constructor() {
        this.num=0;
        this.salary=0;
        this.name='';
        this.next=null;
    }
}
```

程式碼:circular_add.js
```
01   const prompt = require('prompt-sync')();
02   class employee {
03       constructor() {
04           this.num=0;
05           this.salary=0;
06           this.name='';
07           this.next=null;
08       }
```

```
09  }
10
11  var findnode=(head, num)=> {
12      ptr=head;
13      while (ptr.next !=head) {
14          if (ptr.num==num) return ptr;
15          ptr=ptr.next;
16      }
17      return ptr
18  }
19
20  var insertnode=(head,after,num,salary,name)=> {
21      InsertNode=new employee();
22      CurNode=null;
23      InsertNode.num=num;
24      InsertNode.salary=salary;
25      InsertNode.name=name;
26      InsertNode.next=null;
27      if (InsertNode==null) {
28          process.stdout.write('記憶體配置失敗')
29          return null
30      }
31      else {
32          if (head==null) { //串列是空的
33              head=InsertNode;
34              InsertNode.next=head;
35              return head;
36          }
37          else {
38              if (after.next==head) { //新增節點於串列首的位置
39                  //(1)將新增節點的指標指向串列首
40                  InsertNode.next=head;
41                  CurNode=head;
42                  while (CurNode.next!=head)
43                      CurNode=CurNode.next;
44                  //(2)找到串列尾後將它的指標指向新增節點
45                  CurNode.next=InsertNode;
46                  //(3)將串列首指向新增節點
47                  head=InsertNode;
48                  return head;
49              }
50              else { //新增節點於串列首以外的地方
51                  //(1)將新增節點的指標指向after的下一個節點
52                  InsertNode.next=after.next;
53                  //(2)將節點after的指標指向新增節點
54                  after.next=InsertNode;
```

```
55              return head;
56          }
57      }
58    }
59 }
60
61 var position=0
62 var namedata=['Allen','Scott','Marry','Anderson','Michael','Ricky',
63              'Alice','Jasica','Hanson','Daniel','Jasica','Bruce'];
64 var data=[[1001,32367],[1002,24388],[1003,27556],[1007,31299],
65     [1012,42660],[1014,25676],[1018,44145],[1043,52182],
66     [1031,32769],[1037,21100],[1041,32196],[1046,25776]];
67
68 process.stdout.write('員工編號 薪水 員工編號 薪水 員工編號 薪水 員工編號 薪水\n');
69 process.stdout.write('-------------------------------------------------\n');
70 for(i=0;i<3;i++) {
71     for (j=0;j<4;j++)
72         process.stdout.write('['+data[j*3+i][0]+'] ['+data[j*3+i][1]+']  ');
73     process.stdout.write('\n');
74 }
75 head=new employee(); //建立串列首
76 if (!head) {
77     process.stdout.write('Error!! 記憶體配置失敗!!')
78     return;
79 }
80
81 head.num=data[0][0];
82 head.name=namedata[0];
83 head.salary=data[0][1];
84 head.next=null;
85 ptr=head;
86 for (i=1; i<12; i++) { //建立串列
87     newnode=new employee();
88     newnode.num=data[i][0];
89     newnode.name=namedata[i];
90     newnode.salary=data[i][1];
91     newnode.next=null;
92     ptr.next=newnode;       //將前一個節點指向新建立的節點
93     ptr=newnode;            //新節點成為前一個節點
94 }
95 newnode.next=head;          //將最後一個節點指向頭節點就成了環狀鏈結
96
97 while (true) {
98     process.stdout.write('請輸入要插入其後的員工編號,如輸入的編號不在此串列中,\n')
99     position=parseInt(prompt('新輸入的員工節點將視為此串列的第一個節點,要結束
   插入過程,請輸入-1：'))
```

```
100     if (position == -1)    //迴圈中斷條件
101         break;
102     else {
103         ptr=findnode(head,position);
104         new_num=parseInt(prompt('請輸入新插入的員工編號：'));
105         new_salary=parseInt(prompt('請輸入新插入的員工薪水：'));
106         new_name=prompt('請輸入新插入的員工姓名：');
107         head=insertnode(head,ptr,new_num,new_salary,new_name);
108     }
109 }
110
111 ptr=head; //指向串列的開頭
112 process.stdout.write('\t員工編號     姓名\t薪水\n');
113 process.stdout.write('\t==============================\n');
114
115 while (true) {
116     process.stdout.write('\t['+ptr.num+']\t[ '+ptr.name+']\t['+ptr.
    salary+']\n');
117     ptr=ptr.next;//指向下一個節點
118     if (head ==ptr || head==head.next)
119         break;
120 }
```

【執行結果】

```
D:\sample>node ex03/circular_add.js
員工編號 薪水 員工編號 薪水 員工編號 薪水 員工編號 薪水
----------------------------------------
[1001] [32367]  [1007] [31299]  [1018] [44145]  [1037] [21100]
[1002] [24388]  [1012] [42660]  [1043] [52182]  [1041] [32196]
[1003] [27556]  [1014] [25676]  [1031] [32769]  [1046] [25776]
請輸入要插入其後的員工編號,如輸入的編號不在此串列中,
新輸入的員工節點將視為此串列的第一個節點,要結束插入過程,請輸入-1：1037
請輸入新插入的員工編號：1039
請輸入新插入的員工薪水：60000
請輸入新插入的員工姓名：Tiffany
請輸入要插入其後的員工編號,如輸入的編號不在此串列中,
新輸入的員工節點將視為此串列的第一個節點,要結束插入過程,請輸入-1：-1
        員工編號      姓名        薪水
        [1001]   [ Allen]       [32367]
        [1002]   [ Scott]       [24388]
        [1003]   [ Marry]       [27556]
        [1007]   [ Anderson]    [31299]
        [1012]   [ Michael]     [42660]
        [1014]   [ Ricky]       [25676]
        [1018]   [ Alice]       [44145]
        [1043]   [ Jasica]      [52182]
        [1031]   [ Hanson]      [32769]
        [1037]   [ Daniel]      [21100]
        [1039]   [ Tiffany]     [60000]
        [1041]   [ Jasica]      [32196]
        [1046]   [ Bruce]       [25776]

D:\sample>
```

3-2-3 環狀串列的刪除節點

環狀串列的節點刪除與插入方法類似，也可區分為兩種情況，分別討論如下：

◎ 刪除環狀鏈結串列的第一個節點

首先將串列首移到下一個節點，將最後一個節點的指標移到新的串列首，新的串列首是原串列的第二個節點。圖形如下：

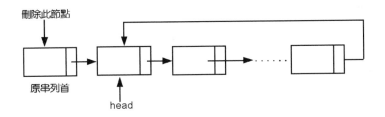

演算法如下：

```
CurNode=head;
while (CurNode.next!=head) {
CurNode=CurNode.next;
    //找到最後一個節點並記錄下來
    TailNode=CurNode;
    //(1)將串列首移到下一個節點
    head=head.next;
    //(2)將串列最後一個節點的指標指向新的串列首
    TailNode.next=head;
    return head;
}
```

◎ 刪除環狀鏈結串列的中間節點

首先找到節點 Y 的前一個節點 previous，將 previous 節點的指標指向節點 Y 的下一個節點。圖形如下：

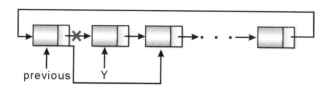

演算法如下：

```
CurNode=head;
while (CurNode.next!=delnode)
    CurNode=CurNode.next;
//(1)找到要刪除節點的前一個節點並記錄下來
PreNode=CurNode;
//要刪除的節點
CurNode=CurNode.next;
//(2)將要刪除節點的前一個指標指向要刪除節點的下一個節點
PreNode.next=CurNode.next;
return head;
```

範例 3.2.3 請設計一程式，建立一個員工資料的環狀鏈結串列，並且允許在串列首及串列中間刪除節點。最後離開時，列出此串列的最後所有節點的資料欄內容。結構成員型態如下：

```
class employee {
    constructor() {
        this.num=0;
        this.salary=0;
        this.name='';
        this.next=null;
    }
}
```

程式碼：circular_del.js

```
01    const prompt = require('prompt-sync')();
02    class employee {
03        constructor() {
04            this.num=0;
05            this.salary=0;
```

```
06            this.name='';
07            this.next=null;
08        }
09    }
10
11    var findnode=(head, num)=> {
12        ptr=head;
13        while (ptr.next !=head) {
14            if (ptr.num==num) return ptr;
15            ptr=ptr.next;
16        }
17        return ptr
18    }
19
20    var deletenode=(head,delnode)=> {
21        let CurNode=new employee();
22        let PreNode=new employee();
23        let TailNode=new employee();
24        CurNode=null;
25        PreNode=null;
26        TailNode=null;
27
28        if (head==null) {
29            process.stdout.write('[環狀串列已經空了]\n');
30            return null;
31        }
32        else {
33            if (delnode==head) { //要刪除的節點是串列首
34                CurNode=head;
35                while (CurNode.next!=head) {
36                    CurNode=CurNode.next;
37                    //找到最後一個節點並記錄下來
38                    TailNode=CurNode;
39                    //(1)將串列首移到下一個節點
40                    head=head.next;
41                    //(2)將串列最後一個節點的指標指向新的串列首
42                    TailNode.next=head;
43                    return head;
44                }
45            }
46            else { //要刪除的節點不是串列首
47                CurNode=head;
```

```
48              while (CurNode.next!=delnode)
49                  CurNode=CurNode.next;
50              //(1)找到要刪除節點的前一個節點並記錄下來
51              PreNode=CurNode;
52              //要刪除的節點
53              CurNode=CurNode.next;
54              //(2)將要刪除節點的前一個指標指向要刪除節點的下一個節點
55              PreNode.next=CurNode.next;
56              return head;
57          }
58      }
59  }
60
61  var position=0;
62  var namedata=['Allen','Scott','Marry','Anderson','Michael','Ricky',
63                'Alice','Jasica','Hanson','Daniel','Jasica','Bruce'];
64  var data=[[1001,32367],[1002,24388],[1003,27556],[1007,31299],
65            [1012,42660],[1014,25676],[1018,44145],[1043,52182],
66            [1031,32769],[1037,21100],[1041,32196],[1046,25776]];
67  process.stdout.write('\n員工編號 薪水 員工編號 薪水 員工編號 薪水 員工編號 薪水\n');
68  process.stdout.write('-------------------------------------------------\n');
69  for(i=0;i<3;i++) {
70      for (j=0;j<4;j++)
71          process.stdout.write('['+data[j*3+i][0]+'] ['+data[j*3+i][1]+']   ');
72      process.stdout.write('\n');
73  }
74  head=new employee(); //建立串列首
75  if (!head) {
76      process.stdout.write('Error!! 記憶體配置失敗!!')
77      return;
78  }
79
80  head.num=data[0][0];
81  head.name=namedata[0];
82  head.salary=data[0][1];
83  head.next=null;
84  ptr=head;
85  for (i=1; i<12; i++) { //建立串列
86      newnode=new employee();
87      newnode.num=data[i][0];
```

```
88      newnode.name=namedata[i];
89      newnode.salary=data[i][1];
90      newnode.next=null;
91      ptr.next=newnode; //將前一個節點指向新建立的節點
92      ptr=newnode; //新節點成為前一個節點
93  }
94  newnode.next=head;//將最後一個節點指向頭節點就成了環狀鏈結
95
96  while (true) {
97      position=parseInt(prompt('請輸入要刪除的員工編號,要結束插入過程,請輸入-1：'))
98      if (position==-1)
99          break; //迴圈中斷條件
100     else {
101         ptr=findnode(head,position);
102         if (ptr==null) {
103             process.stdout.write('-----------------------\n');
104             process.stdout.write('串列中沒這個節點....\n');
105             break;
106         }
107         else {
108             head=deletenode(head,ptr);
109             process.stdout.write('已刪除第 '+ptr.num+' 號員工 姓名：
    '+ptr.name+' 薪資:'+ptr.salary+'\n');
110         }
111     }
112 }
113
114 ptr=head; //指向串列的開頭
115 process.stdout.write('\t員工編號    姓名\t薪水\n');
116 process.stdout.write('\t==============================\n');
117
118 while (true) {
119     process.stdout.write('\t['+ptr.num+']\t[ '+ptr.name+']\t['+ptr.
    salary+']\n');
120     ptr=ptr.next;//指向下一個節點
121     if (head ==ptr || head==head.next)
122         break;
123 }
```

【執行結果】

```
D:\sample>node ex03/circular_del.js

員工編號 薪水 員工編號 薪水 員工編號 薪水 員工編號 薪水
------------------------------------------------------------
[1001] [32367]   [1007] [31299]   [1018] [44145]   [1037] [21100]
[1002] [24388]   [1012] [42660]   [1043] [52182]   [1041] [32196]
[1003] [27556]   [1014] [25676]   [1031] [32769]   [1046] [25776]
請輸入要刪除的員工編號,要結束插入過程,請輸入-1：1018
已刪除第 1018 號員工 姓名：Alice 薪資:44145
請輸入要刪除的員工編號,要結束插入過程,請輸入-1：-1
            員工編號       姓名        薪水

            [1001]    [ Allen]       [32367]
            [1002]    [ Scott]       [24388]
            [1003]    [ Marry]       [27556]
            [1007]    [ Anderson]    [31299]
            [1012]    [ Michael]     [42660]
            [1014]    [ Ricky]       [25676]
            [1043]    [ Jasica]      [52182]
            [1031]    [ Hanson]      [32769]
            [1037]    [ Daniel]      [21100]
            [1041]    [ Jasica]      [32196]
            [1046]    [ Bruce]       [25776]

D:\sample>_
```

3-2-4　環狀串列的連結

　　相信各位對於單向鏈結串列的連結功能各位已經清楚，就是只要改變一個指標就可以了，如下圖所示：

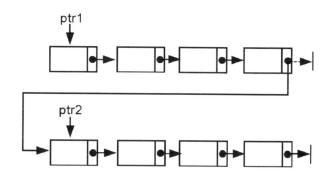

　　但如果是兩個環狀鏈結串列要連結在一起的話該怎麼做呢？其實並沒有想像中那麼複雜。因為環狀串列沒有頭尾之分，所以無法直接把串列 1 的尾指向串列 2 的頭。但是就因為不分頭尾,所以不需走訪串列去尋找串列尾,直接改變兩個指標就可以把兩個環狀串列連結在一起了,如下圖所示:

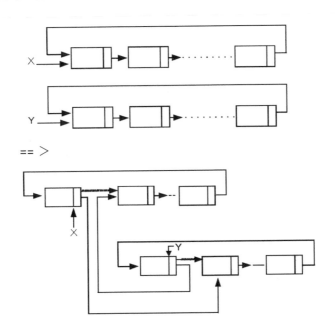

範例 **3.2.4** 請設計一程式,說明二份學生成績處理環狀鏈結串列兩份串列連結後的新串列,並列印新串列中學生的成績與座號。

程式碼:circular_link.js

```
01   class student {                    //宣告串列結構
02       constructor() {
03           this.num=0;
04           this.score=0;
05           this.next=null;
06       }
07   }
08
09   var create_link=(data,num)=> { //建立串列副程式
10       for (i=0;i<num;i++) {
11           let newnode=new student();
12           if (!newnode) {
13               process.stdout.write('Error!! 記憶體配置失敗!!\n')
14               return;
```

```
15              }
16              if (i==0) {              //建立串列首
17                  newnode.num=data[i][0];
18                  newnode.score=data[i][1];
19                  newnode.next=null;
20                  head=newnode;
21                  ptr=head;
22              }
23              else {                   //建立串列其他節點
24                  newnode.num=data[i][0];
25                  newnode.score=data[i][1];
26                  newnode.next=null;
27                  ptr.next=newnode;
28                  ptr=newnode;
29              }
30              newnode.next=head;
31          }
32      return ptr                       //回傳串列
33  }
34
35  var print_link=(head)=> {    //列印串列副程式
36      let i=0;
37      let ptr=head.next;
38      while (true) {
39          process.stdout.write('['+ptr.num+'-'+ptr.score+'] => \t');
40          i=i+1;
41          if (i>=3) {              //每行列印三個元素
42              process.stdout.write('\n');
43              i=0;
44          }
45          ptr=ptr.next;
46          if (ptr==head.next)
47              break;
48      }
49  }
50
51  var concat=(ptr1,ptr2)=> { //連結串列副程式
52      head=ptr1.next;            //在ptr1及ptr2中，各找任意一個節點
53      ptr1.next=ptr2.next;      //把兩個節點的next對調即可
54      ptr2.next=head;
55      return ptr2;
56  }
57
58  data1=[];
59  data2=[];
60  for (let i=0;i<6;i++) {
```

```
61      data1[i]=[null,null];
62      data2[i]=[null,null];
63    }
64
65    for (i=1;i<7;i++) {
66      data1[i-1][0]=i*2-1;
67      data1[i-1][1]=40+Math.floor((Math.random()*61));
68      data2[i-1][0]=i*2;
69      data2[i-1][1]=40+Math.floor((Math.random()*61));
70    }
71
72    ptr1=create_link(data1,6);     //建立串列1
73    ptr2=create_link(data2,6);     //建立串列2
74    i=0;
75    process.stdout.write('\n原 始 串 列 資 料：\n');
76    process.stdout.write('座號 成績    \t座號 成績    \t座號 成績\n');
77    process.stdout.write('=======================================\n')
78    process.stdout.write('串列 1 ：\n');
79    print_link(ptr1);
80    process.stdout.write('串列 2 ：\n');
81    print_link(ptr2);
82    process.stdout.write('=======================================\n');
83    process.stdout.write('連結後串列：\n');
84    ptr=concat(ptr1,ptr2);          //連結串列
85    print_link(ptr);
```

【執行結果】

```
D:\sample>node ex03/circular_link.js

原 始 串 列 資 料：
座號 成績      座號 成績        座號 成績
─────────────────────────────────────────
串列 1 ：
[1-41] =>       [3-56] =>       [5-44] =>
[7-83] =>       [9-88] =>       [11-63] =>
串列 2 ：
[2-56] =>       [4-65] =>       [6-76] =>
[8-92] =>       [10-83] =>      [12-66] =>

連結後串列：
[1-41] =>       [3-56] =>       [5-44] =>
[7-83] =>       [9-88] =>       [11-63] =>
[2-56] =>       [4-65] =>       [6-76] =>
[8-92] =>       [10-83] =>      [12-66] =>

D:\sample>_
```

3-2-5 環狀串列與稀疏矩陣表示法

在第二章中，我們曾經利用 3-tuple<row,col,value> 的陣列結構來表示稀疏矩陣（Sparse Matrix），雖然優點為節省時間，但是當非零項目要增刪時，會造成大量移動及程式碼的撰寫不易。例如下圖的稀疏矩陣：

$$A= \begin{bmatrix} 0 & 0 & 0 \\ 12 & 0 & 0 \\ 0 & 0 & -2 \end{bmatrix}_{3*3}$$

如果以 3-tuple 的陣列表示如下：

	1	2	3
A（0）	3	3	3
A（1）	2	1	12
A（2）	3	3	-2

使用環狀鏈結串列法的最大優點，在更動矩陣內的資料時，不需大量移動資料，主要的技巧是可用節點來表示非零項，由於是二維的矩陣，每個節點除了必須有 3 個資料欄位：row（列）、col（行）及 value（資料）外，還必須有兩個鏈結欄位：right、down，其中 right 指標可用來連結同一列的節點，而 down 指標則可用來連結同一行的節點。如下圖所示：

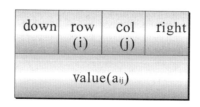

value: 表示此非零項的值

row: 以 i 表示非零項元素所在列數

col:以 j 表示非零項元素所在行數

down: 為指向同一行中下一個非零項元素的指標

right: 為指向同一列中下一個非零項元素的指標

如以下 3*3 稀疏矩陣：

$$A= \begin{bmatrix} 0 & 0 & 0 \\ 12 & 0 & 0 \\ 0 & 0 & -2 \end{bmatrix}_{3*3}$$

下圖是以環狀鏈結串列表示：

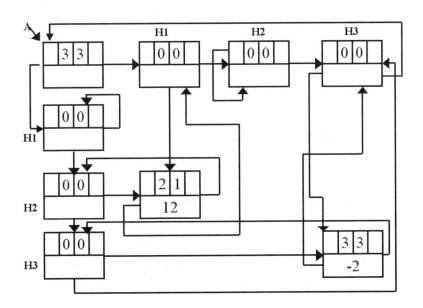

各位可發現，在此稀疏矩陣的資料結構中，每一列與每一行必須用一個環狀串列附加一個串列首 A 來表示，這個串列首節點內是存放此稀疏矩陣的列與行。上方 H1、H2、H3 為行首節點，最左方 H1、H2、H3 為列首節點，其他的兩個節點分別對應到陣列中的非零項。此外為了模擬二維的稀疏矩陣，所以每一個非零節點會指回列或行的首節點形成環狀鏈結串列。

3-3 雙向鏈結串列

單向鏈結串列和環狀串列都是屬於擁有方向性的串列，不過只能單向走訪，萬一不幸其中有一個鏈結斷裂，那麼後面的串列資料便會遺失而無法復原了。因此我們可以將兩個方向方向不同的鏈結串列結合起來，除了存放資料的欄位外，它有兩個指標欄位，其中一個指標指向後面的節點，另一個則指向前面節點，這稱為雙向鏈結串列（Double Linked List）。

由於每個節點都有兩個指標所以可以雙向通行，所以能夠輕鬆找到前後節點，同時從串列中任一節點也可以找到其他節點，而不需經過反轉或比對節點等處理，執行速度較快。另外如果任一節點的鏈結斷裂，可經由反方向串列走訪，快速完整重建鏈結。

雙向鏈結串列的最大優點是有兩個指標分別指向節點前後兩個節點，所以能夠輕鬆找到前後節點，同時從串列中任一節點也可以找到其他節點，而不需經過反轉或比對節點等處理，執行速度較快。缺點是由於雙向鏈結串列有兩個鏈結，所以在加入或刪除節點時都得花更多時間來移動指標，不過較為浪費空間。

3-3-1 雙向鏈結串列的建立與走訪

首先來介紹雙向鏈結串列的資料結構。對每個節點而言，具有三個欄位，中間為資料欄位。左右各有兩個鏈結欄位，分別為 llink 及 rlink，其中 rlink 指向下一個節點，llink 指向上一個節點。如下圖所示：

| llink | data | rlink |

事實上，雙向鏈結串列可以是環狀，也可以不是環狀，如果最後一個節點的右指標欄指向首節點，而首節點的左指標欄指向最後節點，就稱為環狀雙向鏈結串列。另外為了使用方便，通常加上一個串列首，資料欄不存放任何資料，其左邊鏈結欄指向串列最後一個節點，而右邊鏈結指向第一個節點。至於建立雙向鏈結串列，其實主要就是多了一個指標欄。演算法如下：

```javascript
const prompt = require('prompt-sync')();
class student {
    constructor() {
        this.name='';
        this.Math=0;
        this.Eng=0;
        this.no='';
        this.rlink=null;
        this.llink=null;
    }
}

var head=new student();
head.llink=null;
head.rlink=null;
var ptr=head; //設定存取指標開始位置
select=0;
while (true) {
    select=parseInt(prompt('(1)新增 (2)離開 =>'))
    if (select==2)
        break;
    let new_data=new student();
    new_data.name=prompt('姓名: ');
    new_data.no=prompt('學號: ');
    new_data.Math=parseInt(prompt('數學成績: '));
    new_data.Eng=parseInt(prompt('英文成績: '));
    //輸入節點結構中的資料
    ptr.rlink=new_data;
    new_data.rlink = null; //下一元素的next先設定為null
    new_data.llink=ptr; //存取指標設定為新元素所在位置
    ptr=new_data;
}
```

　　雙向鏈結串列的走訪相當靈活，因為可以有往右或往左兩方向來進行的兩種方式，如果是向右走訪，則和單向鏈結串列的走訪相似。走訪節點演算法如下：

```
ptr = head.rlink;        //設定存取指標從串列首的右指標欄所指節點開始
process.stdout.write('\n');
while (ptr!= null) {
    process.stdout.write('姓名：'+ptr.name+'\t學生學號：'+ptr.no+
                        '\t數學成績：'+ptr.Math+'\t英文成績：'+ptr.Eng+'\n');
    ptr = ptr.rlink;    //將ptr移往右邊下一元素
}
```

範例 3.3.1 　請設計一程式來建立一個雙向鏈結串列，並讓使用者輸入資料來新增學生資料節點。當使用者輸入結束後，可走訪此串列並顯示其內容。此學生節點的結構資料型態如下：

```
class student {
    constructor() {
        this.name='';
        this.Math=0;
        this.Eng=0;
        this.no='';
        this.rlink=null;
        this.llink=null;
    }
}
```

程式碼：double.js

```
01   const prompt = require('prompt-sync')();
02   class student {
03       constructor() {
04           this.name='';
05           this.Math=0;
06           this.Eng=0;
07           this.no='';
08           this.rlink=null;
09           this.llink=null;
10       }
11   }
12
13   var head=new student();
14   head.llink=null;
```

```
15    head.rlink=null;
16    var ptr=head; //設定存取指標開始位置
17    select=0;
18    while (true) {
19        select=parseInt(prompt('(1)新增 (2)離開 =>'))
20        if (select==2)
21            break;
22        let new_data=new student();
23        new_data.name=prompt('姓名: ');
24        new_data.no=prompt('學號: ');
25        new_data.Math=parseInt(prompt('數學成績: '));
26        new_data.Eng=parseInt(prompt('英文成績: '));
27        //輸入節點結構中的資料
28        ptr.rlink=new_data;
29        new_data.rlink = null; //下一元素的next先設定為null
30        new_data.llink=ptr; //存取指標設定為新元素所在位置
31        ptr=new_data;
32    }
33
34    ptr = head.rlink;        //設定存取指標從串列首的右指標欄所指節點開始
35    process.stdout.write('\n');
36    while (ptr!= null) {
37        process.stdout.write('姓名：'+ptr.name+'\t學生學號:'+ptr.no+
38                            '\t數學成績:'+ptr.Math+'\t英文成績:'+ptr.Eng+'\n');
39        ptr = ptr.rlink;   //將ptr移往右邊下一元素
40    }
```

【 執行結果 】

```
D:\sample>node ex03/double.js
(1)新增 (2)離開 =>1
姓名: Daniel
學號: 1001
數學成績: 98
英文成績: 96
(1)新增 (2)離開 =>1
姓名: Anderson
學號: 1002
數學成績: 87
英文成績: 89
(1)新增 (2)離開 =>2

姓名：Daniel      學生學號:1001     數學成績:98      英文成績:96
姓名：Anderson    學生學號:1002     數學成績:87      英文成績:89

D:\sample>
```

範例 **3.3.2** 延續上題，請設計一程式，請將所建立的雙向鏈結串列中所有學生
資料節點，輸出向右走訪的所有節點，接著再輸出向左走訪的所有節點。

程式碼：double_visit.js

```
01   const prompt = require('prompt-sync')();
02   class student {
03       constructor() {
04           this.name='';
05           this.Math=0;
06           this.Eng=0;
07           this.no='';
08           this.rlink=null;
09           this.llink=null;
10       }
11   }
12
13   var head=new student();
14   head.llink=null;
15   head.rlink=null;
16   var ptr=head; //設定存取指標開始位置
17   select=0;
18   while (true) {
19       select=parseInt(prompt('(1)新增  (2)離開 =>'))
20       if (select==2)
21           break;
22       let new_data=new student();
23       new_data.name=prompt('姓名: ');
24       new_data.no=prompt('學號: ');
25       new_data.Math=parseInt(prompt('數學成績: '));
26       new_data.Eng=parseInt(prompt('英文成績: '));
27       //輸入節點結構中的資料
28       ptr.rlink=new_data;
29       new_data.rlink = null; //下一元素的next先設定為null
30       new_data.llink=ptr; //存取指標設定為新元素所在位置
31       ptr=new_data;
32   }
33   process.stdout.write('-----向右走訪所有節點-----\n');
34   ptr = head.rlink;      //設定存取指標從串列首的右指標欄所指節點開始
35
36   while (ptr!=null) {
```

```
37        process.stdout.write('姓名：'+ptr.name+'\t學生學號:'+ptr.no+
38                            '\t數學成績:'+ptr.Math+'\t英文成績:'+ptr.Eng+'\n');
39        if (ptr.rlink==null)
40            break;
41        ptr = ptr.rlink;      //將ptr移往右邊下一元素
42    }
43
44    process.stdout.write('-----向左走訪所有節點-----\n')
45    while (ptr != null) {
46        process.stdout.write('姓名：'+ptr.name+'\t學生學號:'+ptr.no+
47                            '\t數學成績:'+ptr.Math+'\t英文成績:'+ptr.Eng+'\n');
48        if(ptr.llink==head)
49            break;
50        ptr = ptr.llink;
51    }
```

【執行結果】

```
D:\sample>node ex03/double_visit.js
(1)新增 (2)離開 =>1
姓名: Julia
學號: 1001
數學成績: 97
英文成績: 98
(1)新增 (2)離開 =>1
姓名: Peter
學號: 1002
數學成績: 96
英文成績: 99
(1)新增 (2)離開 =>2
-----向右走訪所有節點-----
姓名:Julia      學生學號:1001    數學成績:97    英文成績:98
姓名:Peter      學生學號:1002    數學成績:96    英文成績:99
-----向左走訪所有節點-----
姓名:Peter      學生學號:1002    數學成績:96    英文成績:99
姓名:Julia      學生學號:1001    數學成績:97    英文成績:98

D:\sample>_
```

3-3-2 雙向鏈結串列加入新節點

雙向串列的節點加入與單向鏈結串列相似，對於雙向鏈結串列的節點加入有三種可能情況：

○ 將新節點加入此串列的第一個節點前

將新節點的右鏈結（rlink）指向原串列的第一個節點，接著再將原串列第一個節點的左鏈結（llink）指向新節點，將原串列的串列首指向新節點。如下圖所示：

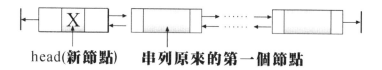

head(新節點)　　串列原來的第一個節點

演算法如下：

```
X.rlink=head;
head.llink=X;
head=X;
```

○ 將新節點加入此串列的最後

將原串列的最後一個節點的右鏈結指向新節點，將新節點的左鏈結指向原串列的最後一個節點，並將新節點的右鏈結指向 null。如下圖所示：

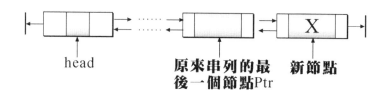

head　　　原來串列的最後一個節點Ptr　　新節點

演算法如下：

```
ptr.rlink=X;
X.rlink=null;
X.llink=ptr;
```

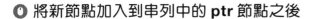

◐ 將新節點加入到串列中的 **ptr** 節點之後

首先將 ptr 節點的右鏈結指向新節點,再將新節點的左鏈結指向 ptr 節點,接著又將 ptr 節點的下一個節點的左鏈結指向新節點,最後將新節點的右鏈結指向 ptr 的下一個節點。如下圖所示:

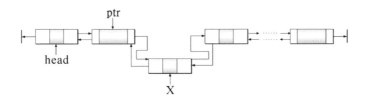

演算法如下:

```
ptr.rlink.llink=X;
X.rlink=ptr.rlink;
X.llink=ptr;
ptr.rlink=X;
```

範例 3.3.3 請設計一程式,建立一個員工資料的雙向鏈結串列,並且允許可以在串列首、串列尾及串列中間等三種狀況下插入新節點。最後離開時,列出此串列的最後所有節點的資料欄內容。結構成員型態如下:

```
class employee {
    constructor() {
        this.num=0;
        this.salary=0;
        this.name='';
        this.llink=null;   //左指標欄
        this.rlink=null;   //右指標欄
    }
}
```

程式碼:duuble_add.js

```
01   const prompt = require('prompt-sync')();
02   class employee {
03       constructor() {
04           this.num=0;
05           this.salary=0;
```

```
06          this.name='';
07          this.llink=null;   //左指標欄
08          this.rlink=null;   //右指標欄
09      }
10  }
11
12  var findnode=(head,num)=> {
13      ptr=head;
14      while (ptr!=null) {
15          if (ptr.num==num)
16              return ptr;
17          ptr=ptr.rlink;
18      }
19      return ptr
20  }
21
22  var insertnode=(head,ptr,num,salary,name)=> {
23      let newnode=new employee();
24      let newhead=new employee();
25      newnode.num=num;
26      newnode.salary=salary;
27      newnode.name=name;
28      if (head==null) { //雙向串列是空的
29          newhead.num=num;
30          newhead.salary=salary;
31          newhead.name=name;
32          return newhead;
33      }
34      else {
35          if (ptr==null) {
36              head.llink=newnode;
37              newnode.rlink=head;
38              head=newnode;
39          }
40          else {
41              if (ptr.rlink==null) { //插入串列尾的位置
42                  ptr.rlink=newnode;
43                  newnode.llink=ptr;
44              }
45              else {   //插入中間節點的位置
46                  newnode.rlink=ptr.rlink;
47                  ptr.rlink.llink=newnode;
48                  ptr.rlink=newnode;
49                  newnode.llink=ptr;
50              }
```

```
51            }
52       }
53       return head;
54  }
55
56  var llinknode=null;
57  var newnode=null;
58  var position=0;
59  data=[[1001,32367],[1002,24388],[1003,27556],[1007,31299],
60          [1012,42660],[1014,25676],[1018,44145],[1043,52182],
61          [1031,32769],[1037,21100],[1041,32196],[1046,25776]];
62  namedata=['Allen','Scott','Marry','Anderson','Michael','Ricky',
63            'Alice','Jasica','Hanson','Daniel','Jasica','Bruce'];
64
65  process.stdout.write('員工編號 薪水 員工編號 薪水 員工編號 薪水 員工編號 薪水\n');
66  process.stdout.write('----------------------------------------------\n');
67
68  for (i=0;i<3;i++) {
69      for (j=0;j<4;j++)
70          process.stdout.write('['+data[j*3+i][0]+'] ['+data[j*3+i][1]+']   ');
71      process.stdout.write('\n');
72  }
73  var head=new employee();   //建立串列首
74  if (head==null) {
75      process.stdout.write('Error!! 記憶體配置失敗!!\n');
76      return;
77  }
78  else {
79      head.num=data[0][0];
80      head.name=namedata[0];
81      head.salary=data[0][1];
82      llinknode=head;
83      for (i=1;i<12;i++) {   //建立串列
84          let newnode=new employee();
85          newnode.num=data[i][0];
86          newnode.name=namedata[i];
87          newnode.salary=data[i][1];
88          llinknode.rlink=newnode;
89          newnode.llink=llinknode;
90          llinknode=newnode;
91      }
92  }
93
94  while (true) {
95      process.stdout.write('請輸入要插入其後的員工編號,如輸入的編號不在此串列中,\n');
```

```
96      position=parseInt(prompt('新輸入的員工節點將視為此串列的串列首,要結束插入
        過程,請輸入-1：'));
97      if (position==-1) //迴圈中斷條件
98          break;
99      else {
100         ptr=findnode(head,position);
101         new_num=parseInt(prompt('請輸入新插入的員工編號：'));
102         new_salary=parseInt(prompt('請輸入新插入的員工薪水：'));
103         new_name=prompt('請輸入新插入的員工姓名：');
104         head=insertnode(head,ptr,new_num,new_salary,new_name);
105     }
106 }
107 process.stdout.write('\t員工編號    姓名\t薪水\n');
108 process.stdout.write('\t=============================\n');
109 ptr=head;
110 while (ptr!=null) {
111     process.stdout.write('\t['+ptr.num+']\t[ '+ptr.name+']\t['+ptr.
    salary+']\n');
112     ptr=ptr.rlink;
113 }
```

【執行結果】

```
D:\sample>node ex03/double_add.js
員工編號 薪水 員工編號 薪水 員工編號 薪水 員工編號 薪水
----------------------------------------------
[1001] [32367]  [1007] [31299]  [1018] [44145]  [1037] [21100]
[1002] [24388]  [1012] [42660]  [1043] [52182]  [1041] [32196]
[1003] [27556]  [1014] [25676]  [1031] [32769]  [1046] [25776]
請輸入要插入其後的員工編號,如輸入的編號不在此串列中,
新輸入的員工節點將視為此串列的串列首,要結束插入過程,請輸入-1：1046
請輸入新插入的員工編號：1050
請輸入新插入的員工薪水：45000
請輸入新插入的員工姓名：Patrick
請輸入要插入其後的員工編號,如輸入的編號不在此串列中,
新輸入的員工節點將視為此串列的串列首,要結束插入過程,請輸入-1：-1
        員工編號    姓名        薪水
        [1001]  [ Allen]        [32367]
        [1002]  [ Scott]        [24388]
        [1003]  [ Marry]        [27556]
        [1007]  [ Anderson]     [31299]
        [1012]  [ Michael]      [42660]
        [1014]  [ Ricky]        [25676]
        [1018]  [ Alice]        [44145]
        [1043]  [ Jasica]       [52182]
        [1031]  [ Hanson]       [32769]
        [1037]  [ Daniel]       [21100]
        [1041]  [ Jasica]       [32196]
        [1046]  [ Bruce]        [25776]
        [1050]  [ Patrick]      [45000]

D:\sample>_
```

3-3-3 雙向鏈結串列刪除節點

雙向鏈結串列的節點刪除，跟單向鏈結串列相似，也可區分為三種情況，分別介紹如下：

◎ 刪除串列的第一個節點

將串列首指標 head 指到原串列的第二個節點，再將新的串列首左指標欄指向 null。如下圖所示：

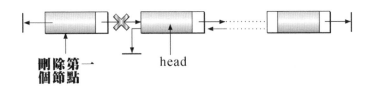

演算法如下：

```
head=head.rlink;
head.llink=null;
```

◎ 刪除此串列的最後一個節點 X

將原串列最後一個節點之前一個節點的右鏈結指向 null 即可。如下圖所示：

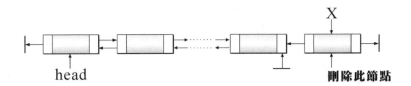

演算法如下：

```
X.llink.rlink=null;
```

⓪ 刪除此雙向鏈結串列的中間節點 X

將 X 節點的前一個節點右鏈結指向 X 節點的下一個節，再將 ptr 節點的下一個節點左鏈結指向 ptr 節點的上一個節點。如下圖所示：

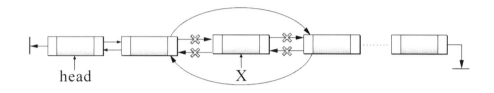

演算法如下：

```
X.llink.rlink=X.rlink;
X.rlink.llink=X.llink;
```

範例 **3.3.4** 請設計一程式，建立一個員工資料的雙向鏈結串列，並且允許可以在串列首、串列尾及串列中間等三種狀況下刪除節點。最後離開時，列出此串列的最後所有節點的資料欄內容。結構成員型態如下：

```
class employee {
    constructor() {
        this.num=0;
        this.salary=0;
        this.name='';
        this.llink=null;    //左指標欄
        this.rlink=null;    //右指標欄
    }
}
```

程式碼：double_del.js

```
01    const prompt = require('prompt-sync')();
02
03    class employee {
04        constructor() {
05            this.num=0;
06            this.salary=0;
```

```
07          this.name='';
08          this.llink=null;   //左指標欄
09          this.rlink=null;   //右指標欄
10      }
11  }
12
13  var findnode=(head,num)=> {
14      ptr=head;
15      while (ptr!=null) {
16          if (ptr.num==num)
17              return ptr;
18          ptr=ptr.rlink;
19      }
20      return ptr
21  }
22  var deletenode=(head,del_node)=> {
23      if (head==null) { //雙向串列是空的
24          process.stdout.write('[串列是空的]\n');
25          return null;
26      }
27      if (del_node==null) {
28          process.stdout.write('[錯誤:不是串列中的節點]\n');
29          return null;
30      }
31      if (del_node==head) {
32          head=head.rlink;
33          head.llink=null;
34      }
35      else {
36          if (del_node.rlink==null) //刪除串列尾
37              del_node.llink.rlink=null;
38          else {//刪除中間節點
39              del_node.llink.rlink=del_node.rlink;
40              del_node.rlink.llink=del_node.llink;
41          }
42      }
43      return head;
44  }
45
46  var llinknode=null;
47  var newnode=null;
48  var position=0;
```

```
49  data=[[1001,32367],[1002,24388],[1003,27556],[1007,31299],
50       [1012,42660],[1014,25676],[1018,44145],[1043,52182],
51       [1031,32769],[1037,21100],[1041,32196],[1046,25776]];
52  namedata=['Allen','Scott','Marry','Anderson','Michael','Ricky',
53          'Alice','Jasica','Hanson','Daniel','Jasica','Bruce'];
54
55  process.stdout.write('員工編號 薪水 員工編號 薪水 員工編號 薪水 員工編號 薪水\n');
56  process.stdout.write('------------------------------------------------\n');
57
58  for (i=0;i<3;i++) {
59      for (j=0;j<4;j++)
60          process.stdout.write('['+data[j*3+i][0]+'] ['+data[j*3+i][1]+']   ');
61      process.stdout.write('\n');
62  }
63
64  var head=new employee();   //建立串列首
65  if (head==null) {
66      process.stdout.write('Error!! 記憶體配置失敗!!\n');
67      return;
68  }
69  else {
70      head.num=data[0][0];
71      head.name=namedata[0];
72      head.salary=data[0][1];
73      llinknode=head;
74      for (i=1;i<12;i++) {   //建立串列
75          let newnode=new employee();
76          newnode.num=data[i][0];
77          newnode.name=namedata[i];
78          newnode.salary=data[i][1];
79          llinknode.rlink=newnode;
80          newnode.llink=llinknode;
81          llinknode=newnode;
82      }
83  }
84  while (true) {
85      position=parseInt(prompt('請輸入要刪除的員工編號,要結束插入過程,請輸入-1：'));
86      if (position==-1) //迴圈中斷條件
87          break;
88      else {
89          ptr=findnode(head,position);
```

```
90           head=deletenode(head,ptr);
91       }
92   }
93
94   process.stdout.write('\t員工編號    姓名\t薪水\n');
95   process.stdout.write('\t==============================\n');
96   ptr=head;
97   while (ptr!=null) {
98       process.stdout.write('\t['+ptr.num+']\t[ '+ptr.name+']\t['+ptr.
     salary+']\n');
99       ptr=ptr.rlink
100  }
```

【執行結果】

```
D:\sample>node ex03/double_del.js
員工編號 薪水 員工編號 薪水 員工編號 薪水 員工編號 薪水
------------------------------------------------
[1001] [32367]  [1007] [31299]  [1018] [44145]  [1037] [21100]
[1002] [24388]  [1012] [42660]  [1043] [52182]  [1041] [32196]
[1003] [27556]  [1014] [25676]  [1031] [32769]  [1046] [25776]
請輸入要刪除的員工編號,要結束插入過程,請輸入-1：1031
請輸入要刪除的員工編號,要結束插入過程,請輸入-1：-1
         員工編號       姓名          薪水
         ==============================
         [1001]    [ Allen]      [32367]
         [1002]    [ Scott]      [24388]
         [1003]    [ Marry]      [27556]
         [1007]    [ Anderson]   [31299]
         [1012]    [ Michael]    [42660]
         [1014]    [ Ricky]      [25676]
         [1018]    [ Alice]      [44145]
         [1043]    [ Jasica]     [52182]
         [1037]    [ Daniel]     [21100]
         [1041]    [ Jasica]     [32196]
         [1046]    [ Bruce]      [25776]

D:\sample>
```

課 後 評 量

1. 如下圖，請利用 JavaScript 語言，試寫出新增一個節點 I 演算法。

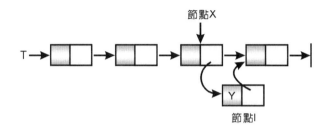

2. 稀疏矩陣可以環狀鏈結串列來表示，請用繪圖表示右圖稀疏矩陣。

$$\begin{bmatrix} 0 & 0 & 11 & 0 \\ -12 & 0 & 0 & 0 \\ 0 & -4 & 0 & 0 \\ 0 & 0 & 0 & -5 \end{bmatrix}_{4\times4}$$

3. 何謂 Storage pool ？試寫出 Return_Node(x) 的演算法。

4. 在 n 筆資料的鏈結串列（Linked List）中搜尋一筆資料，若以平均所花的時間考量，其時間複雜度為何？

5. 試說明環狀串列的優缺點。

6. 請以圖形說明環狀串列的反轉演算法。

7. 如何使用陣列來表示與儲存多項式 $P(x,y)=9x^5+4x^4y^3+14x^2y^2+13xy^2+15$ ？試說明之。

8. 請設計一串列資料結構表示如下多項式：
   $P(x,y,z)=x^{10}y^3z^{10}+2x^8y^3z^2+3x^8y^2z^2+x^4y^4z+6x^3y^4z+2yz$

9. 請分別使用多項式的兩種陣列表示法來儲存 $P(x)=8x^5+7x^4+5x^2+12$。

10. 假設一鏈結串列的節點結構如右圖來表示多項式 $X^AY^BZ^C$ 之項。

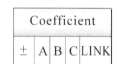

Coefficient			
$\pm$	A	B	C	LINK

   (1) 請繪出多項式 $X^6-6XY^5+5Y^6$ 的鏈結串列圖。
   (2) 繪出多項式 "0" 的鏈結串列圖。
   (3) 繪出多項式 $X^6-3X^5-4X^4+2X^3+3X+5$ 的鏈結串列圖。

11. 請設計一學生成績雙向鏈結串列節點，並說明雙向串列結構的意義。

4

堆疊

堆疊（Stack）是一群相同資料型態的組合，所有的動作均在頂端進行，具「後進先出」（Last In, First Out: LIFO）的特性。堆疊結構在電腦中的應用相當廣泛，時常被用來解決電腦的問題，例如遞迴呼叫、副程式的呼叫，至於在日常生活中的應用也隨處可以看到，例如大樓電梯、貨架上的貨品等等，都是類似堆疊的資料結構原理。

4-1 堆疊簡介

談到所謂後進先出（Last In, Frist Out）的觀念，其實就如同自助餐中餐盤由桌面往上一個一個疊放，且取用時由最上面先拿，這就是一種典型堆疊概念的應用。由於堆疊是一種抽象型資料結構（Abstract Data Type, ADT），它有下列特性：

① 只能從堆疊的頂端存取資料。

② 資料的存取符合「後進先出」（Last In, First Out: LIFO）的原則。

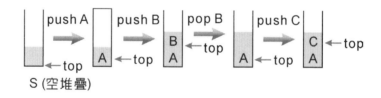

堆疊的基本運算可以具備以下五種工作定義：

create	建立一個空堆疊。
push	存放頂端資料，並傳回新堆疊。
pop	刪除頂端資料，並傳回新堆疊。
isEmpty	判斷堆疊是否為空堆疊，是則傳回 True，不是則傳回 False。
full	判斷堆疊是否已滿，是則傳回 True，不是則傳回 True。

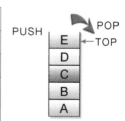

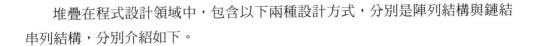

堆疊在程式設計領域中，包含以下兩種設計方式，分別是陣列結構與鏈結串列結構，分別介紹如下。

4-1-1 陣列實作堆疊

以串列結構來製作堆疊的好處是製作與設計的演算法都相當簡單，但因為如果堆疊本身是變動的話，串列大小並無法事先規劃宣告，太大時浪費空間，太小則不夠使用。

相關演算法如下：

```
//判斷是否為空堆疊
var isEmpty=()=>{
    if(top==-1)
        return true;
    else
        return false;
}
```

```
//將指定的資料存入堆疊
var push=(data)=> {
    if (top>=MAXSTACK-1)
        process.stdout.write('堆疊已滿,無法再加入');
    else {
        top +=1;
        stack[top]=data; //將資料存入堆疊
    }
}
```

```
//從堆疊取出資料
var pop=()=> {
    if (isEmpty())
        process.stdout.write('堆疊是空');
    else {
        process.stdout.write('彈出的元素為: '+stack[top]+'\n');
        top=top-1;
    }
}
```

範例 **4.1.1** 請利用陣列結構與迴圈來控制準備推入（push）或取出（pop）的元素，並模擬堆疊的各種工作運算，此堆疊最多可容納 100 個元素，其中必須包括推入（push）與彈出（pop）函數，及最後輸出所有堆疊內的元素。

程式碼：array_stack.js

```
01   const MAXSTACK=100; //定義最大堆疊容量
02   stack=[];   //堆疊的陣列宣告
03   top=-1; //堆疊的頂端
04
05   //判斷是否為空堆疊
06   var isEmpty=()=>{
07       if(top==-1)
08           return true;
09       else
10           return false;
11   }
12
13   //將指定的資料存入堆疊
14   var push=(data)=> {
15       if (top>=MAXSTACK-1)
16           process.stdout.write('堆疊已滿,無法再加入');
17       else {
18           top +=1;
19           stack[top]=data; //將資料存入堆疊
20       }
21   }
22
23   //從堆疊取出資料
24   var pop=()=> {
25       if (isEmpty())
26           process.stdout.write('堆疊是空');
27       else {
28           process.stdout.write('彈出的元素為: '+stack[top]+'\n');
29           top=top-1;
30       }
31   }
32
33   //主程式
34   i=2;
35   count=0;
36   const prompt = require('prompt-sync')();
37   while (true) {
```

```
38      const i = parseInt(prompt('要推入堆疊,請輸入1,彈出則輸入0,停止操作則輸入
    -1: '));
39      if (i==-1)
40          break
41      else if  (i==1) {
42          const value = parseInt(prompt('請輸入元素值:'));
43          push(value);
44      }
45      else if (i==0)
46          pop();
47  }
48
49  process.stdout.write('============================\n');
50
51  if (top <0)
52      process.stdout.write('\n 堆疊是空的\n');
53  else {
54      i=top;
55      while (i>=0) {
56          process.stdout.write('堆疊彈出的順序為:'+stack[i]+'\n');
57          count +=1;
58          i =i-1;
59      }
60  }
61  process.stdout.write('============================\n');
```

【執行結果】

```
D:\sample>node ex04/array_stack.js
要推入堆疊,請輸入1,彈出則輸入0,停止操作則輸入-1: 1
請輸入元素值:5
要推入堆疊,請輸入1,彈出則輸入0,停止操作則輸入-1: 1
請輸入元素值:6
要推入堆疊,請輸入1,彈出則輸入0,停止操作則輸入-1: 1
請輸入元素值:7
要推入堆疊,請輸入1,彈出則輸入0,停止操作則輸入-1: 0
彈出的元素為: 7
要推入堆疊,請輸入1,彈出則輸入0,停止操作則輸入-1: -1

堆疊彈出的順序為:6
堆疊彈出的順序為:5


D:\sample>_
```

範例 **4.1.2** 請設計一程式，以陣列模擬撲克牌洗牌及發牌的過程。請以亂數取得撲克牌後放入堆疊，放滿 52 張牌後開始發牌，同樣的使用堆疊功能來發牌給四個人。

程式碼：card.js

```
01   // =============== Program Description ===============
02   // 程式目的： 堆疊應用-洗牌與發牌的過程
03   // ==================================================
04
05   var top=-1;
06
07   var push=(stack,MAX,val)=> {
08       if(top>=MAX-1)
09           process.stdout.write("[堆疊已經滿了]\n");
10       else
11       {
12           top++;
13           stack[top]=val;
14       }
15   }
16
17   var pop=(stack)=> {
18       if(top<0)
19           process.stdout.write("[堆疊已經空了]\n");
20       else
21           top--;
22       return stack[top];
23   }
24
25   card=[];
26   stack=[];
27   var k=0;
28   var ascVal='H';
29   for (let i=0;i<52;i++) card[i]=i;
30   process.stdout.write("[洗牌中...請稍後!]\n");
31   while(k<30){
32       for(let i=0;i<51;i++){
33           for(let j=i+1;j<52;j++){
34               if(parseInt(Math.random()*5)==2){
```

```
35                    test=card[i];//洗牌
36                    card[i]=card[j];
37                    card[j]=test;
38                }
39            }
40
41        }
42        k++;
43  }
44  var i=0;
45  while(i!=52){
46        push(stack,52,card[i]);                //將52張牌推入堆疊
47        i++;
48  }
49  process.stdout.write("[逆時針發牌]\n");
50  process.stdout.write("[顯示各家牌子]\n東家\t北家\t西家\t南家\n");
51  process.stdout.write("=================================\n");
52  while (top >=0){
53        let style = parseInt(stack[top]/13);    //計算牌子花色
54        switch(style){                          //牌子花色圖示對應
55            case 0:                             //梅花
56                ascVal='C';
57                break;
58            case 1:                             //方塊
59                ascVal='D';
60                break;
61            case 2:                             //紅心
62                ascVal='H';
63                break;
64            case 3:                             //黑桃
65                ascVal='S';
66                break;
67        }
68        process.stdout.write("["+ascVal+(stack[top]%13+1)+"]");
69        process.stdout.write('\t');
70        if(top%4==0) process.stdout.write('\n');
71        top--;
72  }
```

【執行結果】

```
D:\sample>node ex04/card.js
[洗牌中...請稍後!]
[逆時針發牌]
[顯示各家牌子]
東家      北家      西家      南家

[C1]      [S12]     [S8]      [D4]
[H11]     [H8]      [D13]     [H12]
[H6]      [D11]     [H7]      [C8]
[D12]     [C13]     [D8]      [H5]
[D6]      [C7]      [H2]      [S7]
[S2]      [C3]      [C4]      [D7]
[S9]      [S5]      [H3]      [D2]
[C12]     [D1]      [S6]      [H4]
[S3]      [D9]      [S4]      [C11]
[D10]     [D5]      [H1]      [D3]
[S10]     [H13]     [S11]     [H10]
[S1]      [C9]      [S13]     [C5]
[C6]      [C10]     [H9]      [C2]

D:\sample>_
```

4-1-2 鏈結串列實作堆疊

　　鏈結串列來製作堆疊的優點是隨時可以動態改變串列長度，能有效利用記憶體資源，不過缺點是設計時，演算法較為複雜。

　　相關演算法如下：

```
class Node {              //堆疊鏈結節點的宣告
    constructor() {
        this.data=0;      //堆疊資料的宣告
        this.next=null;   //堆疊中用來指向下一個節點
    }
}
top=null;
```

```
var isEmpty=()=> {
    if(top==null)
        return true;
    else
        return false;
}
```

```
//將指定的資料存入堆疊
var push=(data)=> {
    new_add_node=new Node();
    new_add_node.data=data;  //將傳入的值指定為節點的內容
    new_add_node.next=top;   //將新節點指向堆疊的頂端
    top=new_add_node;        //新節點成為堆疊的頂端
}
```

```
//從堆疊取出資料
var pop=()=> {
    if (isEmpty()) {
        process.stdout.write('===目前為空堆疊===\n');
        return -1;
    }
    else {
        ptr=top;//指向堆疊的頂端
        top=top.next;   //將堆疊頂端的指標指向下一個節點
        temp=ptr.data; //取出堆疊的資料
        return temp;    //將從堆疊取出的資料回傳給主程式
    }
}
```

範例 4.1.3 請利用鏈結串列結構來設計一程式，利用迴圈來控制準備推入或取出的元素，其中必須包括推入（push）與彈出（pop）函數，及最後輸出所有堆疊內的元素。

程式碼：list_stack.js

```
01  class Node {   //堆疊鏈結節點的宣告
02      constructor() {
03          this.data=0;    //堆疊資料的宣告
04          this.next=null; //堆疊中用來指向下一個節點
05      }
06  }
07  top=null;
08
09  var isEmpty=()=> {
10      if(top==null)
11          return true;
12      else
```

```
13          return false;
14   }
15
16   //將指定的資料存入堆疊
17   var push=(data)=> {
18       new_add_node=new Node();
19       new_add_node.data=data; //將傳入的值指定為節點的內容
20       new_add_node.next=top; //將新節點指向堆疊的頂端
21       top=new_add_node; //新節點成為堆疊的頂端
22   }
23
24   //從堆疊取出資料
25   var pop=()=> {
26       if (isEmpty()) {
27           process.stdout.write('===目前為空堆疊===\n');
28           return -1;
29       }
30       else {
31           ptr=top;//指向堆疊的頂端
32           top=top.next;//將堆疊頂端的指標指向下一個節點
33           temp=ptr.data;//取出堆疊的資料
34           return temp;//將從堆疊取出的資料回傳給主程式
35       }
36   }
37
38   //主程式
39   const prompt = require('prompt-sync')();
40   while (true) {
41       const i = parseInt(prompt('要推入堆疊,請輸入1,彈出則輸入0,停止操作則輸入
     -1: '));
42       if (i==-1)
43           break;
44       else if (i==1) {
45           const value = parseInt(prompt('請輸入元素值:'));
46           push(value);
47       }
48       else if (i==0)
49           process.stdout.write('彈出的元素為'+pop()+'\n');
50   }
51
52   process.stdout.write('============================\n');
53   while (!isEmpty()) //將資料陸續從頂端彈出
54       process.stdout.write('堆疊彈出的順序為:'+pop()+'\n');
55   process.stdout.write('============================\n');
```

【執行結果】

```
D:\sample>node ex04/list_stack.js
要推入堆疊,請輸入1,彈出則輸入0,停止操作則輸入-1: 1
請輸入元素值:5
要推入堆疊,請輸入1,彈出則輸入0,停止操作則輸入-1: 1
請輸入元素值:6
要推入堆疊,請輸入1,彈出則輸入0,停止操作則輸入-1: 1
請輸入元素值:8
要推入堆疊,請輸入1,彈出則輸入0,停止操作則輸入-1: 0
彈出的元素為8
要推入堆疊,請輸入1,彈出則輸入0,停止操作則輸入-1: 0
彈出的元素為6
要推入堆疊,請輸入1,彈出則輸入0,停止操作則輸入-1: -1

堆疊彈出的順序為:5


D:\sample>_
```

4-2 堆疊的應用

堆疊在計算機領域的應用相當廣泛,主要特性是限制了資料插入與刪除的位置和方法,屬於有序串列應用。可以將它列舉如下:

① 二元樹及森林的走訪運算,例如中序追蹤(Inorder)、前序追蹤(Preorder)等。

② 電腦中央處理單元(CPU)的中斷處理(Interrupt Handling)。

③ 圖形的深度優先(DFS)追蹤法。

④ 某些所謂堆疊計算機(Stack Computer),是一種採用空位址(zero-address)指令,其指令沒有運算元欄,大部份透過彈出(Pop)及推入(Push)兩個指令來處理程式。

⑤ 遞迴式的呼叫及返回:在每次遞迴之前,須先將下一個指令的位址、及變數的值保存到堆疊中。當以後遞迴回來(Return)時,則循序從堆疊頂端取出這些相關值,回到原來執行遞迴前的狀況,再往下執行。

⑥ 算術式的轉換和求值,例如中序法轉換成後序法。

⑦ 呼叫副程式及返回處理，例如要執行呼叫的副程式前，必須先將返回位置（即下一道指令的位址）儲存到堆疊中，然後才執行呼叫副程式的動作，等到副程式執行完畢後，再從堆疊中取出返回位址。

⑧ 編譯錯誤處理（Compiler Syntax Processing）：例如當編譯程式發生錯誤或警告訊息時，會將所在的位址推入堆疊中，才顯示出錯誤相關的訊息對照表。

範例 4.2.1 考慮如下所示的鐵路交換網路：

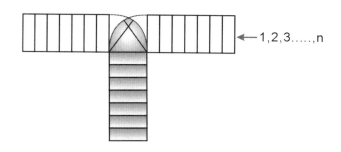

在圖右邊為編號 1,2,3,...,n 的火車廂。每一車廂被拖入堆疊，並可以在任何時候將它拖出。如 n=3，我們可以拖入 1，拖入 2，拖入 3 然後再將車廂拖出，此時可產生新的車廂順序 3,2,1。請問

1. 當 n=3 時，分別有哪幾種排列的方式？哪幾種排序方式不可能發生？

2. 當 n=6 時，325641 這樣的排列是否可能發生？或者 154236？或者 154623？又當 n=5 時，32154 這樣的排列是否可能發生？

3. 找出一個公式 S_n，當有 n 節車廂時，共有幾種排列方式？

解答 1. 當 n=3 時，可能的排列方式有五種，分別是 123,132,213,231,321。不可能的排列方式有 312。

2. 依據堆疊後進先出的原則，所以 325641 的車廂號碼順序是可以達到。至於 154263 與 154623 都不可能發生。當 n=5 時，可以產生 32154 的排列。

3. $Sn = \dfrac{1}{n+1}\dbinom{2n}{n}$

$\quad = \dfrac{1}{n+1} * \dfrac{(2n)!}{n!*n!}$

4-2-1 遞迴演算法

遞迴是種很特殊的演算法，簡單來說，對程式設計師而言，「函數」（或稱副程式）不單純只是能夠被其他函數呼叫（或引用）的程式單元，在某些語言還提供了自身引用的功能，這種功用就是所謂的「遞迴」。遞迴在早期人工智慧所用的語言，如 Lisp、Prolog 幾乎都是整個語言運作的核心，當然在 Java 中也有提供這項功能，因為它們的繫結時間可以延遲至執行時才動態決定。

「何時才是使用遞迴的最好時機？」，是不是遞迴只能解決少數問題？事實上，任何可以用選擇結構和重複結構來編寫的程式碼，都可以用遞迴來表示和編寫。

 遞迴的定義

談到遞迴的定義，我們可以正式這樣形容，假如一個函數或副程式，是由自身所定義或呼叫的，就稱為遞迴（Recursion），它至少要定義 2 種條件，包括一個可以反覆執行的遞迴過程，與一個跳出執行過程的出口。

例如我們知道階乘函數是數學上很有名的函數，對遞迴式而言，也可以看成是很典型的範例，我們一般以符號 " ！" 來代表階乘。如 4 階乘可寫為 4!，n! 可以寫成：

```
n!=n*(n-1)*(n-2)……*1
```

再進一步分解它的運算過程，觀察出一定的規律性：

```
5! = (5 * 4!)
   = 5 * (4 * 3!)
   = 5 * 4 * (3 * 2!)
   = 5 * 4 * 3 * (2 * 1)
   = 5 * 4 * (3 * 2)
   = 5 * (4 * 6)
   = (5 * 24)
   = 120
```

至於遞迴函數演算法可以寫成如下：

```
var factorial=(i)=> {
    if(i==0)return 1
    else ans=i * factorial(i-1);   //反覆執行的遞迴過程
    return ans;
}
```

範例 **4.2.2** 請利用 for 迴圈設計一個計算 0!~n! 的遞迴程式。

程式碼：fac.js

```
01  // 以for迴圈計算 n!
02  fac = 1;
03  const prompt = require('prompt-sync')();
04  const n = prompt('請輸入n=');
05  for (i=0;i<=n;i++){
06      for (j=i;j>0; j--) {
07          fac *= j;    // fac=fac*j
08      }
09      console.log(i+'!='+fac);
10      fac=1;
01  }
```

【執行結果】

```
D:\sample>node ex04/fac.js
請輸入n=10
0!=1
1!=1
2!=2
3!=6
4!=24
5!=120
6!=720
7!=5040
8!=40320
9!=362880
10!=3628800

D:\sample>_
```

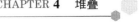

此外，遞迴因為呼叫對象的不同，可以區分為以下兩種：

直接遞迴（**Direct Recursion**）

指遞迴函數中，允許直接呼叫該函數本身，稱為直接遞迴（Direct Recursion）。如下例：

```
var Fun=(...)=> {
  .
  .
  .
  if(...) {
    .
    .
    .
    Fun(...);
    .
    .
    .
  }
}
```

間接遞迴

指遞迴函數中，如果呼叫其他遞迴函數，再從其他遞迴函數呼叫回原來的遞迴函數，我們就稱做間接遞迴（Indirect Recursion）。

```
var Fun1=(...)=> {            var Fun2=(...)=> {
  .                             .
  .                             .
  .                             .
  if(...) {                    if(...) {
     Fun2(...);                   Fun1(...);
  .                             .
  .                             .
  .                             .
  }                             }
}                             }
```

TIPS

「尾歸遞迴」（Tail Recursion）就是程式的最後一個指令為遞迴呼叫，因為每次呼叫後，再回到前一次呼叫的第一行指令就是 return，所以不需要再進行任何計算工作。

● 費伯那序列

以上遞迴應用的介紹是利用階乘函數的範例來說明遞迴式的運作。相信各位應該不會再對遞迴有陌生的感覺了吧！我們再來看一個很有名氣的費伯那序列（Fibonacci Polynomial），首先看看費伯那序列的基本定義：

$$F_n=\begin{cases} 0 & n=0 \\ 1 & n=1 \\ F_{n-1}+F_{n-2} & n=2,3,4,5,6\cdots\cdots（n\ 為正整數）\end{cases}$$

簡單來說，就是一序列的第零項是 0、第一項是 1，其他每一個序列中項目的值是由其本身前面兩項的值相加所得。從費伯那序列的定義，也可以嘗試把它轉成遞迴的形式：

```
var fib=(n)=>{
    if (n==0){
        return 0; // 如果n=0 則傳回 0
    } else if (n==1 || n==2) {
        return 1;
    } else { // 否則傳回 fib(n-1)+fib(n-2)
        return (fib(n-1)+fib(n-2));
    }
}
```

範例 4.2.4 請設計一個計算第 n 項費伯那序列的遞迴程式。

程式碼：Fibonacci.js

```
01   var fib=(n)=>{
02       if (n==0){
03           return 0; // 如果n=0 則傳回 0
04       } else if (n==1 || n==2) {
```

```
05            return 1;
06       } else {  // 否則傳回 fib(n-1)+fib(n-2)
07            return (fib(n-1)+fib(n-2));
08       }
09  }
10  const prompt = require('prompt-sync')();
11  const n = prompt('請輸入所要計算第幾個費氏數列:');
12  for (i=0;i<=n;i++) {  // 計算前n個費氏數列
13       console.log("fib("+i+")="+fib(i));
14  }
```

【執行結果】

```
D:\sample>node ex04/Fibonacci.js
請輸入所要計算第幾個費式數列:10
fib(0)=0
fib(1)=1
fib(2)=1
fib(3)=2
fib(4)=3
fib(5)=5
fib(6)=8
fib(7)=13
fib(8)=21
fib(9)=34
fib(10)=55

D:\sample>_
```

4-2-2 河內塔問題

　　法國數學家 Lucas 在 1883 年介紹了一個十分經典的河內塔（Tower of Hanoil）智力遊戲，是典型使用遞迴式與堆疊觀念來解決問題的範例，內容是說在古印度神廟，廟中有三根木樁，天神希望和尚們把某些數量大小不同的圓盤，由第一個木樁全部移動到第三個木樁。

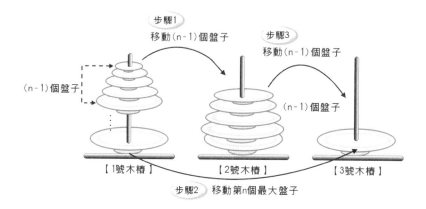

更精確來說，河內塔問題可以這樣形容：假設有 A、B、C 三個木樁和 n 個大小均不相同的套環（Disc），由小到大編號為 1,2,3...n，編號越大直徑越大。開始的時候，n 個套環境套在 A 木樁上，現在希望能找到將 A 木樁上的套環藉著 B 木樁當中間橋樑，全部移到 C 木樁上最少次數的方法。不過在搬動時還必須遵守下列規則：

① 直徑較小的套環永遠置於直徑較大的套環上。
② 套環可任意地由任何一個木樁移到其他的木樁上。
③ 每一次僅能移動一個套環，而且只能從最上面的套環開始移動。

現在我們考慮 n=1~3 的狀況，以圖示方式為您示範處理河內塔問題的步驟：

○ n=1 個套環

（當然是直接把盤子從 1 號木樁移動到 3 號木樁。）

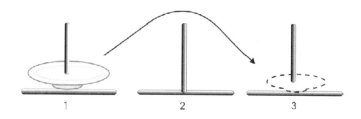

◐ n=2 個套環

① 將套環從 1 號木樁移動到 2 號木樁

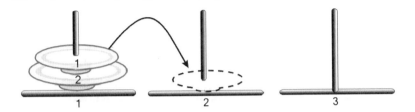

② 將套環從 1 號木樁移動到 3 號木樁

③ 將套環從 2 號木樁移動到 3 號木樁，就完成了

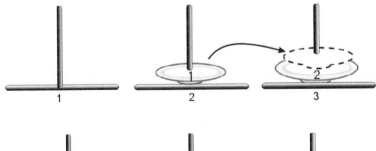

完成

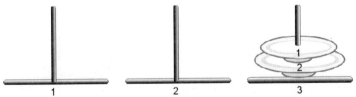

結論：移動了 $2^2-1=3$ 次，盤子移動的次序為 1,2,1（此處為盤子次序）

步驟為：1 → 2，1 → 3，2 → 3（此處為木樁次序）

n=3 個套環

① 將套環從 1 號木樁移動到 3 號木樁

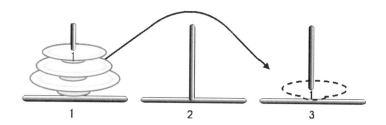

② 將套環從 1 號木樁移動到 2 號木樁

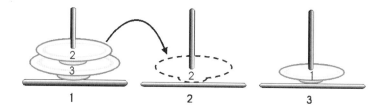

③ 將套環從 3 號木樁移動到 2 號木樁

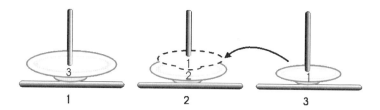

④ 將套環從 1 號木樁移動到 3 號木樁

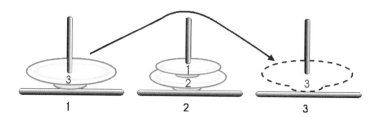

⑤ 將套環從 2 號木樁移動到 1 號木樁

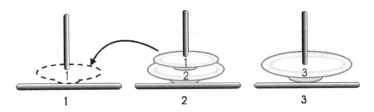

⑥ 將套環從 2 號木樁移動到 3 號木樁

⑦ 將套環從 1 號木樁移動到 3 號木樁，就完成了

完成

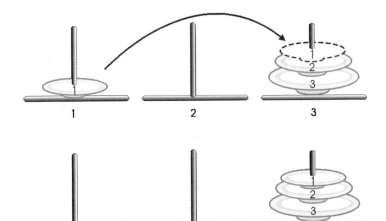

結論：移動了 2^3-1=7 次，盤子移動的次序為 1,2,1,3,1,2,1（盤子次序）

步驟為 1→3，1→2，3→2，1→3，2→1，2→3，1→3（木樁次序）

當有 4 個盤子時，我們實際操作後（在此不作圖說明），盤子移動的次序為 121312141213121，而移動木樁的順序為 1 → 2，1 → 3，2 → 3，1 → 2，3 → 1，3 → 2，1 → 2，1 → 3，2 → 3，2 → 1，3 → 1，2 → 3，1 → 2，1 → 3，2 → 3，而移動次數為 2^4-1=15。

當 n 不大時，各位可以逐步用圖示解決，但 n 的值較大時，那可就十分傷腦筋了。事實上，我們可以得到一個結論，例如當有 n 個盤子時，可將河內塔問題歸納成三個步驟：

> 步驟 1：將 n-1 個盤子，從木樁 1 移動到木樁 2。
> 步驟 2：將第 n 個最大盤子，從木樁 1 移動到木樁 3。
> 步驟 3：將 n-1 個盤子，從木樁 2 移動到木樁 3。

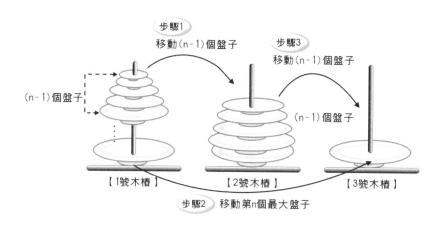

由上圖中，各位應該發現河內塔問題是非常適合以遞迴式與堆疊來解決。因為它滿足了遞迴的兩大特性①有反覆執行的過程；②有停止的出口。以下則以遞迴式來表示河內塔遞迴函數演算法：

```
var hanoi=(n, p1, p2, p3)=> {
    if(n==1)// 遞迴出口
        process.stdout.write('套環從 '+p1+' 移到 '+p3+'\n');
    else {
```

```
        hanoi(n-1, p1, p3, p2);
        process.stdout.write('套環從 '+p1+' 移到 '+p3+'\n');
        hanoi(n-1, p2, p1, p3);
    }
}
```

範例 **4.2.5** 請設計一程式，以遞迴式來實作河內塔演算法的求解。

程式碼：**hanoi.js**

```
01  var hanoi=(n, p1, p2, p3)=> {
02      if(n==1)// 遞迴出口
03          process.stdout.write('套環從 '+p1+' 移到 '+p3+'\n');
04      else {
05          hanoi(n-1, p1, p3, p2);
06          process.stdout.write('套環從 '+p1+' 移到 '+p3+'\n');
07          hanoi(n-1, p2, p1, p3);
08      }
09  }
10  const prompt = require('prompt-sync')();
11  const j = parseInt(prompt('請輸入所移動套環數量：'));
12  hanoi(j,1, 2, 3);
```

【執行結果】

```
D:\sample>node ex04/hanoi.js
請輸入所移動套環數量：4
套環從 1 移到 2
套環從 1 移到 3
套環從 2 移到 3
套環從 1 移到 2
套環從 3 移到 1
套環從 3 移到 2
套環從 1 移到 2
套環從 1 移到 3
套環從 2 移到 3
套環從 2 移到 1
套環從 3 移到 1
套環從 2 移到 3
套環從 1 移到 2
套環從 1 移到 3
套環從 2 移到 3

D:\sample>
```

4-2-3　老鼠走迷宮

堆疊的應用有一個相當有趣的問題,我們應該提出討論,就是實驗心理學中有名的「老鼠走迷宮」問題。老鼠走迷宮問題的陳述是假設把一隻大老鼠被放在一個沒有蓋子的大迷宮盒的入口處,盒中有許多牆使得大部份的路徑都被擋住而無法前進。老鼠可以依照嘗試錯誤的方法找到出口。不過這老鼠必須具備走錯路時就會重來一次並把走過的路記起來,避免重複走同樣的路,就這樣直到找到出口為止。簡單說來,老鼠行進時,必須遵守以下三個原則:

① 一次只能走一格。
② 遇到牆無法往前走時,則退回一步找找看是否有其他的路可以走。
③ 走過的路不會再走第二次。

我們之所以對這個問題感興趣,就是它可以提供一種典型堆疊應用的思考方向,國內許多大學曾舉辦所謂「電腦鼠」走迷宮的比賽,就是要設計這種利用堆疊技巧走迷宮的程式。在建立走迷宮程式前,我們先來了解如何在電腦中表現一個模擬迷宮的方式。這時可以利用二維陣列 MAZE[row][col],並符合以下規則:

MAZE[i][j]=1　表示 [i][j] 處有牆,無法通過
　　　　 =0　表示 [i][j] 處無牆,可通行
MAZE[1][1] 是入口,MAZE[m][n] 是出口

下圖就是一個使用 10*12 二維陣列的模擬迷宮地圖表示圖:

【迷宮原始路徑】

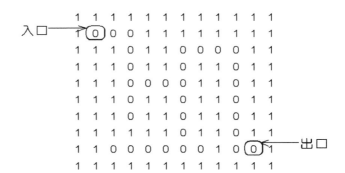

假設老鼠由左上角的 MAZE[1][1] 進入，由右下角的 MAZE[8][10] 出來，老鼠目前位置以 MAZE[x][y] 表示，那麼我們可以將老鼠可能移動的方向表示如下：

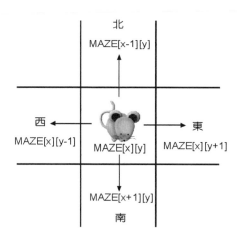

如上圖所示，老鼠可以選擇的方向共有四個，分別為東、西、南、北。但並非每個位置都有四個方向可以選擇，必須視情況來決定，例如 T 字型的路口，就只有東、西、南三個方向可以選擇。

我們可以利用鏈結串列來記錄走過的位置，並且將走過的位置的陣列元素內容標示為 2，然後將這個位置放入堆疊再進行下一次的選擇。如果走到死巷子並且還沒有抵達終點，那麼就必須退出上一個位置，並退回去直到回到上一個叉路後再選擇其他的路。由於每次新加入的位置必定會在堆疊的最末端，因此堆疊末端指標所指的方格編號便是目前搜尋迷宮出口的老鼠所在的位置。如此一直重複這些動作直到走到出口為止。如下圖是以小球來代表迷宮中的老鼠：

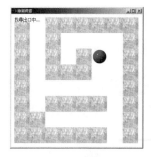

在迷宮中搜尋出口

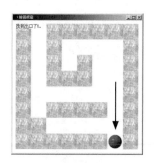

終於找到迷宮出口

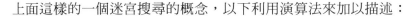

上面這樣的一個迷宮搜尋的概念，以下利用演算法來加以描述：

```
if (上一格可走) {
    加入方格編號到堆疊;
    往上走;
    判斷是否為出口;
}
else if (下一格可走) {
    加入方格編號到堆疊;
    往下走;
    判斷是否為出口;
}
else if (左一格可走) {
    加入方格編號到堆疊;
    往左走;
    判斷是否為出口;
}
else if (右一格可走) {
    加入方格編號到堆疊;
    往右走;
    判斷是否為出口;
}
else {
    從堆疊刪除一方格編號;
    從堆疊中取出一方格編號;
    往回走;
}
```

上面的演算法是每次進行移動時所執行的內容，其主要是判斷目前所在位置的上、下、左、右是否有可以前進的方格，若找到可移動的方格，便將該方格的編號加入到記錄移動路徑的堆疊中，並往該方格移動，而當四周沒有可走的方格時，也就是目前所在的方格無法走出迷宮，必須退回前一格重新再來檢查是否有其他可走的路徑。

範例 **4.2.6** 請設計迷宮問題的程式實作。

程式碼：**mouse.js**

```
01   //=============== Program Description ===============
02   //程式目的： 老鼠走迷宮
03
04   class Node {
05       constructor(x,y) {
06           this.x=x;
07           this.y=y;
08           this.next=null;
09       }
10   }
11
12   class TraceRecord {
13       constructor() {
14           this.first=null;
15           this.last=null;
16       }
17
18       isEmpty=()=>{
19           return this.first==null;
20       }
21       insert=(x,y)=>{
22           let newNode=new Node(x,y);
23           if (this.first==null) {
24               this.first=newNode;
25               this.last=newNode;
26           }
27           else {
28               this.last.next=newNode;
29               this.last=newNode;
30           }
31       }
32       delete=()=> {
33           if (this.first==null) {
34               process.stdout.write('[佇列已經空了]\n');
35               return;
36           }
37           let newNode=this.first;
38           while (newNode.next!=this.last)
```

```
39              newNode=newNode.next;
40          newNode.next=this.last.next;
41          this.last=newNode ;
42       }
43  }
44
45  const ExitX= 8;      //定義出口的x座標在第八列
46  const ExitY= 10;     //定義出口的Y座標在第十行
47  //宣告迷宮陣列
48  MAZE= [[1,1,1,1,1,1,1,1,1,1,1,1],
49        [1,0,0,0,1,1,1,1,1,1,1,1],
50        [1,1,1,0,1,1,0,0,0,0,1,1],
51        [1,1,1,0,1,1,0,1,1,0,1,1],
52        [1,1,1,0,0,0,0,1,1,0,1,1],
53        [1,1,1,0,1,1,0,1,1,0,1,1],
54        [1,1,1,0,1,1,0,1,1,0,1,1],
55        [1,1,1,1,1,1,0,1,1,0,1,1],
56        [1,1,0,0,0,0,0,0,1,0,0,1],
57        [1,1,1,1,1,1,1,1,1,1,1,1]];
58
59  var chkExit=(x,y,ex,ey)=>{
60      if (x==ex && y==ey) {
61          if(MAZE[x-1][y]==1 || MAZE[x+1][y]==1 || MAZE[x][y-1] ==1 ||
   MAZE[x][y+1]==2)
62              return 1;
63          if(MAZE[x-1][y]==1 || MAZE[x+1][y]==1 || MAZE[x][y-1] ==2 ||
   MAZE[x][y+1]==1)
64              return 1;
65          if(MAZE[x-1][y]==1 || MAZE[x+1][y]==2 || MAZE[x][y-1] ==1 ||
   MAZE[x][y+1]==1)
66              return 1;
67          if(MAZE[x-1][y]==2 || MAZE[x+1][y]==1 || MAZE[x][y-1] ==1 ||
   MAZE[x][y+1]==1)
68              return 1;
69      }
70      return 0;
71  }
72
73  //主程式
74
75  path=new TraceRecord();
76  x=1;
```

```
77   y=1;
78
79   process.stdout.write('[迷宮的路徑(0的部分)]\n');
80   for(i=0;i<10;i++) {
81       for(j=0;j<12;j++)
82           process.stdout.write(MAZE[i][j].toString());
83       process.stdout.write('\n');
84   }
85   while (x<=ExitX && y<=ExitY) {
86       MAZE[x][y]=2;
87       if (MAZE[x-1][y]==0) {
88           x -= 1;
89           path.insert(x,y);
90       }
91       else if (MAZE[x+1][y]==0) {
92           x+=1;
93           path.insert(x,y);
94       }
95       else if (MAZE[x][y-1]==0) {
96           y-=1;
97           path.insert(x,y);
98       }
99       else if (MAZE[x][y+1]==0) {
100          y+=1;
101          path.insert(x,y);
102      }
103      else if (chkExit(x,y,ExitX,ExitY)==1) {
104          break;
105      }
106      else {
107          MAZE[x][y]=2;
108          path.delete();
109          x=path.last.x;
110          y=path.last.y;
111      }
112  }
113  process.stdout.write('[老鼠走過的路徑(2的部分)]\n')
114  for(i=0;i<10;i++){
115      for(j=0;j<12;j++)
116          process.stdout.write(MAZE[i][j].toString());
117      process.stdout.write('\n');
118  }
```

【執行結果】

```
D:\sample>node ex04/mouse.js
[迷宮的路徑(0的部分)]
111111111111
100011111111
111011000011
111011011011
111000011011
111011011011
111011011011
111111011011
110000001001
111111111111
[老鼠走過的路徑(2的部分)]
111111111111
122211111111
111211222211
111211211211
111222211211
111211011211
111211011211
111111011211
110000001221
111111111111

D:\sample>_
```

4-2-4 八皇后問題

八皇后問題也是一種常見的堆疊應用實例。在西洋棋中的皇后可以在沒有限定一步走幾格的前提下,對棋盤中的其他棋子直吃、橫吃及對角斜吃(左斜吃或右斜吃皆可),只要後放入的新皇后,放入前必須考慮所放位置直線方向、橫線方向或對角線方向是否已被放置舊皇后,否則就會被先放入的舊皇后吃掉。

利用這種觀念,我們可以將其應用在 4*4 的棋盤,就稱為 4-皇后問題;應用在 8*8 的棋盤,就稱為 8-皇后問題。應用在 N*N 的棋盤,就稱為 N-皇后問題。要解決 N-皇后問題(在此我們以 8-皇后為例),首先當於棋盤中置入一個新皇后,且這個位置不會被先前放置的皇后吃掉,就將這個新皇后的位置存入堆疊。

但是如果當您放置新皇后的該行（或該列）的 8 個位置，都沒有辦法放置新皇后（亦即一放入任何一個位置，就會被先前放置的舊皇后給吃掉）。此時，就必須由堆疊中取出前一個皇后的位置，並於該行（或該列）中重新尋找另一個新的位置放置，再將該位置存入堆疊中，而這種方式就是一種回溯（Backtracking）演算法的應用概念。

N-皇后問題的解答，就是配合堆疊及回溯兩種資料結構的概念，以逐行（或逐列）找新皇后位置（如果找不到，則回溯到前一行找尋前一個皇后另一個新的位置，以此類推）的方式，來尋找 N-皇后問題的其中一組解答。

以下分別是 4-皇后及 8-皇后在堆疊存放的內容及對應棋盤的其中一組解。

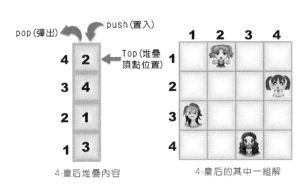

範例 **4.2.7** 請設計一程式，來求取八皇后問題的解決方法。

程式碼：queen.js

```
01   const EIGHT=8; //定義最大堆疊容量
02   queen=[];//存放8個皇后之列位
03   number=0; //計算總共有幾組解的總數
04   //決定皇后存放的位置
05   //輸出所需要的結果
06
07   var print_table=()=> {
08       let x=y=0;
09       number+=1;
10       process.stdout.write('\n')
11       process.stdout.write('八皇后問題的第'+number+'組解\n\t')
12       for (x=0; x<EIGHT ;x++) {
13           for (y=0; y<EIGHT ;y++) {
14               if (x==queen[y])
15                   process.stdout.write('<q>')
16               else
17                   process.stdout.write('<->')
18           }
19           process.stdout.write('\n\t')
20       }
21   }
22
23   //測試在(row,col)上的皇后是否遭受攻擊
24   //若遭受攻擊則傳回值為1,否則傳回0
25   var attack=(row,col)=> {
26       let i=0;
27       atk=false;
28       offset_row=offset_col=0;
29       while ((atk!=1) && i<col){
30           offset_col=Math.abs(i-col);
31           offset_row=Math.abs(queen[i]-row);
32           //判斷兩皇后是否在同一列在同一對角線上
33           if ((queen[i]==row || offset_row==offset_col)) atk=true;
34           i=i+1;
35       }
36       return atk;
37   }
38
```

```
39  var decide_position=(value)=>{
40      let i=0;
41      while (i<8) {
42          /* 是否受到攻擊的判斷式 */
43          if (attack(i,value)!=1) {
44              queen[value]=i;
45              if (value==7)
46                  print_table();
47              else
48                  decide_position(value+1);
49          }
50          i++;
51      }
52  }
53
54  //主程式
55
56  decide_position(0);
```

【執行結果】

```
D:\sample>node ex04/queen.js
八皇后問題的第1組解
        <q><-><-><-><-><-><-><->
        <-><-><-><-><-><-><q><->
        <-><-><-><-><q><-><-><->
        <-><-><-><-><-><-><-><q>
        <-><q><-><-><-><-><-><->
        <-><-><-><q><-><-><-><->
        <-><-><-><-><-><q><-><->
        <-><-><q><-><-><-><-><->

八皇后問題的第2組解
        <q><-><-><-><-><-><-><->
        <-><-><-><-><-><-><q><->
        <-><-><-><q><-><-><-><->
        <-><-><-><-><-><q><-><->
        <-><-><-><-><-><-><-><q>
        <-><q><-><-><-><-><-><->
        <-><-><-><-><q><-><-><->
        <-><-><q><-><-><-><-><->

八皇后問題的第3組解
        <q><-><-><-><-><-><-><->
        <-><-><-><-><-><q><-><->
```

4-3 算術運算式的表示法

在程式中經常將變數或常數等「運算元」（Operands），利用系統預先定義好的「運算子」（Operators）來進行各種算術運算（如 ＋、－、×、÷ 等）、邏輯判斷（如 AND、OR、NOT 等）與關係運算（如 ＞、＜、＝ 等），以求取一個執行結果。對於程式中這些運算元及運算子的組合，就稱為「運算式」。其中 ＝、＋、* 及 / 符號稱為運算子，而變數 A、B、C 及常數 10、3 都屬於運算元。

運算式種類如果依據運算子在運算式中的位置，可區分以下三種表示法：

① **中序法（Infix）**：運算子在兩個運算元中間，例如 A+B、(A+B)*(C+D) 等都是中序表示法。

② **前序法（Prefix）**：運算子在運算元的前面，例如 +AB、*+AB+CD 等都是前序表示法。

③ **後序法（Postfix）**：運算子在運算元的後面，例如 AB+、AB+CD+* 等都是後序表示法。

由於我們一般日常生活中所表示都是中序法，但是中序法有運算符號的優先權結合問題，再加上複雜的括號困擾，對於電腦編譯器處理上較為複雜。解決之道是將它轉換成後序法（較常用）或前序法，尤其後序法只需一個堆疊暫存器（而前序法需要 2 個），所以計算機中多半使用後序法。

堆疊原理也可運用在運算式的計算與轉換，就是用來解決所謂中序、後序及前序三種之間的轉換，或者是進行轉換後的求值。

4-3-1 中序轉為前序與後序

通常如果要將中序式轉換為前序式或後序式，可以利用兩種方式，就是括號轉換法與堆疊法。括號轉換法適合人工手動操作，堆疊法則普遍使用在電腦的作業系統或系統程式中。相關介紹如下：

一、括號轉換法

括號法就是先用括號把中序式的運算子優先順序分出來，再進行運算子的移動，最後把括號拿掉就可完成中序轉後序或中序轉前序了。以下假設某程式語言運算子中運算子的優先順序：

優先順序	運算子
1	. 、 []
2	++ 、 -- 、 ! 、 ~ 、 +（正）、 -（負）
3	* 、 / 、 %
4	+（加）、 -（減）
5	<< 、 >> 、 >>>
6	< 、 <= 、 > 、 >=
7	== 、 !=
8	&
9	^
10	|
11	&&
12	||
13	?:
14	=
15	+= 、 -= 、 *= 、 /= 、 %= 、 &= 、 |= 、 ^=

現在我們就來練習以括號把下列中序式轉成前序及後序式：6+2*9/3+4*2-8。

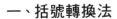 中序→前序（Infix → Prefix）

① 先把運算式依照運算子優先順序以括號括起來。

② 針對運算子，把括號內的運算子取代所有的左括號，以最近者為優先。

③ 將所有右括號去掉，即得前序式結果。

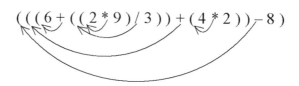

前序式：-++6/*293*428

⑥ 中序→後序（infix → postfix）

① 先把運算式依照運算子優先順序以括號括起來。

② 針對運算子，把括號內的運算子取代所有的右括號，以最近者為優先。

③ 將所有左括號去掉，即得後序式結果。

$$(((6 + ((2 * 9) / 3)) + (4 * 2)) - 8)$$

後序式：629*3/+42*+8-

範例 4.3.1 請將中序式 A/B**C+D*E-A*C，利用括號法轉換成前序式與後序式。

解答 首先請按照前面的括號法說明，將中序式括號後，可以得到下列式子，並移動運算子來取代左括號：

$$(((A / (B * * C)) + (D * E)) - (A * C))$$

最後去掉所有右括號，可得下式：

→前序式：-+/A**BC*DE*AC

接著要轉換成後序法也一樣，將中序式分別括號完後，移動運算子來取代右括號：

$$(((A / (B * * C)) + (D * E)) - (A * C))$$

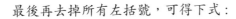

最後再去掉所有左括號，可得下式：

→後序式 :ABC**/DE*+AC*-

二、堆疊法

這個方法必須使用到運算子堆疊的協助，也就是使用堆疊配合運算子優先順序來進行轉換。

● 中序→前序（Infix → Prefix）

① 由右至左讀進中序運算式的每個字元（token）。

② 如果讀進的字元為運算元，則直接輸出輸出到前序式中。

③ 如果遇到 '('，則彈出堆疊內的運算子，直到彈出到一個 ')'，兩者互相抵銷為止。

④ ")" 的優先權在堆疊內比任何運算子都小，任何運算子都可壓過它，不過在堆疊外卻是優先權最高者。

⑤ 當運算子準備進入堆疊內時，並須和堆疊頂端的運算子比較，如果外面的運算子優先權大於或等於頂端的運算子則推入，如果較小就彈出，直到遇到優先權較小者或堆疊為空時，就把外面這個運算子推入。

⑥ 中序式讀完後，如果運算子堆疊不是空，則將其內的運算子逐一彈出，輸出到前序式。

以下我們將練習把中序式 (A+B)*D+E/(F+A*D)+C 以堆疊法轉換成前序式。首先請右至左讀取字元，並將步驟繪出表格如下：

讀入字元	運算子堆疊內容	輸出
null	Empty	null
C	Empty	C
+	+	C
)	)+	C
D	)+	DC

讀入字元	運算子堆疊內容	輸出
*	*)+	DC
A	*)+	ADC
+	+)+	*ADC
F	+)+	F*ADC
(	+	+ F*ADC
/	/+	+ F*ADC
E	/+	E+ F*ADC
+	++	/E+ F*ADC
D	++	D/E+ F*ADC
*	*++	D/E+ F*ADC
)	)*++	D/E+ F*ADC
B	)*++	B D/E+ F*ADC
+	+)*++	B D/E+ F*ADC
A	+)*++	A B D/E+ F*ADC
(	*++	+A B D/E+ F*ADC
null	empty	++*+A B D/E+ F*ADC

❶ 中序→後序（Infix → Postfix）

① 由左至右讀進中序運算式的每個字元（token）。

② 如果讀進的字元為運算元，則直接輸出輸出到後序式中。

③ 如果遇到 ')'，則彈出堆疊內的運算子，直到彈出到一個 '('，兩者互相抵銷止。

④ "(" 的優先權在堆疊內比任何運算子都小，任何運算子都可壓過它，不過在堆疊外卻是優先權最高者。

⑤ 當運算子準備進入堆疊內時，並須和堆疊頂端的運算子比較，如果外面的運算子優先權大於頂端的運算子則推入，如果較小或等於就彈出，直到遇到優先權較小者或堆疊為空時，就把外面這個運算子推入。

⑥ 中序式讀完後，如果運算子堆疊不是空，則將其內的運算子逐一彈出，輸出到後序式。

以下我們將練習把中序式 (A+B)*D+E/(F+A*D)+C 以堆疊法轉換成後序式。
首先請左至右讀取字元，並將步驟繪出表格如下：

讀入字元	堆疊內容	輸出
null	Empty	null
(	(	
A	(	A
+	+(	A
B	+(	AB
)	Empty	AB+
*	*	AB+
D	*	AB+D
+	+	AB+D*
E	+	AB+D*E
/	/+	AB+D*E
(	(/+	AB+D*E
F	(/+	AB+D*EF
+	+(/+	AB+D*EF
A	+(/+	AB+D*EFA
*	*+(/+	AB+D*EFA
D	*+(/+	AB+D*EFAD
)	/+	AB+D*EFAD*+/
+	+	AB+D*EFAD*+/+
C	+	AB+D*EFAD*+/+C
null	Empty	AB+D*EFAD*+/+C+

範例 **4.3.2** 請設計一程式，使用堆疊法來將所輸入的中序運算式轉換為後序式。

程式碼：intopost.js

```
01  const MAX=50;
02  var infix_q=[];
03  const prompt = require('prompt-sync')();
04
05  //運算子優先權的比較，若輸入運算子小於堆疊中運算子
06  //，則傳回值為1，否則為0
07
08  //在中序表示法佇列及暫存堆疊中，運算子的優先順序表，
09  //其優先權值為INDEX/2
10  var compare=(stack_o, infix_o)=> {
11      let infix_priority=[];
12      let stack_priority=[];
13      let index_s=index_i=0;
14      infix_priority[0]='q'; infix_priority[1]=')';
15      infix_priority[2]='+'; infix_priority[3]='-';
16      infix_priority[4]='*'; infix_priority[5]='/';
17      infix_priority[6]='^'; infix_priority[7]=' ';
18      infix_priority[8]='(';
19
20      stack_priority[0]='q'; stack_priority[1]='(';
21      stack_priority[2]='+'; stack_priority[3]='-';
22      stack_priority[4]='*'; stack_priority[5]='/';
23      stack_priority[6]='^'; stack_priority[7]=' ';
24
25      while (stack_priority[index_s] != stack_o)
26          index_s+=1;
27
28      while (infix_priority[index_i] != infix_o)
29          index_i+=1;
30
31      if (parseInt(index_s/2) >= parseInt(index_i/2))
32          return 1;
33      else
34          return 0;
35  }
```

```
36
37   var infix_to_postfix=()=> {
38       let rear=0; let top=0; let i=0;
39       let index = -1;
40       let stack_t=[]   //以堆疊儲存還不必輸出的運算子
41
42       const str_ = prompt('請開始輸入中序運算式: ');
43       while (i <str_.length) {
44           index+=1;
45           infix_q[index]=str_[i];
46           i+=1;
47       }
48
49       infix_q[index+1]='q'; //以q符號作為佇列的結束符號
50
51       process.stdout.write('後序表示法 : ');
52       stack_t[top]='q';   //於堆疊最底端加入q為結束符號
53
54       for (let flag=0; flag<index+2;flag++) {
55           if (infix_q[flag]==')') { //輸入為),則輸出堆疊內運算子,直到堆疊內為(
56               while (stack_t[top]!='(') {
57                   process.stdout.write(stack_t[top].toString());
58                   top-=1;
59               }
60               top-=1;
61           }
62               //輸入為q,則將堆疊內還未輸出的運算子輸出
63           else if (infix_q[flag]=='q') {
64               while (stack_t[top]!='q') {
65                   process.stdout.write(stack_t[top].toString());
66                   top -=1
67               }
68           }
69               //輸入為運算子,若小於TOP在堆疊中所指運算子,
70               //則將堆疊所指運算子輸出,若大於等於TOP在堆疊
71               //中所指運算子,則將輸入之運算子放入堆疊
72           else if (infix_q[flag]=='(' || infix_q[flag]=='^' ||
73               infix_q[flag]=='*' || infix_q[flag]=='/' ||
74               infix_q[flag]=='+' || infix_q[flag]=='-' ) {
75               while (compare(stack_t[top], infix_q[flag])==1) {
```

```
76                    process.stdout.write(stack_t[top].toString());
77                    top-=1;
78              }
79              top+=1;
80              stack_t[top] = infix_q[flag];
81          }
82          //輸入為運算元，則直接輸出
83          else
84              process.stdout.write(infix_q[flag].toString());
85      }
86  }
87
88  //主程式
89  process.stdout.write('-------------------------------------------\n');
90  process.stdout.write('中序運算式轉成後序運算式\n');
91  process.stdout.write('可以使用的運算子包括:^,*,+,-,/,(,)等 \n');
92  process.stdout.write('-------------------------------------------\n');
93
94  infix_to_postfix();
```

【執行結果】

```
D:\sample>node ex04/intopost.js
-------------------------------------------
中序運算式轉成後序運算式
可以使用的運算子包括:^,*,+,-,/,(,)等
-------------------------------------------
請開始輸入中序運算式: 6*5+9/2
後序表示法 : 65*92/+
D:\sample>
```

4-3-2　前序與後序轉為中序

　　經過了前面的解說與範例示範，相信各位對於如何將中序運算式表示成前序與後序已經有所認識，我們一樣可以使用括號法及堆疊法來將前序式與後序式轉為中序式，不過方法上則有些微的差異。

一、括號轉換法

以括號法來求得運算式（前序式與後序式）的反轉為中序式的作法，必須遵守以下規則：

⬤ 前序→中序（**Prefix → Infix**）

適當的以「運算子 + 運算元」方式括號。依次將每個運算子，以最近為原則取代後方的右括號，最後再去掉所有左括號。例如：將 -+/A**BC*DE*AC 轉為中序法，結果是 A/B**C+D*E-A*C：

$$(-(+(/A)(**\ B)C)(*\ D)E)(*\ A)\ C$$

⬤ 後序→中序（**Postfix → Infix**）

適當的以「運算元 + 運算子」方式括號，依次將每個運算子，以最近為原則取代前方的左括號，最後再去掉所有右括號。例如將 ABC ↑ /DE*+AC*- 轉為中序法，結果是 A/B ↑ C+D*E-A*C。

$$\rightarrow A(B(C\uparrow)/)(D(E*)+)(A(C*)-)$$

二、堆疊法

前序、後序轉換為中序的反向運算做法和前面小節所陳述的堆疊法是有些不同，必須遵照下列規則：

① 若要將前序式轉為中序式，由右至左讀進運算式的每個字元（token）；若是要將後序式轉換成中序式，則讀取方向改成由左至右。

② 辨別讀入字元，若為運算元則放入此堆疊中。

③ 辨別讀入字元，若為運算子則從堆疊中取出兩個字元，結合成一個基本的中序運算式（< 運算元 >< 運算子 >< 運算元 >）後，再把結果放入堆疊。

④ 在轉換過程中，前序和後序的結合方式是不同的，前序式的順序是 < 運算元 2>< 運算子 >< 運算元 1> 而後序式是 < 運算元 1>< 運算子 >< 運算元 2>，如下圖所示：

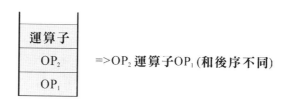

=>OP₂ 運算子OP₁ (和後序不同)

前序轉中序：<OP₂>< 運算子 ><OP₁>

後序轉中序：<OP₁>< 運算子 ><OP₂>

例如以下我們將利用堆疊法將前序式 -+/A**BC*DE*AC 轉為中序式，結果是 A/B**C+D*E-A*C，步驟如下：

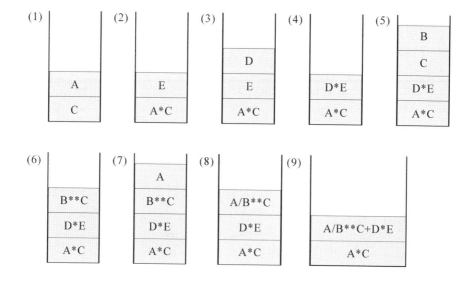

例如以下我們將利用堆疊法將後序式 AB+C*DE-FG+*- 轉為中序式，結果是 (A+B)*C-(D-E)*(F+G)，步驟如下：

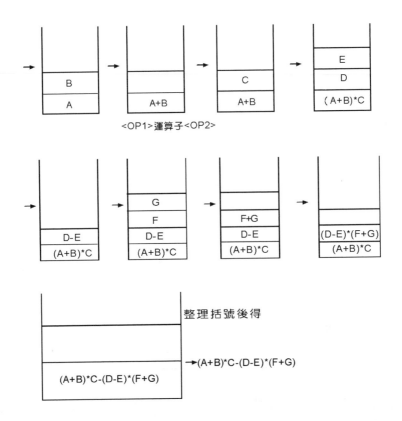

<OP1>運算子<OP2>

整理括號後得

→(A+B)*C-(D-E)*(F+G)

(A+B)*C-(D-E)*(F+G)

　　行文至此，相信各位可以非常清楚的知道前序、中序、後序運算式的特色及相互之間的轉換關係。而轉換的方法也各有巧妙不同。一般而言我們只需牢記一種轉換的方式即可，至於要如何選擇就看您認為那種方法最方便簡單了。

4-3-3　中序表示法求值

　　由中序表示法來求值，請依照以下五個步驟：

① 建立兩個堆疊，分別存放運算子及運算元。

② 讀取運算子時，必須先比較堆疊內的運算子優先權，若堆疊內運算子的優先權較高，則先計算堆疊內運算子的值。

③ 計算時，取出一個運算子及兩個運算元進行運算，運算結果直接存回運算元堆疊中，當成一個獨立的運算元。

④ 當運算式處理完畢後，一步一步清除運算子堆疊，直到堆疊空了為止。

⑤ 取出運算元堆疊中的值就是計算結果。

現在就以上述五個步驟，來求取中序表示法 2+3*4+5 的值。作法如下：

步驟 1 運算式必須使用兩個堆疊分別存放運算子及運算元，並依優先順序進行運算：

運算子：

運算元：

步驟 2 依序將運算式存入堆疊，遇到兩個運算子時比較優先權再決定是否要先行運算：

運算子：

+			

運算元：

2	3	

步驟 3 遇到運算子 *，與堆疊中最後一個運算子 + 比較，優先權較高故存入堆疊：

運算子：

+	*		

運算元：

2	3	4

步驟 4 遇到運算子 +，與堆疊中最後一個運算子 * 比較，優先權較低，故先計算運算子 * 的值。取出運算子 * 及兩個運算元進行運算，運算完畢則存回運算元堆疊：

運算子：

+			

運算元：

2	(3*4)	

步驟 5 把運算子 + 及運算元 5 存入堆疊，等運算式完全處理後，開始進行清除堆疊內運算子的動作，等運算子清理完畢結果也就完成了：

運算子: | + | + | | |

運算元: | 2 | (3*4) | 5 | |

步驟 6 取出一個運算子及兩個運算元進行運算，運算完畢存入運算元堆疊：

運算子: | + | | |

運算元: | 2 | (3*4)+5 | |

完 成 取出一個運算子及兩個運算元進行運算，運算完畢存入運算元堆疊，直到運算子堆疊空了為止。

4-3-4 前序法的求值運算

通常使用中序表示法來求值，必須考慮到運算子的優先順序，所以要建立兩個堆疊，分別存放運算子及運算元。但如果使用前序法求值的好處是不需考慮括號及優先權問題，所以可以直接使用一個堆疊來處理運算式即可，不需把運算元及運算子分開處理。接著來實作前序運算式 +*23*45 如何使用堆疊來運算的步驟：

前序運算式堆疊: | + | * | 2 | 3 | * | 4 | 5 |

步驟 1 從堆疊中取出元素：

前序運算式堆疊: | + | * | 2 | 3 | * | | |

運算元堆疊: | 5 | 4 | | |

步驟 2 從堆疊中取出元素，遇到運算子則進行運算，結果存回運算元堆疊：

前序運算式堆疊：

+	*	2	3			

運算元堆疊：

5*4					

步驟 3 從堆疊中取出元素：

前序運算式堆疊：

+	*					

運算元堆疊：

20	3	2			

步驟 4 從堆疊中取出元素，遇到運算子則從運算元取出兩個運算元進行運算，運算結果存回運算元堆疊：

前序運算式堆疊：

+						

運算元堆疊：

20	3*2				

完成 把堆疊中最後一個運算子取出，從運算元取出兩個運算元進行運算，運算結果存回運算元堆疊。最後取出運算元堆疊中的值即為運算結果。

前序運算式堆疊：

運算元堆疊：

20+6					

4-3-5 後序法的求值運算

後序運算式具有和前序運算式類似的好處，沒有優先權的問題，而且後序運算式可以直接在電腦上進行運算，而不需先全數放入堆疊後再讀回運算。另外在後序運算式中，它使用迴圈直接讀取運算式，如果遇到運算子就從堆疊中取出運算元進行運算。我們繼續來實作後序表示法 23*45*+ 的求值運算：

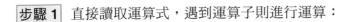

步驟 1　直接讀取運算式，遇到運算子則進行運算：

運算元堆疊：　| 2 | 3 | | | | |

放入 2 及 3 後取回 *，這時取回堆疊內兩個運算元進行運算，完畢後放回堆疊中。

2*3=6

步驟 2　接著放入 4 及 5 遇到運算子 *，取回兩個運算元進行運算，運算完後放回堆疊中：

運算元堆疊：　| 6 | 20 | | | | |

4*5=20

完　成　最後取回運算子，重複上述步驟。

運算元堆疊：　|6+20| | | | |

6+20=26

課 後 評 量

1. 請將下列中序算術式轉換為前序與後序算術式。

   (1) (A/B*C-D)+E/F/(G+H)

   (2) (A+B)*C-(D-E)*(F+G)

2. 請將下列中序算術式轉換為前序與後序表示式。

   (a) (A+B)*D+E/(F+A*D)+C

   (b) A ↑ B ↑ C

   (C) A ↑ -B+C

3. 以堆疊法求中序式 A-B*(C+D)/E 的後序法與前序法。

4. 利用括號法求 A-B*(C+D)/E 的前序式和後序式。

5. 請利用堆疊法來解決求下列中序式 (A+B)*D-E/(F+C)+G 的後序式。

6. 請練習利用堆疊法來將中序式 A*(B+C)*D 轉成為前序式及後序式。

7. 將下列中序式改為後序法。

   (a) A**-B+C

   (b) ¬ (A&¬ (B<C or C>D)) or C<E

8. 請將前序式 +*23*45 轉換為中序式。

9. 請將下列中序式，改成前序式與後序式。

   (a) A**B**C

   (b) A**B-B+C

   (c) (A&B)orCor ¬ (E>F)

10. 請將 6+2*9/3+4*2-8 用括號法轉成前序法或後序法。

11. 請計算下列後序式 abc-d+/ea-*c* 的值？（a=2,b=3,c=4,d=5,e=6）

12. 請利用堆疊法將 AB*CD+-A/ 轉為中序法。

13. 下列哪個算術表示法不符合前序表示法的語法規則？

    (a)+++ab*cde　　(b)-+ab+cd*e　　(c)+-**abcde　　(d)+a*-+bcde

14. 如果主程式呼叫副程式 A，A 再呼叫副程式 B，在 B 完成後，A 再呼叫副程式 C，試以堆疊的方法說明呼叫過程。

15. 請舉出至少七種常見的堆疊應用。

16. 何謂多重堆疊（Multi Stack）？試說明定義與目的？

17. A*B+(C/D) 為一般的數學式子，其中 "*" 表示乘法，"/" 表示除法。請回答下列問題：

    (1) 寫出上式的前置式（Prefix Form）。

    (2) 若改變各運算符號的計算優先次序為：

        a. 優先次序完全一樣，且為左結合律運算。

        b. 括號 "()" 內的符號最先計算。

        則上式的前置式為何？

    (3) 欲寫一程式完成上述的轉換，下列資料結構何者較合適？

        ❶ 佇列（Queue） ❷ 堆疊（Stack） ❸ 串列（List） ❹ 環（Ring）

18. 試寫出利用兩個堆疊（Stack）執行 a+b*(c-1)+5 算術式的每一個步驟。

19. 若 A=1,B=2,C=3，求出下面後序式之值。

    (1) ABC+*CBA-+*

    (2) AB+C-AB+*

20. 解釋下列名詞：

    (1) 堆疊（Stack）

    (2) TOP(PUSH(i,s)) 之結果為何？

    (3) POP(PUSH(i,s)) 之結果為何？

21. 請問河內塔問題中，移動 n 個盤子所需的最小移動次數？試說明之。

22. 試述「尾歸遞迴」（Tail Recursion）的意義。

23. 以下程式是遞迴程式的應用，其中 def 可用來定義函數，請問輸出結果為何？

```
def dif2(x):
    if x:
        dif1(x)

def dif1(y):
    if y>0:
        dif2(y-3)
    print(y,end=' ')

dif1(21)
print()
```

24. 將 A/B ↑ C+D*E-A*C 的中序法轉成前序與後序算術式。（以下皆用堆疊法）

5

佇列

- 認識佇列
- 佇列的應用

佇列（Queue）和堆疊都是一種有序串列，也屬於抽象型資料型態（ADT），它所有加入與刪除的動作都發生在不同的兩端，並且符合 "First In, First Out"（先進先出）的特性。佇列的觀念就好比搭捷運時買票的隊伍，先到的人當然可以優先買票，買完後就從前端離去準備搭車，而隊伍的後端又陸續有新的乘客加入排隊。

捷運買票的隊伍就是佇列原理的應用

5-1 認識佇列

各位也同樣可以使用陣列或鏈結串列來建立一個佇列。不過堆疊只需一個 top，指標指向堆疊頂，而佇列則必須使用 front 和 rear 兩個指標分別指向前端和尾端，如下圖所示：

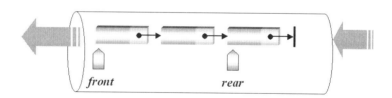

佇列在電腦領域的應用也相當廣泛，例如計算機的模擬（simulation）、CPU 的工作排程（Job Scheduling）、線上同時周邊作業系統的應用與圖形走訪的先廣後深搜尋法（BFS）。

5-1-1 佇列的工作運算

由於佇列是一種抽象型資料結構（Abstract Data Type, ADT），它有下列特性：

① 具有先進先出（FIFO）的特性。
② 擁有兩種基本動作加入與刪除，而且使用 front 與 rear 兩個指標來分別指向佇列的前端與尾端。

佇列的基本運算可以具備以下五種工作定義：

create	建立空佇列。
add	將新資料加入佇列的尾端，傳回新佇列。
delete	刪除佇列前端的資料，傳回新佇列。
front	傳回佇列前端的值。
empty	若佇列為空集合，傳回真，否則傳回偽。

5-1-2　陣列實作佇列

　　以陣列結構來製作佇列的好處是演算法相當簡單，不過與堆疊不同之處是需要擁有兩種基本動作加入與刪除，而且使用 front 與 rear 兩個註標來分別指向佇列的前端與尾端，缺點是陣列大小並無法事先規劃宣告。首先我們需要宣告一個有限容量的陣列，並以下列圖示說明：

```
const MAXSIZE=4;
queue=[];   //佇列大小為4
front=-1;
rear=-1;
```

① 當開始時，我們將 front 與 rear 都預設為 -1，當 front=rear 時，則為空佇列。

事件說明	front	rear	Q(0)	Q(1)	Q(2)	Q(3)
空佇列 Q	-1	-1				

② 加入 dataA，front=-1，rear=0，每加入一個元素，將 rear 值加 1：

加入 dataA	-1	0	dataA			

③ 加入 dataB、dataC，front=-1，rear=2：

加入 dataB、C	-1	2	dataA	dataB	dataC	

④ 取出 dataA，front=0，rear=2，每取出一個元素，將 front 值加 1：

取出 dataA	0	2		dataB	dataC	

⑤ 加入 dataD，front=0，rear=3，此時當 rear=MAXSIZE-1，表示佇列已滿。

加入 dataD	0	3		dataB	dataC	dataD

⑥ 取出 dataB，front=1，rear=3

取出 dataB	1	3			dataC	dataD

範例 5.1.1 請設計一程式，來實作佇列的工作運算，加入資料時請輸入 "a"，要取出資料時可輸入 "d"，將會直接印出佇列前端的值，要結束請按 "e"。

程式碼：**array_queue.js**

```
01  const MAX=10; //定義佇列的大小
02  queue=[];
03  var front=rear=-1;
04  var choice='';
05  const prompt = require('prompt-sync')();
06  while (rear<MAX-1 && choice !='e') {
07      const choice = prompt('[a]表示存入一個數值[d]表示取出一個數值[e]表示跳出此
    程式: ');
08      if (choice=='a') {
09          const val = parseInt(prompt('[請輸入數值]: '));
10          rear+=1;
11          queue[rear]=val;
12      }
13      else if (choice=='d') {
14          if (rear>front) {
15              front+=1;
16              process.stdout.write('[取出數值為]: '+queue[front]+'\n');
17              queue[front]=0;
18          }
19          else {
20              process.stdout.write('[佇列已經空了]\n');
21              return;
22          }
```

```
23        }
24        else {
25            process.stdout.write('\n');
26            break;
27        }
28    }
29    process.stdout.write('------------------------------------------\n');
30    process.stdout.write('[輸出佇列中的所有元素]:\n');
31
32    if (rear==MAX-1)
33        process.stdout.write('[佇列已滿]\n');
34    else if (front>=rear) {
35        process.stdout.write('沒有\n');
36        process.stdout.write('[佇列已空]\n');
37    }
38    else {
39        while (rear>front) {
40            front+=1;
41            process.stdout.write('['+queue[front]+'] ');
42        }
43        process.stdout.write('\n');
44        process.stdout.write('------------------------------------------\
n');
45    }
46    process.stdout.write('\n');
```

【執行結果】

```
D:\sample>node ex05/array_queue.js
[a]表示存入一個數值[d]表示取出一個數值[e]表示跳出此程式: a
[請輸入數值]: 15
[a]表示存入一個數值[d]表示取出一個數值[e]表示跳出此程式: a
[請輸入數值]: 68
[a]表示存入一個數值[d]表示取出一個數值[e]表示跳出此程式: a
[請輸入數值]: 45
[a]表示存入一個數值[d]表示取出一個數值[e]表示跳出此程式: d
[取出數值為]: 15
[a]表示存入一個數值[d]表示取出一個數值[e]表示跳出此程式: e

----------------------------------------
[輸出佇列中的所有元素]:
[68] [45]
----------------------------------------


D:\sample>
```

5-1-3　鏈結串列實作佇列

　　佇列除了能以陣列的方式來實作外，我們也可以鏈結串列來實作佇列。在宣告佇列類別中，除了和佇列類別中相關的方法外，還必須有指向佇列前端及佇列尾端的指標，即 front 及 rear。例如我們以學生姓名及成績的結構資料來建立佇列串列的節點，及 front 與 rear 指標宣告如下：

```javascript
class student {
    constructor() {
        this.name='';
        this.score=0;
        this.next=null;
    }
}
front=new student();
rear=new student();
front=null;
rear=null;
```

　　至於在佇列串列中加入新節點，等於加入此串列的最後端，而刪除節點就是將此串列最前端的節點刪除。加入與刪除運算法如下：

```javascript
var enqueue=(name, score)=> {    // 置入佇列資料
    new_data=new student();      // 配置記憶體給新元素
    new_data.name=name;          // 設定新元素的資料
    new_data.score = score;
    if (rear==null)              // 如果rear為null，表示這是第一個元素
        front = new_data;
    else
        rear.next = new_data;    // 將新元素連接至佇列尾端
    rear = new_data;             // 將rear指向新元素，這是新的佇列尾端
    new_data.next = null;        // 新元素之後無其他元素
}
```

```javascript
var dequeue=()=>{ // 取出佇列資料
    if (front == null)
        process.stdout.write('佇列已空！\n');
    else {
```

```
        process.stdout.write('姓名：'+front.name+'\t成績：'+front.score+' ....取出');
        front = front.next;      // 將佇列前端移至下一個元素
    }
}
```

範例 **5.1.2** 請利用鏈結串列結構來設計一程式，鏈結串列中元素節點仍為學生姓名及成績的結構資料。本程式還能進行佇列資料的存入、取出與走訪動作：

```
class student {
    constructor() {
        this.name='';
        this.score=0;
        this.next=null;
    }
}
```

程式碼：list_queue.js

```
01   class student {
02       constructor() {
03           this.name='';
04           this.score=0;
05           this.next=null;
06       }
07   }
08   front=new student();
09   rear=new student();
10   front=null;
11   rear=null;
12
13   var enqueue=(name, score)=> {   // 置入佇列資料
14       new_data=new student();     // 配置記憶體給新元素
15       new_data.name=name;         // 設定新元素的資料
16       new_data.score = score;
17       if (rear==null)             // 如果rear為null，表示這是第一個元素
18           front = new_data;
19       else
20           rear.next = new_data;   // 將新元素連接至佇列尾端
21       rear = new_data;            // 將rear指向新元素，這是新的佇列尾端
```

```
22      new_data.next = null;        // 新元素之後無其他元素
23  }
24
25  var dequeue=()=>{                // 取出佇列資料
26      if (front == null)
27          process.stdout.write('佇列已空！\n');
28      else {
29          process.stdout.write('姓名：'+front.name+'\t成績：'+front.score+'
    ....取出');
30          front = front.next;      // 將佇列前端移至下一個元素
31      }
32  }
33
34  var show=()=> {                  // 顯示佇列資料
35      ptr = front;
36      if (ptr == null)
37          process.stdout.write('佇列已空！\n');
38      else {
39          while (ptr !=null) {     // 由front往rear走訪佇列
40              process.stdout.write('姓名：'+ptr.name+'\t成績：'+ptr.score+'\n');
41              ptr = ptr.next;
42          }
43      }
44  }
45
46  select=0;
47  const prompt = require('prompt-sync')();
48  while (true) {
49      const select = parseInt(prompt('(1)存入 (2)取出 (3)顯示 (4)離開 => '));
50      if (select==4)
51          break;
52      if (select==1) {
53          const name = prompt('姓名: ');
54          const score = parseInt(prompt('成績: '));
55          enqueue(name, score);
56      }
57      else if (select==2)
58          dequeue();
59      else
60          show();
61  }
```

【執行結果】

```
D:\sample>node ex05/list_queue.js
(1)存入 (2)取出 (3)顯示 (4)離開 => 1
姓名: Andy
成績: 98
(1)存入 (2)取出 (3)顯示 (4)離開 => 1
姓名: Jane
成績: 84
(1)存入 (2)取出 (3)顯示 (4)離開 => 3
姓名：Andy      成績：98
姓名：Jane      成績：84
(1)存入 (2)取出 (3)顯示 (4)離開 => 4

D:\sample>_
```

 佇列的應用

佇列在電腦領域的應用也相當廣泛，例如：

① 如在圖形的走訪的先廣後深搜尋法（BFS），就是利用佇列。

② 可用於計算機的模擬（simulation）；在模擬過程中，由於各種事件（event）的輸入時間不一定，可以利用佇列來反應真實狀況。

③ 可作為 CPU 的工作排程（Job Scheduling）。利用佇列來處理，可達到先到先做的要求。

④ 例如「線上同時周邊作業系統」的應用，也就是讓輸出入的資料先在高速磁碟機中完成，也就是把磁碟當成一個大型的工作緩衝區（buffer），如此可讓輸出入動作快速完成，也縮短了反應的時間，接下來將磁碟資料輸出到列表機是由系統軟體主動負責，這也是應用了佇列的工作原理。

5-2-1　環狀佇列

在上述 5-1-2 節中，當執行到步驟 6 之後，此佇列狀態如下圖所示：

取出 dataB	1	3			dataC	dataD

不過這裏出現一個問題就是這個佇列事實上根本還有空間,即是 Q(0) 與 Q(1) 兩個空間,不過因為 rear=MAX_SIZE-1=3,使得新資料無法加入。怎麼辦?解決之道有二,請看以下說明:

1. 當佇列已滿時,便將所有的元素向前(左)移到 Q(0) 為止,不過如果佇列中的資料過多,搬移時將會造成時間的浪費。如下圖:

移動 dataB、C	-1	1	dataB	dataC	

2. 利用環狀佇列(Circular Queue),讓 rear 與 front 兩種指標能夠永遠介於 0 與 n-1 之間,也就是當 rear=MAXSIZE-1,無法存入資料時,如果仍要存入資料,就可將 rear 重新指向索引值為 0 處。

所謂環狀佇列(Circular Queue),其實就是一種環形結構的佇列,它仍是以一種 Q(0:n-1) 的線性一維陣列,同時 Q(0) 為 Q(n-1) 的下一個元素,可以用來解決無法判斷佇列是否滿溢的問題。指標 front 永遠以逆時鐘方向指向佇列中第一個元素的前一個位置,rear 則指向佇列目前的最後位置。一開始 front 和 rear 均預設為 -1,表示為空佇列,也就是說如果 front=rear 則為空佇列。另外有:

```
rear=(rear+1)% n;
front=(front+1)% n;
```

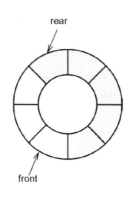

上述之所以將 front 指向佇列中第一個元素前一個位置，原因是環狀佇列
為空佇列和滿佇列時，front 和 rear 都會指向同一個地方，如此一來我們便無
法利用 front 是否等於 rear 這個判斷式來決定到底目前是空佇列或滿佇列。

為了解決此問題，除了上述方式僅允許佇列最多只能存放 n-1 個資料（亦
即犧牲最後一個空間），當 rear 指標的下一個是 front 的位置時，就認定佇列已
滿，無法再將資料加入，如下圖便是填滿的環狀佇列外觀：

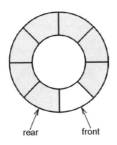

以下我們將整個過程以下圖來為各位說明：

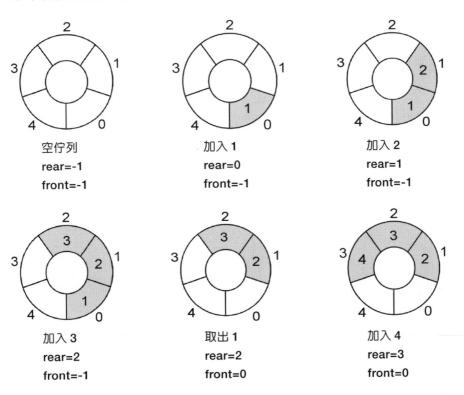

空佇列
rear=-1
front=-1

加入 1
rear=0
front=-1

加入 2
rear=1
front=-1

加入 3
rear=2
front=-1

取出 1
rear=2
front=0

加入 4
rear=3
front=0

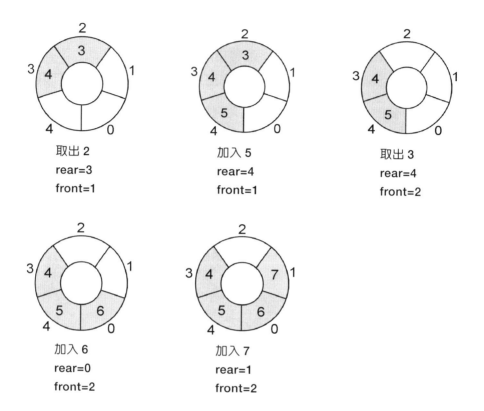

為了解決這個問題，可以讓 rear 指標的下一個目標是 front 的位置時，就認定佇列已滿，無法再將資料加入。在 enqueue 演算法中，我們先將 (rear+1)%n 後，再檢查佇列是否已滿。而在 dequeue 演算法中，則是先檢查佇列是否已空，再將 (front+1)% MAX_SIZE，所以造成佇列最多只能存放 n-1 個資料（亦即犧牲最後一個空間），如下圖便是填滿的環狀佇列外觀：

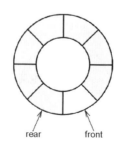

當 rear==front 時，則可代表佇列已空。所以在 enqueue 和 dequeue 的兩種工作定義和原先佇列工作定義的演算法就有不同之處了。

範例 **5.2.1** 請設計一程式來實作環形佇列的工作運算，當要取出資料時可輸入 "0"，要結束時可輸入 "-1"。

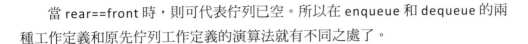

程式碼：circular_queue.js

```
01  queue=[];
02  var front=rear=-1;
03  const prompt = require('prompt-sync')();
04  while (true) {
05      let val = parseInt(prompt('請輸入一個值以存入佇列，欲取出值請輸入0。(結束
    輸入-1)：'));
06      if (val==-1) break;
07      if (val==0) {
08          if (front==rear) {
09              process.stdout.write('[佇列已經空了]\n');
10              break;
11          }
12          front+=1;
13          if (front==5) front=0;
14          process.stdout.write('取出佇列值 ['+queue[front]+']\n');
15          queue[front]=0;
16      }
17      else if (val!=-1 && rear<5) {
18          if ((rear+1==front || rear==4) && front<=0) {
19              process.stdout.write('[佇列已經滿了]\n');
20              break;
21          }
22          rear+=1;
23          if (rear==5) rear=0;
24          queue[rear]=val;
25      }
26  }
27
28  process.stdout.write('佇列剩餘資料：\n');
29  if (front==rear) process.stdout.write('佇列已空!!\n')
30  else {
31      while (front!=rear) {
32          front+=1;
```

```
33          if (front==5) front=0;
34          process.stdout.write('['+queue[front]+'] ');
35          queue[front]=0;
36      }
37  }
38  process.stdout.write('\n');
```

【執行結果】

```
D:\sample>node ex05/circular_queue.js
請輸入一個值以存入佇列，欲取出值請輸入0。(結束輸入-1)：98
請輸入一個值以存入佇列，欲取出值請輸入0。(結束輸入-1)：95
請輸入一個值以存入佇列，欲取出值請輸入0。(結束輸入-1)：86
請輸入一個值以存入佇列，欲取出值請輸入0。(結束輸入-1)：0
取出佇列值 [98]
請輸入一個值以存入佇列，欲取出值請輸入0。(結束輸入-1)：82
請輸入一個值以存入佇列，欲取出值請輸入0。(結束輸入-1)：76
請輸入一個值以存入佇列，欲取出值請輸入0。(結束輸入-1)：-1
佇列剩餘資料：
[95] [86] [82] [76]

D:\sample>
```

5-2-2　雙向佇列

　　佇列的應用，除了上述所介紹的類型之外，還有一些特殊的應用，其中相當知名的有雙向佇列與優先佇列。

◎ 雙向佇列

　　所謂雙向佇列（Double Ended Queues, Deque）為一有序串列，加入與刪除可在佇列的任意一端進行，請看下圖：

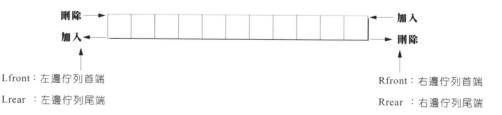

Lfront：左邊佇列首端

Lrear ：左邊佇列尾端

Rfront：右邊佇列首端

Rrear ：右邊佇列尾端

　　具體來說，雙向佇列就是允許兩端中的任意一端都具備有刪除或加入功能，而且無論左右兩端的佇列，首端與尾端指標都是朝佇列中央來移動。通常在一般的應用上，雙向佇列的應用可以區分為兩種：第一種是資料只能從一端加入，但可從兩端取出，另一種則是可由兩端加入，但由一端取出。以下我們將討論第一種輸入限制的雙向佇列，節點宣告、加入與刪除運算法如下：

```
class Node {
    constructor() {
        this.data=0;
        this.next=null;
    }
}
front=new Node();
rear=new Node();
front=null;
rear=null;
```

```
//方法enqueue:佇列資料的存入
var enqueue=(value)=> {
    node=new Node();        //建立節點
    node.data=value;
    node.next=null;
    //檢查是否為空佇列
    if (rear==null)
        front=node;         //新建立的節點成為第1個節點
    else
        rear.next=node;     //將節點加入到佇列的尾端
    rear=node;              //將佇列的尾端指標指向新加入的節點
}
```

```
//方法dequeue:佇列資料的取出
var dequeue=(action)=> {
    //從前端取出資料
    if (!(front==null) && action==1) {
        if (front==rear) rear=null;
        value=front.data;//將佇列資料從前端取出
        front=front.next;//將佇列的前端指標指向下一個
        return value;
```

```
        }
        //從尾端取出資料
        else if (!(rear==null) && action==2) {
            startNode=front;//先記下前端的指標值
            value=rear.data;//取出目前尾端的資料
            //找尋最尾端節點的前一個節點
            tempNode=front;
            while (front.next!=rear && front.next!=null) {
                front=front.next;
                tempNode=front;
            }
            front=startNode;//記錄從尾端取出資料後的佇列前端指標
            rear=tempNode;   //記錄從尾端取出資料後的佇列尾端指標
            //下一行程式是指當佇列中僅剩下最節點時,
            //取出資料後便將front及rear指向null
            if (front.next==null || rear.next==null) {
                front=null;
                rear=null;
            }
            return value;
        }
        else return -1;
}
```

範例 5.2.2 請利用串列結構來設計一輸入限制的雙向佇列程式,我們只能從一端加入資料,但取出資料時,將分別由前後端取出。

程式碼:dequeue.js

```
01  class Node {
02      constructor() {
03          this.data=0;
04          this.next=null;
05      }
06  }
07  front=new Node();
08  rear=new Node();
09  front=null;
10  rear=null;
11
12  //方法enqueue:佇列資料的存入
```

```
13   var enqueue=(value)=> {
14       node=new Node();    //建立節點
15       node.data=value;
16       node.next=null;
17       //檢查是否為空佇列
18       if (rear==null)
19           front=node; //新建立的節點成為第1個節點
20       else
21           rear.next=node;//將節點加入到佇列的尾端
22       rear=node;//將佇列的尾端指標指向新加入的節點
23   }
24
25   //方法dequeue:佇列資料的取出
26   var dequeue=(action)=> {
27       //從前端取出資料
28       if (!(front==null) && action==1) {
29           if (front==rear) rear=null;
30           value=front.data;//將佇列資料從前端取出
31           front=front.next;//將佇列的前端指標指向下一個
32           return value;
33       }
34       //從尾端取出資料
35       else if (!(rear==null) && action==2) {
36           startNode=front;//先記下前端的指標值
37           value=rear.data;//取出目前尾端的資料
38           //找尋最尾端節點的前一個節點
39           tempNode=front;
40           while (front.next!=rear && front.next!=null) {
41               front=front.next;
42               tempNode=front;
43           }
44           front=startNode;//記錄從尾端取出資料後的佇列前端指標
45           rear=tempNode;//記錄從尾端取出資料後的佇列尾端指標
46           //下一行程式是指當佇列中僅剩下最節點時,
47           //取出資料後便將front及rear指向null
48           if (front.next==null || rear.next==null) {
49               front=null;
50               rear=null;
51           }
52           return value;
53       }
54       else return -1;
```

```
55    }
56
57    process.stdout.write('以鏈結串列來實作雙向佇列\n')
58    process.stdout.write('===================================\n')
59
60    ch='a';
61    const prompt = require('prompt-sync')();
62    while (true) {
63        const ch = prompt('加入請按 a,取出請按 d,結束請按 e:');
64        if (ch =='e')
65            break;
66        else if (ch=='a') {
67            const item = parseInt(prompt('加入的元素值:'));
68            enqueue(item);
69        }
70        else if (ch=='d') {
71            temp=dequeue(1);
72            process.stdout.write('從雙向佇列前端依序取出的元素資料值為:'+temp+'\n');
73            temp=dequeue(2);
74            process.stdout.write('從雙向佇列尾端依序取出的元素資料值為:'+temp+'\n');
75        }
76        else break;
77    }
```

【執行結果】

```
D:\sample>node ex05/dequeue.js
以鏈結串列來實作雙向佇列
===================================
加入請按 a,取出請按 d,結束請按 e:a
加入的元素值:85
加入請按 a,取出請按 d,結束請按 e:a
加入的元素值:82
加入請按 a,取出請按 d,結束請按 e:d
從雙向佇列前端依序取出的元素資料值為:85
從雙向佇列尾端依序取出的元素資料值為:82
加入請按 a,取出請按 d,結束請按 e:e

D:\sample>
```

5-2-3　優先佇列

優先佇列（Priority Queue）為一種不必遵守佇列特性－ FIFO（先進先出）的有序串列，其中的每一個元素都賦予一個優先權（Priority），加入元素時可任意加入，但有最高優先權者（Highest Priority Out First, HPOF）則最先輸出。

我們知道一般醫院中的急診室，當然以最嚴重的病患（如得 COVID-19 的病人）優先診治，跟進入醫院掛號的順序無關。或者在電腦中 CPU 的工作排程，優先權排程（Priority Scheduling, PS）就是一種來挑選行程的「排程演算法」（Scheduling Algotithm），也會使用到優先佇列，好比層級高的使用者，就比一般使用者擁有較高的權利。

例如假設有 4 個行程 P1,P2,P3,P4，其在很短的時間內先後到達等待佇列，每個行程所執行時間如下表所示：

行程名稱	各行程所需的執行時間
P1	30
P2	40
P3	20
P4	10

在此設定每個 P1、P2、P3、P4 的優先次序值分別為 2,8,6,4（此處假設數值越小其優先權越低；數值越大其優先權越高），以下就是以甘特圖（Gantt Chart）繪出優先權排程（Priority Scheduling, PS）的排班情況：

以 PS 方法排班所繪出的甘特圖如下：

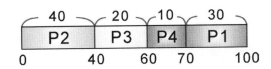

在此特別提醒各位，當各元素以輸入先後次序為優先權時，就是一般的佇列，假如是以輸入先後次序做為最不優先權時，此優先佇列即為一堆疊。

課 後 評 量

1. 何謂優先佇列？請說明之。

2. 假設一個佇列（Queue）存於全長為 N 之密集串列（Dense List）Q 內，HEAD、TAIL 分別為其開始及結尾指標，均以 nil 表其為空。現欲加入一新資料（New Entry），其處理可為以下步驟，請依序回答空格部分。

    (1) 依序按條件做下列選擇：

    ① 若 (1)_____，則表 Q 已存滿，無法做插入動作。

    ② 若 HEAD 為 nil，則表 Q 內為空，可取 HEAD=1，TAIL=(2)_____。

    ③ 若 TAIL=N，則表 (3)_____須將 Q 內由 HEAD 到 TAIL 位置之資料，移至由 1 到 (4)_____之位置，並取 TAIL=(5)_____，HEAD=1。

    (2) TAIL=TAIL+1。

    (3) new entry 移入 Q 內之 TAIL 處。

    (4) 結束插入動作。

3. 回答以下問題：

    (1) 下列何者不是佇列（Queue）觀念的應用？

    (a) 作業系統的工作排程　(b) 輸出入的工作緩衝　(c) 河內塔的解決方法
    (d) 中山高速公路的收費站收費

    (2) 下列哪一種資料結構是線性串列？

    (a) 堆疊　(b) 佇列　(c) 雙向佇列　(d) 陣列　(e) 樹

4. 假設我們利用雙向佇列（deque）循序輸入 1,2,3,4,5,6,7，試問是否能夠得到 5174236 的輸出排列？

5. 何謂多重佇列（multiqueue）？請說明定義與目的。

6. 請說明環狀佇列的基本概念。

7. 請列出佇列常見的基本運算？

8. 請說明佇列應具備的基本特性。

9. 請舉出至少三種佇列常見的應用。

10. 環形佇列演算法中，造成了任何時候佇列中最多只允許 MAX_SIZE-1 個元素。有沒有方法可以改進呢？試說明之與寫出修正後演算法。

6

樹狀結構

　　樹狀結構是一種日常生活中應用相當廣泛的非線性結構，舉凡從企業內的組織架構、家族內的族譜、籃球賽程、公司組織圖等，再到電腦領域中的作業系統與資料庫管理系統都是樹狀結構的衍生運用，例如 Windows、Unix 作業系統和檔案系統，均是一種樹狀結構的應用。

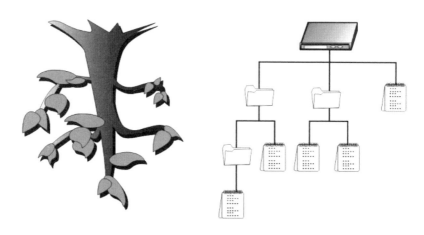

Windows 的檔案總管是以樹狀結構儲存各種資料檔案

6-1 樹的基本觀念

　　「樹」（Tree）是由一個或一個以上的節點（Node）組成，存在一個特殊的節點，稱為樹根（Root），每個節點可代表一些資料和指標組合而成的記錄。其餘節點則可分為 n≧0 個互斥的集合，即是 $T_1,T_2,T_3...T_n$，則每一個子集合本身也是一種樹狀結構及此根節點的子樹。例如下圖：

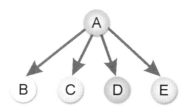

A 為根節點，B、C、D、E 均為 A 的子節點

一棵合法的樹，節點間可以互相連結，但不能形成無出口的迴圈。下圖就是一棵不合法的樹：

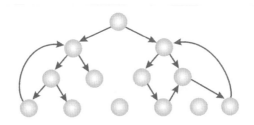

樹還可組成樹林（forest），也就是說樹林是由 n 個互斥樹的集合（n≥0），移去樹根即為樹林。例如下圖就為包含三棵樹的樹林。

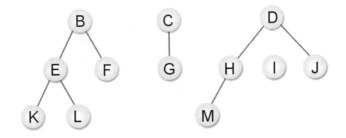

6-1-1　樹專有名詞簡介

在樹狀結構中，有許多常用的專有名詞，在本小節中將以下圖中這棵合法的樹，來為各位詳加介紹：

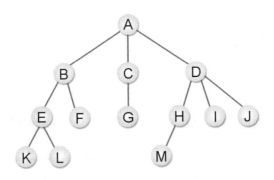

- 分支度（**Degree**）：每個節點所有的子樹個數。例如像上圖中節點 B 的分支度為 2，D 的分支度為 3，F、K、I、J 等為 0。

- 階層或階度（**Level**）：樹的層級，假設樹根 A 為第一階層，BCD 節點即為階層 2，E、F、G、H、I、J 為階層 3。

- 高度（**Height**）：樹的最大階度。例如上圖的樹高度為 4。

- 樹葉或稱終端節點（**Terminal Nodes**）：分支度為零的節點，如上圖中的 K、L、F、G、M、I、J，下圖則有 4 個樹葉節點，如 ECHI。

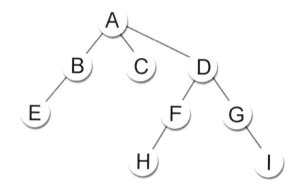

- 父節點（**Parent**）：每一個節點有連結的上一層節點為父節點，例如 F 的父點為 B，M 的父點為 H，通常在繪製樹狀圖時，我們會將父節點畫在子節點的上方。

- 子節點（**Children**）：每一個節點有連結的下一層節點為子節點，例如 A 的子點為 B、C、D，B 的子點為 E、F。

- 祖先（**Ancestor**）和子孫（**Descendant**）：所謂祖先，是指從樹根到該節點路徑上所包含的節點，而子孫則是在該節點往上追溯子樹中的任一節點。例如 K 的祖先為 A、B、E 節點，H 的祖先為 A、D 節點，節點 B 的子孫為 E、F、K、L。

- 兄弟節點（**Siblings**）：有共同父節點的節點為兄弟節點，例如 B、C、D 為兄弟，H、I、J 也為兄弟。

- 非終端節點（**Nonterminal Nodes**）：樹葉以外的節點，如 A、B、C、D、E、H 等。

- 高度（**Height**）：樹的最大階度，例如此樹形圖的高度為 4。

- 同代（**Generation**）：具有相同階層數的節點，例如 E、F、G、H、I、J，或是 B、C、D。

- 樹林（**Forest**）：樹林是由 n 個互斥樹的集合（n≧0），移去樹根即為樹林。例如下圖為包含三樹的樹林。

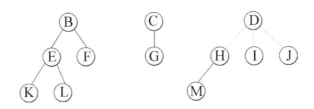

範例 **6.1.1** 下列哪一種不是樹（Tree）？(A) 一個節點 (B) 環狀串列 (C) 一個沒有迴路的連通圖（Connected Graph）(D) 一個邊數比點數少 1 的連通圖。

解答 (B) 因為環狀串列會造成循環現象，不符合樹的定義。

範例 **6.1.2** 下圖中樹（tree）有幾個樹葉節點（leaf node）？(A)4 (B)5 (C)9 (D)11

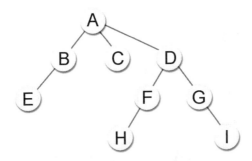

解答 分支度為空的節點稱為樹葉節點，由上圖中可看出答案為 (A)，共有 E、C、H、I 四個。

6-2 二元樹簡介

一般樹狀結構在電腦記憶體中的儲存方式是以鏈結串列（Linked List）為主。對於 n 元樹（n-way 樹）來說，因為每個節點的分支度都不相同，所以為了方便起見，我們必須取 n 為鏈結個數的最大固定長度，而每個節點的資料結構如下：

data	link$_1$	link$_2$		link$_n$

在此請各位特別注意，那就是這種 n 元樹十分浪費鏈結空間。假設此 n 元樹有 m 個節點，那麼此樹共用了 n*m 個鏈結欄位。另外因為除了樹根外，每一個非空鏈結都指向一個節點，所以得知空鏈結個數為 n*m-(m-1)=m*(n-1)+1，而 n 元樹的鏈結浪費率為 $\dfrac{m*(n-1)+1}{m*n}$。因此我們可以得到以下結論：

n=2 時，2 元樹的鏈結浪費率約為 1/2

n=3 時，3 元樹的鏈結浪費率約為 2/3

n=4 時，4 元樹的鏈結浪費率約為 3/4

……………

當 n=2 時，它的鏈結浪費率最低，所以為了改進記憶空間浪費的缺點，我們最常使用二元樹（Binary Tree）結構來取代樹狀結構。

6-2-1 二元樹的定義

二元樹（又稱 knuth 樹）是一個由有限節點所組成的集合，此集合可以為空集合，或由一個樹根及左右兩個子樹所組成。簡單的說，二元樹最多只能有兩個子節點，就是分支度小於或等於 2。其電腦中的資料結構如下：

LLINK	Data	RLINK

至於二元樹和一般樹的不同之處，我們整理如下：

① 樹不可為空集合，但是二元樹可以。

② 樹的分支度為 d ≧ 0，但二元樹的節點分支度為 0 ≦ d ≦ 2。

③ 樹的子樹間沒有次序關係，二元樹則有。

以下就讓我們看一棵實際的二元樹，如下圖所示：

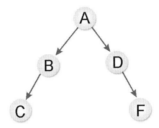

上圖是以 A 為根節點的二元樹，且包含了以 B、D 為根節點的兩棵互斥的左子樹與右子樹。

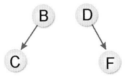

以上這兩個左右子樹都是屬於同一種樹狀結構，不過卻是二棵不同的二元樹結構，原因就是二元樹必須考慮到前後次序關係，這點請各位讀者特別留意。

範例 6.2.1 試證明深度為 k 的二元樹的總節點數是 2^k-1。

解答 其節點總數為 level 1 到 level k 中各層 level 中最大節點的總和：

$$\sum_{i=1}^{k} 2^{i-1} = 2^0 + 2^1 + \cdots\cdots + 2^{k-1} = \frac{2^k - 1}{2-1} = 2^k-1$$

範例 **6.2.2** 對於任何非空二元樹 T，如果 n_0 為樹葉節點數，且分支度為 2 的節點數是 n_2，試證明 $n_0 = n_2 + 1$。

解答 各位可先行假設 n 是節點總數，n_1 是分支度等於 1 的節點數，可得 $n = n_0 + n_1 + n_2$，再行證明。

範例 **6.2.3** 在二元樹中，階度（Level）為 i 的節點數最多是 $2^{i-1} (i \geq 0)$，試證明之。

解答 我們可利用數學歸納法證明：

① 當 i=1 時，只有樹根一個節點，所以 $2^{i-1} = 2^0 = 1$ 成立。

② 假設對於 j，且 $1 \leq j \leq i$，階度為 j 的最多點數 2^{j-1} 個成立，則在 j=i 階度上的節點最多為 2^{i-1} 個，則當 j=i+1 時，因為二元樹中每一個節點的分支度都不大於 2，因此在階度 j=i+1 時的最多節點數 $\leq 2 * 2^{i-1} = 2^i$，由此得證。

6-2-2 特殊二元樹簡介

由於二元樹的應用相當廣泛，所以衍生了許多特殊的二元樹結構。我們分別介紹如下：

⊙ 完滿二元樹（Fully Binary Tree）

如果二元樹的高度為 h，樹的節點數為 $2^h - 1$，$h \geq 0$，則我們稱此樹為「完滿二元樹」（Full Binary Tree），如下圖所示：

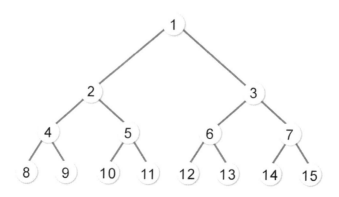

❶ 完整二元樹（Complete Binary Tree）

如果二元樹的深度為 h，所含的節點數小於 2^h-1，但其節點的編號方式如同深度為 h 的完滿二元樹一般，從左到右，由上到下的順序一一對應結合。如下圖：

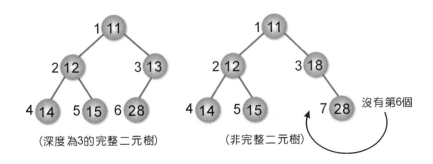

（深度為3的完整二元樹）　（非完整二元樹）　沒有第6個

對於完整二元樹而言，假設有 N 個節點，那麼此二元樹的階層（Level）h 為 $\lfloor \log_2(N+1) \rfloor$。

❶ 歪斜樹（Skewed Binary Tree）

當一個二元樹完全沒有右節點或左節點時，我們就把它稱為左歪斜樹或右歪斜樹。

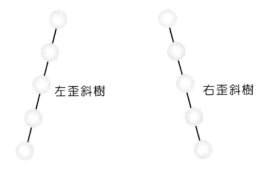

左歪斜樹　右歪斜樹

❶ 嚴格二元樹（strictly binary tree）

如果二元樹的每個非終端節點均有非空的左
右子樹，如右圖所示：

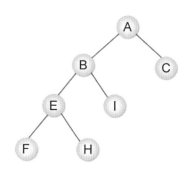

6-3　二元樹儲存方式

二元樹的儲存方式有許多方式，一般在資料結構的領域中，我們習慣用鏈結串列來表示二元樹組織，在刪除或增加節點時，這將會帶來許多方便與彈性。當然也可以使用一維陣列這樣的連續記憶體來表示二元樹，不過在對樹中的中間節點做插入與刪除時，可能要大量移動來反應節點的變動。以下我們將分別來介紹陣列及鏈結串列這兩種儲存方法。

6-3-1　一維陣列表示法

使用循序的一維陣列來表示二元樹，首先可將此二元樹假想成一個完滿二元樹（Full Binary Tree），而且第 k 個階度具有 2^{k-1} 個節點，並且依序存放在此一維陣列中。首先來看看使用一維陣列建立二元樹的表示方法及索引值的配置：

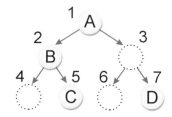

索引值	1	2	3	4	5	6	7
內容值	A	B			C		D

從上圖中，我們可以看到此一維陣列中的索引值有以下關係：

① 左子樹索引值是父節點索引值 *2。
② 右子樹索引值是父節點索引值 *2+1。

接著就來看如何以一維陣列建立二元樹的實例，事實上就是建立一個二元搜尋樹，這是一種很好的排序應用模式，因為在建立二元樹的同時，資料已經經過初步的比較判斷，並依照二元樹的建立規則來存放資料。所謂二元搜尋樹具有以下特點：

① 可以是空集合，但若不是空集合則節點上一定要有一個鍵值。
② 每一個樹根的值需大於左子樹的值。
③ 每一個樹根的值需小於右子樹的值。
④ 左右子樹也是二元搜尋樹。
⑤ 樹的每個節點值都不相同。

現在我們示範將一組資料 32、25、16、35、27，建立一棵二元搜尋樹，：

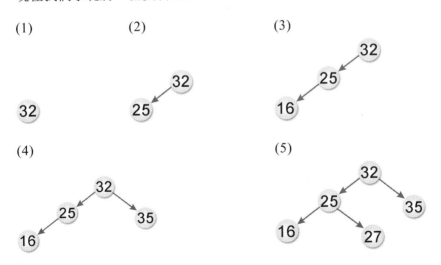

範例 **6.3.1** 請設計一程式，依序輸入一棵二元樹節點的資料，分別是 6、3、5、9、7、8、4、2，並建立一棵二元搜尋樹，最後輸出此儲存此二元樹的一維陣列。

程式碼：**array_tree.js**

```
01   length=8;
02   data=[6,3,5,9,7,8,4,2];//原始陣列
03   btree=[]; //存放二元樹陣列
04   for (i = 0; i < 16; i++) btree[i] = 0;
05       process.stdout.write("原始陣列內容：\n");
06   for (i = 0; i < length; i++)
07       process.stdout.write("[" + data[i] + "] ");
08       process.stdout.write('\n');
09       for (i = 0; i < length; i++)  //把原始陣列中的值逐一比對
10       {
11           for (level = 1; btree[level] != 0;)  //比較樹根及陣列內的值
12           {
13               if (data[i] > btree[level])//如果陣列內的值大於樹根，則往右子樹比較
14                   level = level * 2 + 1;
15               else  //如果陣列內的值小於或等於樹根，則往左子樹比較
16                   level = level * 2;
17           }           //如果子樹節點的值不為0，則再與陣列內的值比較一次
18           btree[level] = data[i];   //把陣列值放入二元樹
19       }
20   process.stdout.write("二元樹內容：\n");
21   for (i = 1; i < 16; i++)
22       process.stdout.write("[" + btree[i] + "] ");
23   process.stdout.write('\n');
```

【執行結果】

```
D:\sample>node ex06/array_tree.js
原始陣列內容：
[6] [3] [5] [9] [7] [8] [4] [2]
二元樹內容：
[6] [3] [9] [2] [5] [7] [0] [0] [0] [4] [0] [0] [8] [0] [0]

D:\sample>
```

下圖是此陣列值在二元樹中的存放情形：

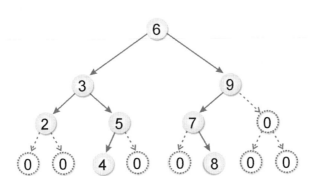

6-3-2　鏈結串列表示法

　　所謂鏈結串列表示法，就是利用鏈結串列來儲存二元樹。基本上，使用鏈結串列來表示二元樹的好處是對於節點的增加與刪除相當容易，缺點是很難找到父節點，除非在每一節點多增加一個父欄位。以上述宣告而言，此節點所存放的資料型態為整數。可寫成如下的宣告：

```
class tree {
    constructor() {
        this.data=0;
        this.left=null;
        this.right=null;
        }
}
```

例如下圖所示：

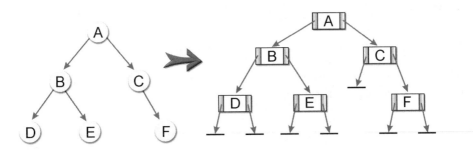

以串列方式建立二元樹的演算法如下：

```
var create_tree=(root,val)=> {    //建立二元樹函數
    newnode=new tree();
    newnode.data=val;
    newnode.left=null;
    newnode.right=null;
    if (root==null) {
        root=newnode;
        return root;
    }
    else {
        current=root;
        while (current!=null) {
            backup=current;
            if (current.data > val)
                current=current.left;
            else
                current=current.right;
        }
        if (backup.data >val)
            backup.left=newnode;
        else
            backup.right=newnode;
    }
    return root;
}
```

範例 6.3.2 請設計一程式，依序輸入一棵二元樹節點的資料，分別是 5,6,24, 8,12,3,17,1,9，利用鏈結串列來建立二元樹，最後並輸出其左子樹與右子樹。

程式碼：list_tree.js

```
01  class tree {
02      constructor() {
03          this.data=0;
04          this.left=null;
05          this.right=null;
06      }
07  }
08  var create_tree=(root,val)=> {    //建立二元樹函數
```

```
09      newnode=new tree();
10      newnode.data=val;
11      newnode.left=null;
12      newnode.right=null;
13      if (root==null) {
14          root=newnode;
15          return root;
16      }
17      else {
18          current=root;
19          while (current!=null) {
20              backup=current;
21              if (current.data > val)
22                  current=current.left;
23              else
24                  current=current.right;
25          }
26          if (backup.data >val)
27              backup.left=newnode;
28          else
29              backup.right=newnode;
30      }
31      return root;
32  }
33  data=[5,6,24,8,12,3,17,1,9];
34  ptr=null;
35  root=null;
36  for (i=0; i<9; i++)
37      ptr=create_tree(ptr,data[i]); //建立二元樹
38  process.stdout.write('左子樹:\n');
39  root=ptr.left;
40  while (root!=null) {
41      process.stdout.write(root.data+'\n');
42      root=root.left;
43  }
44  process.stdout.write('-------------------------------\n')
45  process.stdout.write('右子樹:\n')
46  root=ptr.right;
47  while (root!=null) {
48      process.stdout.write(root.data+'\n');
49      root=root.right;
50  }
51  process.stdout.write('\n');
```

【執行結果】

```
D:\sample>node ex06/list_tree.js
左子樹:
3
1
-----------------------------
右子樹:
6
24

D:\sample>
```

6-4 二元樹走訪

我們知道線性陣列或鏈結串列，都只能單向從頭至尾或反向走訪。所謂二元樹的走訪（Binary Tree Traversal），最簡單的說法就是「拜訪樹中所有的節點各一次」，並且在走訪後，將樹中的資料轉化為線性關係。就以右圖一個簡單的二元樹節點而言，每個節點都可區分為左右兩個分支。

所以共可以有 ABC、ACB、BAC、BCA、CAB、CBA 等 6 種走訪方法。如果是依照二元樹特性，一律由左向右，那會只剩下三種走訪方式，分別是 BAC、ABC、BCA 三種。我們通常把這三種方式的命名與規則如下：

① 中序走訪（BAC, Inorder）：左子樹→樹根→右子樹。
② 前序走訪（ABC, Preorder）：樹根→左子樹→右子樹。
③ 後序走訪（BCA, Postorder）：左子樹→右子樹→樹根。

對於這三種走訪方式，各位讀者只需要記得樹根的位置就不會前中後序給搞混。例如中序法即樹根在中間，前序法是樹根在前面，後序法則是樹根在後面。而走訪方式也一定是先左子樹後右子樹。以下針對這三種方式，為各位做更詳盡的介紹。

6-4-1　中序走訪

中序走訪（Inorder Traversal）也就是從樹的左側逐步向下方移動，直到無法移動，再追蹤此節點，並向右移動一節點。如果無法再向右移動時，可以返回上層的父節點，並重複左、中、右的步驟進行。如下所示：

① 走訪左子樹。

② 拜訪樹根。

③ 走訪右子樹。

如下圖的中序走訪為：FDHGIBEAC

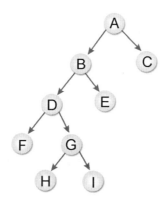

中序走訪的遞迴演算法如下：

```
var inorder=(ptr)=> {          //中序走訪副程式
    if (ptr!=null) {
        inorder(ptr.left);
        process.stdout.write('['+ptr.data+'] ');
        inorder(ptr.right);
    }
}
```

6-4-2　後序走訪

後序走訪（Postorder Traversal）的順序是先追蹤左子樹，再追蹤右子樹，最後處理根節點，反覆執行此步驟。如下所示：

① 走訪左子樹。

② 走訪右子樹。

③ 拜訪樹根。

如下圖的後序走訪為：FHIGDEBCA

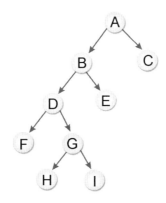

後序走訪的遞迴演算法如下：

```
var postorder =(ptr)=> {          //後序走訪
    if (ptr!=null) {
        postorder(ptr.left);
        postorder(ptr.right);
        process.stdout.write('['+ptr.data+'] ');
    }
}
```

6-4-3 前序走訪

前序走訪（Preorder Traversal）是從根節點走訪，再往左方移動，當無法繼續時，繼續向右方移動，接著再重複執行此步驟。如下所示：

① 拜訪樹根。

② 走訪左子樹。

③ 走訪右子樹。

如下圖的前序走訪為：ABDFGHIEC

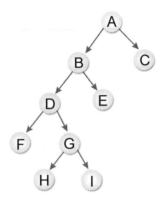

前序走訪的遞迴演算法如下：

```
var preorder =(ptr)=> {        //前序走訪
    if (ptr!=null) {
        process.stdout.write('['+ptr.data+'] ');
        preorder (ptr.left);
        preorder (ptr.right);
    }
}
```

範例 **6.4.1** 請問以下二元樹的中序、前序及後序表示法為何？

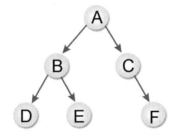

解答 ① 中序走訪為：DBEACF

② 前序走訪為：ABDECF

③ 後序走訪為：DEBFCA

範例 6.4.2 請問下列二元樹的中序、前序及後序走訪的結果為何？

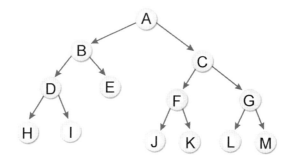

解答 ① 前序：ABDHIECFJKGLM

② 中序：HDIBEAJFKCLGM

③ 後序：HIDEBJKFLMGCA

範例 6.4.3 請設計一程式，依序輸入一棵二元樹節點的資料，分別是 5,6,24,8,12,3,17,1,9，利用鏈結串列來建立二元樹，最後並進行中序走訪，各位會發現可以輕鬆完成由小到大的排序。

程式碼：inorder.js

```
01  class tree {
02      constructor() {
03          this.data=0;
04          this.left=null;
05          this.right=null;
06      }
07  }
08
09  var inorder=(ptr)=> {              //中序走訪副程式
10      if (ptr!=null) {
11          inorder(ptr.left);
12          process.stdout.write('['+ptr.data+'] ');
13          inorder(ptr.right);
14      }
15  }
16
17  var create_tree=(root,val)=> {    //建立二元樹函數
18      newnode=new tree();
```

```
19      newnode.data=val;
20      newnode.left=null;
21      newnode.right=null;
22      if (root==null) {
23          root=newnode;
24          return root;
25      }
26      else {
27          current=root;
28          while (current!=null) {
29              backup=current;
30              if (current.data > val)
31                  current=current.left;
32              else
33                  current=current.right;
34          }
35          if (backup.data >val)
36              backup.left=newnode;
37          else
38              backup.right=newnode;
39      }
40      return root;
41  }
42
43  //主程式
44  data=[5,6,24,8,12,3,17,1,9];
45  ptr=null;
46  root=null;
47  for (i=0; i<9; i++)
48      ptr=create_tree(ptr,data[i]);    //建立二元樹
49  process.stdout.write('===================\n');
50  process.stdout.write('排序完成結果：\n');
51  inorder(ptr);    //中序走訪
52  process.stdout.write('\n');
```

【執行結果】

```
D:\sample>node ex06/inorder.js
===================
排序完成結果：
[1] [3] [5] [6] [8] [9] [12] [17] [24]

D:\sample>_
```

範例 **6.4.4** 請依序輸入一棵二元樹節點的資料，分別是 7,4,1,5,16,8,11,12,
15,9,2，首先請手繪出此二元樹，並設計一程式，輸出此二元樹的中序、
前序與後序的走訪結果。

程式碼：**threeway.js**

```
01  class tree {
02      constructor() {
03          this.data=0;
04          this.left=null;
05          this.right=null;
06      }
07  }
08
09  var inorder=(ptr)=> {              //中序走訪副程式
10      if (ptr!=null) {
11          inorder(ptr.left);
12          process.stdout.write('['+ptr.data+'] ');
13          inorder(ptr.right);
14      }
15  }
16
17  var postorder =(ptr)=> {          //後序走訪
18      if (ptr!=null) {
19          postorder(ptr.left);
20          postorder(ptr.right);
21          process.stdout.write('['+ptr.data+'] ');
22      }
23  }
24
25  var preorder =(ptr)=> {           //前序走訪
26      if (ptr!=null) {
27          process.stdout.write('['+ptr.data+'] ');
28          preorder (ptr.left);
29          preorder (ptr.right);
30      }
31  }
32
33  var create_tree=(root,val)=> {    //建立二元樹函數
34      newnode=new tree();
35      newnode.data=val;
36      newnode.left=null;
```

```
37      newnode.right=null;
38      if (root==null) {
39          root=newnode;
40          return root;
41      }
42      else {
43          current=root;
44          while (current!=null) {
45              backup=current;
46              if (current.data > val)
47                  current=current.left;
48              else
49                  current=current.right;
50          }
51          if (backup.data >val)
52              backup.left=newnode;
53          else
54              backup.right=newnode;
55      }
56      return root;
57  }
58
59  //主程式
60  data=[7,4,1,5,16,8,11,12,15,9,2];
61  ptr=null;
62  root=null;
63  for (i=0;i<11;i++)
64      ptr=create_tree(ptr,data[i]);          //建立二元樹
65  process.stdout.write('==================================================\n');
66  process.stdout.write('中序式走訪結果：\n');
67  inorder(ptr);    //中序走訪
68  process.stdout.write('\n');
69  process.stdout.write('==================================================\n');
70  process.stdout.write('後序式走訪結果：\n');
71  postorder(ptr);    //後序走訪
72  process.stdout.write('\n');
73  process.stdout.write('==================================================\n');
74  process.stdout.write('前序式走訪結果：\n');
75  preorder(ptr);    //前序走訪
76  process.stdout.write('\n');
```

【執行結果】

```
D:\sample>node ex06/threeway.js
中序式走訪結果:
[1] [2] [4] [5] [7] [8] [9] [11] [12] [15] [16]
後序式走訪結果:
[2] [1] [5] [4] [9] [15] [12] [11] [8] [16] [7]
前序式走訪結果:
[7] [4] [1] [2] [5] [16] [8] [11] [9] [12] [15]

D:\sample>_
```

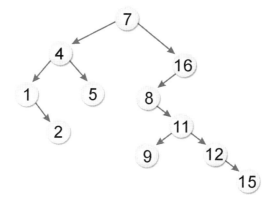

6-4-4 節點的插入與刪除

在還未談到二元樹節點的插入與刪除之前,我們先來討論如何在所建立的二元樹中搜尋單一節點資料。基本上,二元樹在建立的過程中,是依據左子樹 < 樹根 < 右子樹的原則建立,因此只需從樹根出發比較鍵值,如果比樹根大就往右,否則往左而下,直到相等就可找到打算搜尋的值,如果比到 null,無法再前進就代表搜尋不到此值。

二元樹搜尋的演算法：

```
var search=(ptr,val)=> {            //搜尋二元樹副程式
    i=1;
    while (true) {
        if (ptr==null)              //沒找到就傳回null
            return null;
        if (ptr.data==val) {        //節點值等於搜尋值
            process.stdout.write('共搜尋 '+i+' 次'+'\n');
            return ptr;
        }
        else if (ptr.data > val)    //節點值大於搜尋值
            ptr=ptr.left;
        else
            ptr=ptr.right;
        i+=1;
    }
}
```

範例 **6.4.5** 請實作一個二元樹的搜尋程式，首先建立一個二元搜尋樹，並輸入要尋找的值。如果節點中有相等的值，會顯示出進行搜尋的次數。如果找不到這個值，也會顯示訊息，二元樹的節點資料依序為 7,1,4,2,8,13,12,11,15,9,5。

程式碼：binary_search.js

```
01  class tree {
02      constructor() {
03          this.data=0;
04          this.left=null;
05          this.right=null;
06      }
07  }
08
09  var create_tree=(root,val)=> {    //建立二元樹函數
10      newnode=new tree();
11      newnode.data=val;
12      newnode.left=null;
13      newnode.right=null;
14      if (root==null) {
```

```
15          root=newnode;
16          return root;
17       }
18       else {
19          current=root;
20          while (current!=null) {
21              backup=current;
22              if (current.data > val)
23                  current=current.left;
24              else
25                  current=current.right;
26          }
27          if (backup.data >val)
28              backup.left=newnode;
29          else
30              backup.right=newnode;
31       }
32       return root;
33   }
34
35   var search=(ptr,val)=> {        //搜尋二元樹副程式
36       i=1;
37       while (true) {
38          if (ptr==null)    //沒找到就傳回null
39              return null;
40          if (ptr.data==val) {        //節點值等於搜尋值
41              process.stdout.write('共搜尋 '+i+' 次'+'\n');
42              return ptr;
43          }
44          else if (ptr.data > val)    //節點值大於搜尋值
45              ptr=ptr.left;
46          else
47              ptr=ptr.right;
48          i+=1;
49       }
50   }
51
52   //主程式
53   arr=[7,1,4,2,8,13,12,11,15,9,5];
54   ptr=null;
55   process.stdout.write('[原始陣列內容]\n')
56   for (i=0; i<11; i++) {
```

```
57      ptr=create_tree(ptr,arr[i]);    //建立二元樹
58      process.stdout.write('['+arr[i]+'] ');
59  }
60  process.stdout.write('\n');
61  const prompt = require('prompt-sync')();
62  const data = parseInt(prompt('請輸入搜尋值：'));
63  if (search(ptr,data) !=null)    //搜尋二元樹
64      process.stdout.write('你要找的值 ['+data+'] 有找到!!\n');
65  else
66      process.stdout.write('您要找的值沒找到!!\n');
```

【執行結果】

```
D:\sample>node ex06/binary_search.js
[原始陣列內容]
[7] [1] [4] [2] [8] [13] [12] [11] [15] [9] [5]
請輸入搜尋值：11
共搜尋 5 次
你要找的值 [11] 有找到!!

D:\sample>
```

● 二元樹節點的插入

談到二元樹節點插入的情況和搜尋相似，重點是插入後仍要保持二元搜尋樹的特性。如果插入的節點在二元樹中就沒有插入的必要，而搜尋失敗的狀況，就是準備插入的位置。如下所示：

```
if (search (ptr,data) !=null)    //搜尋二元樹
    process.stdout.write ('二元樹中有此節點了!\n')
else {
    ptr=create_tree (ptr,data);
    inorder (ptr);
}
```

範例 **6.4.6** 請實作一個二元樹的搜尋程式，首先建立一個二元搜尋樹，二元
樹的節點資料依序為 7,1,4,2,8,13,12,11,15,9,5，請輸入一鍵值，如不在此
二元樹中，則將其加入此二元樹。

程式碼：**add_search.js**

```
01   class tree {
02       constructor() {
03           this.data=0;
04           this.left=null;
05           this.right=null;
06       }
07   }
08
09   var create_tree=(root,val)=> {      //建立二元樹函數
10       newnode=new tree();
11       newnode.data=val;
12       newnode.left=null;
13       newnode.right=null;
14       if (root==null) {
15           root=newnode;
16           return root;
17       }
18       else {
19           current=root;
20           while (current!=null) {
21               backup=current;
22               if (current.data > val)
23                   current=current.left;
24               else
25                   current=current.right;
26           }
27           if (backup.data >val)
28               backup.left=newnode;
29           else
30               backup.right=newnode;
31       }
32       return root;
33   }
34
35   var search=(ptr,val)=> {                //搜尋二元樹副程式
36       while (true) {
37           if (ptr==null)                 //沒找到就傳回null
38               return null;
39           if (ptr.data==val)             //節點值等於搜尋值
```

```
40              return ptr;
41          else if (ptr.data > val)   //節點值大於搜尋值
42              ptr=ptr.left;
43          else
44              ptr=ptr.right;
45      }
46  }
47  var inorder=(ptr)=> {                 //中序走訪副程式
48      if (ptr!=null) {
49          inorder(ptr.left);
50          process.stdout.write('['+ptr.data+'] ');
51          inorder(ptr.right);
52      }
53  }
54
55  //主程式
56  arr=[7,1,4,2,8,13,12,11,15,9,5];
57  ptr=null;
58  process.stdout.write('[原始陣列內容]\n');
59
60  for (i=0; i<11; i++) {
61      ptr=create_tree(ptr,arr[i]);   //建立二元樹
62      process.stdout.write('['+arr[i]+'] ');
63  }
64  process.stdout.write('\n');
65  const prompt = require('prompt-sync')();
66  const data = parseInt(prompt('請輸入搜尋鍵值：'));
67  if (search(ptr,data)!=null)          //搜尋二元樹
68      process.stdout.write('二元樹中有此節點了!\n')
69  else {
70      ptr=create_tree(ptr,data);
71      inorder(ptr);
72  }
```

【執行結果】

```
D:\sample>node ex06/add_search.js
[原始陣列內容]
[7] [1] [4] [2] [8] [13] [12] [11] [15] [9] [5]
請輸入搜尋鍵值：12
二元樹中有此節點了!

D:\sample>_
```

● 二元樹節點的刪除

二元樹節點的刪除則稍為複雜，可分為以下三種狀況：

1. 刪除的節點為樹葉：只要將其相連的父節點指向 null 即可。

2. 刪除的節點只有一棵子樹：如下圖刪除節點 1，就將其右指標欄放到其父節點的左指標欄。

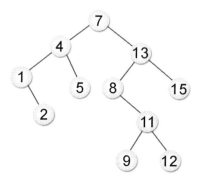

3. 刪除的節點有兩棵子樹：如下圖刪除節點 4，方式有兩種，雖然結果不同，但都可符合二元樹特性：

   (1) 找出中序立即前行者（inorder immediate successor），即是將欲刪除節點的左子樹最大者向上提，在此即為節點 2，簡單來說，就是在該節點的左子樹，往右尋找，直到右指標為 null，這個節點就是中序立即前行者。

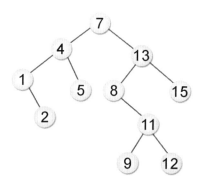

(2) 找出中序立即後繼者（inorder immediate successor），即是將欲刪除節點的右子樹最小者向上提，在此即為節點 5，簡單來說，就是在該節點的右子樹，往左尋找，直到左指標為 null，這個節點就是中序立即後繼者。

範例 **6.4.7** 請將 32、24、57、28、10、43、72、62，依中序方式存入可放 10 個節點（node）之陣列內，試繪圖與說明節點在陣列中相關位置？如果插入資料為 30，試繪圖及寫出其相關動作與位置變化？接著如再刪除的資料為 32，試繪圖及寫出其相關動作與位置變化。

解答

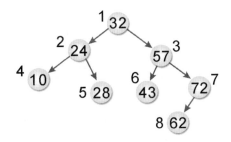

root=1	left	data	right
1	2	32	3
2	4	24	5
3	6	57	7
4	0	10	0
5	0	28	0
6	0	43	0
7	8	72	0
8	0	62	0
9			
10			

插入資料為 30：

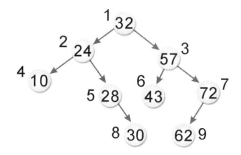

root=1	left	data	right
1	2	32	3
2	4	24	5
3	6	57	7
4	0	10	0
5	0	28	8
6	0	43	0
7	9	72	0
8	0	30	0
9	0	62	0
10			

刪除的資料為 32：

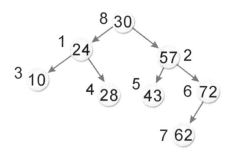

root=8	left	data	right
1	3	24	4
2	5	57	6
3	0	10	0
4	0	28	0
5	0	43	0
6	7	72	0
7	0	62	0
8	1	30	2
9			
10			

6-4-5　二元運算樹

　　二元樹的應用實際上是相當廣泛，例如之前所提過的運算式間的轉換。我們可以把中序運算式依優先權的順序，建成一棵二元運算樹（Binary Expression Tree）。之後再依二元樹的特性進行前、中、後序的走訪，即可得到前中後序運算式。建立的方法可根據以下二種規則：

① 考慮算術式中運算子的結合性與優先權，再適當地加上括號，其中樹葉一定是運算元，內部節點一定是運算子。

② 再由最內層的括號逐步向外，利用運算子當樹根，左邊運算元當左子樹，右邊運算元當右子樹，其中優先權最低的運算子做為此二元運算樹的樹根。

　　現在我們嘗試來練習將 A-B*(-C+-3.5) 運算式，轉為二元運算樹，並求出此算術式的前序（prefix）與後序（postfix）表示法。

→ A-B*(-C+-3.5)

→（A-(B*((-C)+(-3.5)))）

→

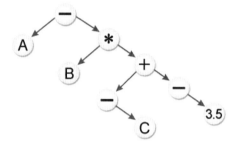

接著將二元運算樹進行前序與後序走訪，即可得此算術式的前序法與後序法，如下所示：

前序表示法：-A*B+-C-3.5

後序表示法：ABC-3.5-+*-

範例 6.4.8 請畫出下列算術式的二元運算樹：

(a+b)*d+e/(f+a*d)+c

解答

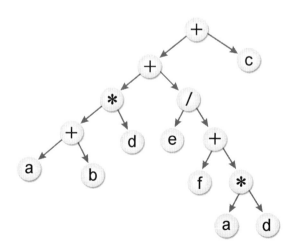

6-5 引線二元樹

相對於樹而言，一個二元樹的儲存方式，可將 LINK 欄的浪費從 2/3 降為 1/2，不過對於一個 n 節點的二元樹，實際上用來指向左右兩節點的指標只有 n-1 個鏈結，另外的 n+1 個指標都是空鏈結。

「引線二元樹」(Threaded Binary Tree) 就是把這些空的鏈結加以利用，再指到樹的其他節點，而這些鏈結就稱為「引線」(thread)，而這棵樹就稱為引線二元樹 (Threaded Binary Tree)。最明顯的好處是在進行中序走訪時，不需要使用遞迴式與堆疊，直接利用各節點的指標即可。

6-5-1 二元樹轉為引線二元樹

在引線二元樹中，與二元樹最大不同之處，為了分辨左右子樹欄位是引線或正常的鏈結指標，我們必須於節點結構中，再加上兩個欄位 LBIT 與 RBIT 來加以區別，而在所繪圖中，引線則使用虛線表示，有別於一般的指標。至於如何將二元樹轉變為引線二元樹呢？步驟如下：

① 先將二元樹經由中序走訪方式依序排出，並將所有空鏈結改成引線。

② 如果引線鏈結是指向該節點的左鏈結，則將該引線指到中序走訪順序下前一個節點。

③ 如果引線鏈結是指向該節點的右鏈結，則將該引線指到中序走訪順序下的後一個節點。

④ 指向一個空節點，並將此空節點的右鏈結指向自己，而空節點的左子樹是此引線二元樹。

引線二元樹的基本結構如下：

LBIT	LCHILD	DATA	RCHILD	RBIT

LBIT：左控制位元

LCHILD：左子樹鏈結

DATA：節點資料

RCHILD：右子樹鏈結

RBIT：右控制位元

和鏈結串列所建立的二元樹不同是在於，為了區別正常指標或引線而加入的兩個欄位：LBIT 及 RBIT。

如果 LCHILD 為正常指標，則 LBIT=1

如果 LCHILD 為引線，則 LBIT=0

如果 RCHILD 為正常指標，則 RBIT=1

如果 RCHILD 為引線，則 RBIT=0

接著我們來練習如何將下圖二元樹轉為引線二元樹：

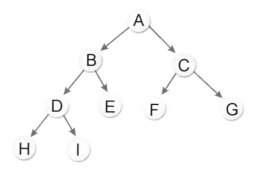

步驟 1 以中序追蹤二元樹：HDIBEAFCG

步驟 2 找出相對應的引線二元樹，並按照 HDIBEAFCG 順序求得下圖：

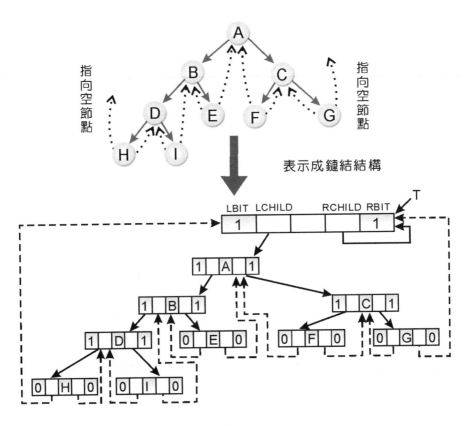

表示成鏈結結構

以下為各位整理出使用引線二元樹的優缺點：

優點：

① 在二元樹做中序走訪時，不需要使用堆疊處理，但一般二元樹卻需要。

② 由於充份使用空鏈結，所以避免了鏈結閒置浪費的情形。另外中序走訪時的速度也較快，節省不少時間。

③ 任一個節點都容易找出它的中序後繼者與中序前行者，在中序走訪時可以不需使用堆疊或遞迴。

缺點：

① 在加入或刪除節點時的速度較一般二元樹慢。

② 引線子樹間不能共享。

範例 **6.5.1** 請試繪出對應於下圖的引線二元樹。

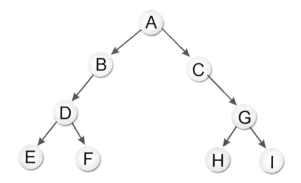

解答 由於中序走訪結果為 EDFBACHGI，相對應的二元樹如下所示：

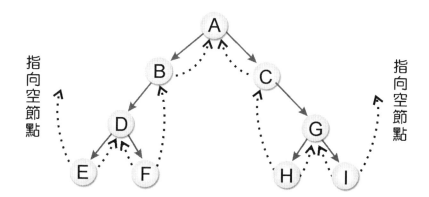

範例 **6.5.2** 試設計一程式，利用引線二元樹來建立追某兩個陣列，並以中序
追蹤輸出由小到大的排序結果。

程式碼：**thread.js**

```
01   class Node {
02       constructor() {
03           this.value=0;
04           this.left_Thread=0;
05           this.right_Thread=0;
06           this.left_Node=null;
07           this.right_Node=null;
08       }
09   }
10   rootNode=new Node();
11   rootNode=null;
12
13   //將指定的值加入到二元引線樹
14   var Add_Node_To_Tree=(value)=> {
15       let newnode=new Node();
16       newnode.value=value;
17       newnode.left_Thread=0;
18       newnode.right_Thread=0;
19       newnode.left_Node=null;
20       newnode.right_Node=null;
21       let previous=new Node();
22       previous.value=value;
23       previous.left_Thread=0;
24       previous.right_Thread=0;
25       previous.left_Node=null;
26       previous.right_Node=null;
27       //設定引線二元樹的開頭節點
28       if (rootNode==null) {
29           rootNode=newnode;
30           rootNode.left_Node=rootNode;
31           rootNode.right_Node=null;
32           rootNode.left_Thread=0;
33           rootNode.right_Thread=1;
34           return;
35       }
36       //設定開頭節點所指的節點
37       let current=rootNode.right_Node;
```

```
38        if (current==null) {
39            rootNode.right_Node=newnode;
40            newnode.left_Node=rootNode;
41            newnode.right_Node=rootNode;
42            return;
43        }
44        let parent=rootNode; //父節點是開頭節點
45        pos=0; //設定二元樹中的行進方向
46        while (current!=null) {
47            if (current.value>value) {
48                if (pos!=-1) {
49                    pos=-1;
50                    previous=parent;
51                }
52                parent=current;
53                if (current.left_Thread==1)
54                    current=current.left_Node;
55                else
56                    current=null;
57            }
58            else {
59                if (pos!=1) {
60                    pos=1;
61                    previous=parent;
62                }
63                parent=current;
64                if (current.right_Thread==1)
65                    current=current.right_Node;
66                else
67                    current=null;
68            }
69        }
70        if (parent.value>value) {
71            parent.left_Thread=1;
72            parent.left_Node=newnode;
73            newnode.left_Node=previous;
74            newnode.right_Node=parent;
75        }
76        else {
77            parent.right_Thread=1;
78            parent.right_Node=newnode;
79            newnode.left_Node=parent;
```

```
80            newnode.right_Node=previous;
81       }
82       return
83   }
84
85   //引線二元樹中序走訪
86   var trace=()=>{
87       let tempNode=rootNode;
88       while (true) {
89           if (tempNode.right_Thread==0)
90               tempNode=tempNode.right_Node;
91           else {
92               tempNode=tempNode.right_Node;
93               while (tempNode.left_Thread!=0)
94                   tempNode=tempNode.left_Node;
95           }
96           if (tempNode!=rootNode)
97               process.stdout.write('['+tempNode.value+']\n');
98           if (tempNode==rootNode)
99               break;
100      }
101  }
102
103
104  //主程式
105  i=0;
106  array_size=11;
107  process.stdout.write('引線二元樹經建立後,以中序追蹤能有排序的效果\n');
108  process.stdout.write('第一個數字為引線二元樹的開頭節點,不列入排序\n');
109  data1=[0,10,20,30,100,399,453,43,237,373,655];
110  for(i=0; i<array_size; i++)
111      Add_Node_To_Tree(data1[i]);
112  process.stdout.write('=================================\n');
113  process.stdout.write('範例 1 \n');
114  process.stdout.write('數字由小到大的排序順序結果為: \n');
115  trace();
116
117  data2=[0,101,118,87,12,765,65];
118  rootNode=null//將引線二元樹的樹根歸零
119  array_size=7//第2個範例的陣列長度為7
120  for(i=0; i<array_size; i++)
121      Add_Node_To_Tree(data2[i]);
```

```
122 process.stdout.write('====================================\n');
123 process.stdout.write('範例 2 \n');
124 process.stdout.write('數字由小到大的排序順序結果為: \n');
125 trace();
```

【執行結果】

```
D:\sample>node ex06/thread.js
引線二元樹經建立後,以中序追蹤能有排序的效果
第一個數字為引線二元樹的開頭節點,不列入排序

範例 1
數字由小到大的排序順序結果為:
[10]
[20]
[30]
[43]
[100]
[237]
[373]
[399]
[453]
[655]

範例 2
數字由小到大的排序順序結果為:
[12]
[65]
[87]
[101]
[118]
[765]

D:\sample>_
```

6-6 樹的二元樹表示法

在前面小節介紹了許多關於二元樹的操作,然而二元樹只是樹狀結構的特例,廣義的樹狀結構其父節點可擁有多個子節點,我們姑且將這樣的樹稱為多元樹。由於二元樹的鏈結浪費率最低,因此如果把樹轉換為二元樹來操作,就會增加許多操作上的便利。步驟相當簡單,請看以下的說明。

6-6-1　樹化為二元樹

對於將一般樹狀結構轉化為二元樹，使用的方法稱為「CHILD-SIBLING」（leftmost-child-next-right-sibling）法則。以下是其執行步驟：

① 將節點的所有兄弟節點，用平行線連接起來。

② 刪掉所有與子點間的鏈結，只保留與最左子點的鏈結。

③ 順時針轉 45˚。

請各位讀者依照以下的範例實作一次，就可以有更清楚的認識。

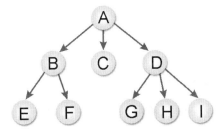

步驟1 將樹的各階層兄弟用平行線連接起來。

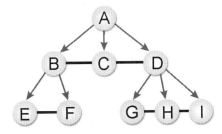

步驟2 刪掉所有子節點間的連結，只留最左邊的父子節點。

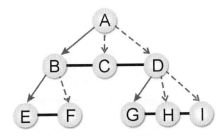

步驟 3 順時鐘轉 45 度。

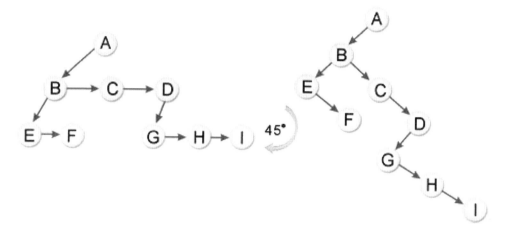

6-6-2 二元樹轉換成樹

既然樹可化為二元樹，當然也可以將二元樹轉換成樹。如下圖所示：

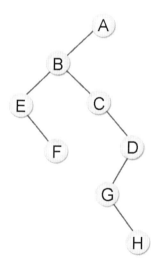

這就是樹化為二元樹的反向步驟,方法也很簡單。首先是逆時針旋轉 45度,如下圖所示:

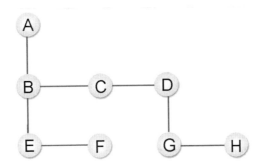

另外由於 (ABE)(DG) 左子樹代表父子關係,而 (BCD)(EF)(GH) 右子樹代表兄弟關係:

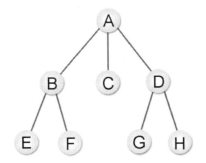

6-6-3　樹林化為二元樹

除了一棵樹可以轉化為二元樹外,其實好幾棵樹所形成的樹林也可以轉化成二元樹,步驟也很類似,如下所示:

① 由左至右將每棵樹的樹根（root）連接起來。
② 仍然利用樹化為二元樹的方法操作。

接著我們以下圖樹林為範例為各位解說：

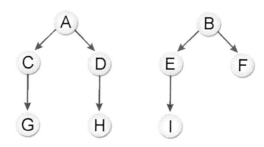

步驟 1　將各樹的樹根由左至右連接。

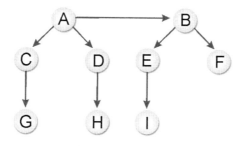

步驟 2　利用樹化為二元樹的原則。

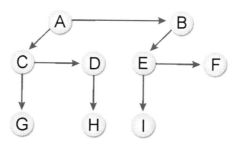

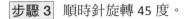

步驟 3 順時針旋轉 45 度。

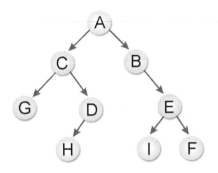

6-6-4 二元樹轉換成樹林

二元樹轉換成樹林的方法，則是依照樹林轉化為二元樹的方法倒推回去，例如下圖二元樹：

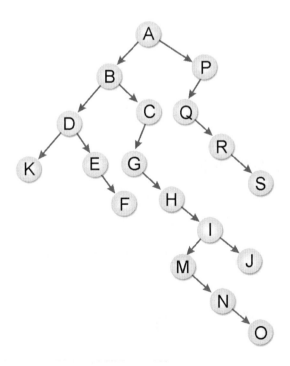

首先請各位把原圖逆時針旋轉 45 度。

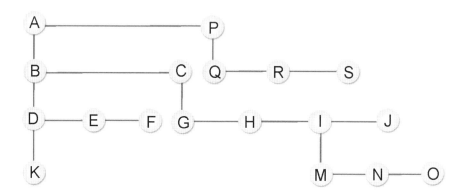

再依照左子樹為父子關係，右子樹為兄弟關係的原則。逐步劃分：

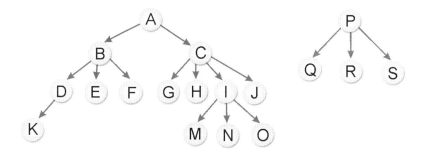

6-6-5 樹與樹林的走訪

除了二元樹的走訪可以有中序走訪、前序走訪與後序走訪三種方式外，樹與樹林的走訪也是這三種。但方法略有差異，以下我們將提出範例為您說明：

假設樹根為 R，且此樹有 n 個節點，並可分成如下圖的 m 個子樹：分別是 $T_1, T_2, T_3 \ldots T_m$：

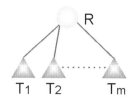

而三種走訪方式的步驟如下：

- 中序走訪（Inorder traversal）

　① 以中序法走訪 T_1。

　② 拜訪樹根 R。

　③ 再以中序法追蹤 $T_2, T_3, \ldots T_m$。

- 前序走訪（Preorder traversal）

　① 拜訪樹根 R。

　② 再以前序法依次拜訪 $T_1, T_2, T_3, \ldots T_m$。

- 後序走訪（Postorder traversal）

　① 以後序法依次拜訪 $T_1, T_2, T_3, \ldots T_m$。

　② 拜訪樹根 R。

至於樹林的走訪方式則由樹的走訪衍生過來，步驟如下：

- 中序走訪（Inorder traversal）

　① 如果樹林為空，則直接返回。

　② 以中序走訪第一棵樹的子樹群。

　③ 中序走訪樹林中第一棵樹的樹根。

　④ 依中序法走訪樹林中其他的樹。

- 前序走訪（Preorder traversal）

　① 如果樹林為空，則直接返回。

　② 走訪樹林中第一棵樹的樹根。

　③ 以前序走訪第一棵樹的子樹群。

　④ 以前序法走訪樹林中其他的樹。

- 後序走訪（Postorder traversal）

① 如果樹林為空，則直接返回。

② 以後序走訪第一棵樹的子樹。

③ 以後序法走訪樹林中其他的樹。

④ 走訪樹林中第一棵樹的樹根。

範例 6.6.1 將下列樹林轉換成二元樹，並分別求出轉換前樹林與轉換後二元樹的中序、前序與後序走訪結果。

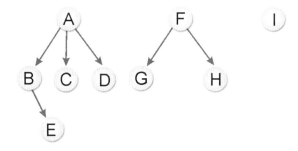

解答

步驟 1

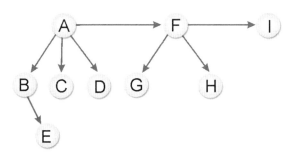

步驟 2

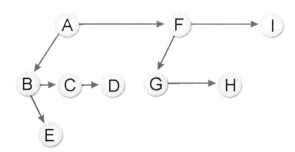

步驟 3

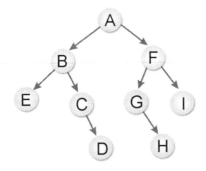

- 樹林走訪

  ① 中序走訪：EBCDAGHFI

  ② 前序走訪：ABECDFGHI

  ③ 後序走訪：EBCDGHIFA

- 二元樹走訪

  ① 中序走訪：EBCDAGHFI

  ② 前序走訪：ABECDFGHI

  ③ 後序走訪：EDCBHGIFA

  （請注意！轉換前後的後序走訪結果不同）

6-6-6 決定唯一二元樹

在二元樹的三種走訪方法中，如果有中序與前序的走訪結果或者中序與後序的走訪結果，可由這些結果求得唯一的二元樹。不過如果只具備前序與後序的走訪結果就無法決定唯一二元樹。

現在馬上來示範一個範例。例如二元樹的中序走訪為 BAEDGF，前序走訪為 ABDEFG。請畫出此唯一的二元樹：

中序走訪：左子樹 樹根 右子樹

前序走訪：樹根 左子樹 右子樹

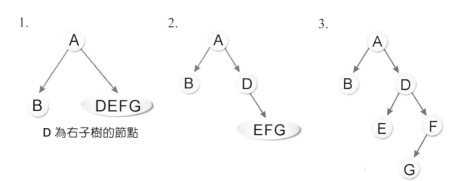

D 為右子樹的節點

範例 6.6.2 某二元樹的中序走訪為 HBJAFDGCE，後序走訪為 HJBFGDECA，請繪出此二元樹。

解答 中序走訪：左子樹 樹根 右子樹

後序走訪：左子樹 右子樹 樹根

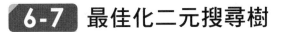

6-7   最佳化二元搜尋樹

之前我們說明過，如果一個二元樹符合「每一個節點的資料大於左子節點且小於右子節點」，這棵樹便具有二元搜尋樹的特質。而所謂的最佳化二元搜尋樹，簡單的說，就是在所有可能的二元搜尋樹中，有最小搜尋成本的二元樹。

6-7-1   延伸二元樹

至於什麼叫做最小搜尋成本呢？就讓我們先從延伸二元樹（Extension Binary Tree）談起。任何一個二元樹中，若具有 n 個節點，則有 n-1 個非空鏈結及 n+1 個空鏈結。如果在每一個空鏈結加上一個特定節點，則稱為外節點，其餘的節點稱為內節點，且定義此種樹為「延伸二元樹」，另外定義外徑長 = 所有外節點到樹根距離的總和，內徑長 = 所有內節點到樹根距離的總和。我們將以下例來說明 (a)(b) 兩圖，它們的延伸二元樹繪製：

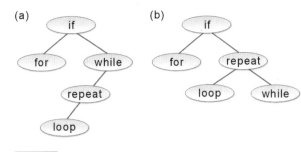

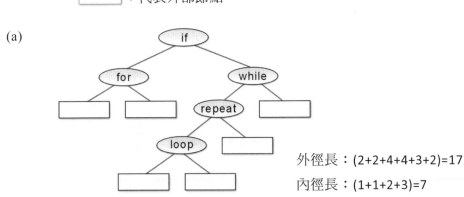

外徑長：(2+2+4+4+3+2)=17

內徑長：(1+1+2+3)=7

(b)

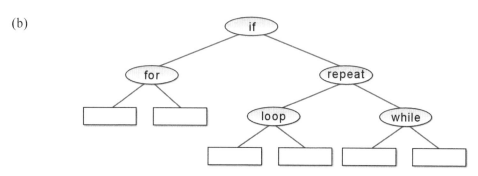

外徑長：(2+2+3+3+3+3)=16

內徑長：(1+1+2+2)=6

以上 (a)、(b) 二圖為例，如果每個外部節點有加權值（例如搜尋機率等），則外徑長必須考慮相關加權值，或稱為加權外徑長，以下將討論 (a)、(b) 的加權外徑長：

- 對 **(a)** 來說：2×3+4×3+5×2+15×1=43

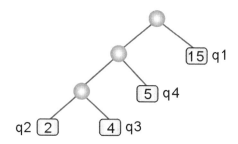

- 對 **(b)** 來說：2×2+4×2+5×2+15×2=52

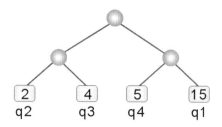

6-7-2 霍夫曼樹

霍夫曼樹經常用於處理資料壓縮的問題，可以根據資料出現的頻率來建構的二元樹。例如資料的儲存和傳輸是資料處理的二個重要領域，兩者皆和資料量的大小息息相關，而霍夫曼樹正可用來進行資料壓縮的演算法。

簡單來說，如果有 n 個權值 $(q_1, q_2 \ldots q_n)$，且構成一個有 n 個節點的二元樹，每個節點外部節點權值為 q_i，則加權徑長度最小的就稱為「最佳化二元樹」或「霍夫曼樹」（Huffman Tree）。對上一小節中，(a)、(b) 二元樹而言，(a) 就是二者的最佳化二元樹。接下來我們將說明，對一含權值的串列，該如何求其最佳化二元樹，步驟如下：

① 產生兩個節點，對資料中出現過的每一元素各自產生一樹葉節點，並賦予樹葉節點該元素之出現頻率。

② 令 N 為 T_1 和 T_2 的父親節點，T_1 和 T_2 是 T 中出現頻率最低的兩個節點，令 N 節點的出現頻率等於 T_1 和 T_2 的出現頻率總和。

③ 消去步驟的兩個節點，插入 N，再重複步驟 1。

我們將利用以上的步驟來實作求取霍夫曼樹的過程，假設現在有五個字母 BDACE 的頻率分別為 0.09、0.12、0.19、0.21 和 0.39，請說明霍夫曼樹建構之過程：

步驟 1 取出最小的 0.09 和 0.12，合併成另一棵新的二元樹，其根節點的頻率為 0.21：

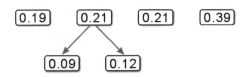

步驟 2 再取出 0.19 和 0.21 合併後，得到 0.40 的新二元樹；

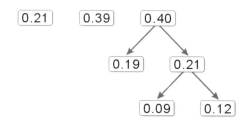

步驟 3 再出 0.21 和 0.39 的節點，產生頻率為 0.6 的新節點；

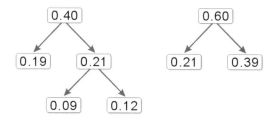

最後取出 0.40 和 0.60 的節點，合併成頻率為 1.0 的節點，至此二元樹即完成。

6-7-3 平衡樹

基本上，為了能夠儘量降低搜尋所需要的時間，讓我們在搜尋的時候能夠很快找到我們所要的鍵值，或者很快知道目前的樹中沒有我們要的鍵值，我們必須讓樹的高度越小越好。

由於二元搜尋樹的缺點是無法永遠保持在最佳狀態。當加入之資料部分已排序的情況下，極有可能產生歪斜樹，因而使樹的高度增加，導致搜尋效率降低。所以二元搜尋樹較不利於資料的經常變動（加入或刪除），相對地比較適合不會變動的資料，像是程式語言中的「保留字」等。

◎ 平衡樹的定義

所謂平衡樹（Balanced Binary Tree），又稱之為 AVL 樹（是由 Adelson-Velskii 和 Landis 兩人所發明的），本身也是一棵二元搜尋樹，在 AVL 樹中，每次在插入資料和刪除資料後，必要的時候會對二元樹作一些高度的調整動作，而這些調整動作就是要讓二元搜尋樹的高度隨時維持平衡。通常適用於經常異動的動態資料，像編譯器（Compiler）裡的符號表（Symbol Table）等等。

以下我們為您說明平衡樹的正式定義：T 是一個非空的二元樹，T_l 及 T_r 分別是它的左右子樹，若符合下列兩條件，則稱 T 是個高度平衡樹：

① T_l 及 T_r 也是高度平衡樹。
② $|h_l-h_r| \leq 1$，h_l 及 h_r 分別為 T_l 與 T_r 的高度。

如下圖所示：

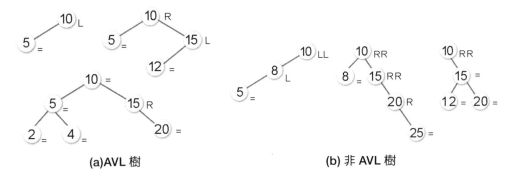

(a)AVL 樹　　　　　　　　　　　(b) 非 AVL 樹

至於如何調整一二元搜尋樹成為一平衡樹，最重要是找出「不平衡點」，再依照以下四種不同型式，重新調整其左右子樹的長度。首先，令新插入的節點為 C，且其最近的一個具有 ±2 的平衡因子節點為 A，下一層為 B，再下一層 C，分述如下：

■ LL 型

■ LR 型

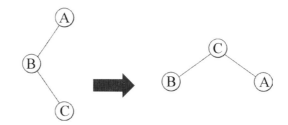

■ RR 型

■ RL 型

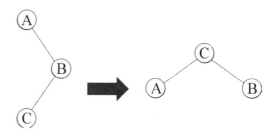

現在我們來實作一個範例，例如下圖為二元搜尋樹（Binary Search Tree），試繪出當加入（Insert）鍵值（Key）為 "42" 後之圖形。注意！加入後之圖形仍需保持高度為 3 之二元搜尋樹。

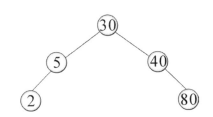

加入節點 42

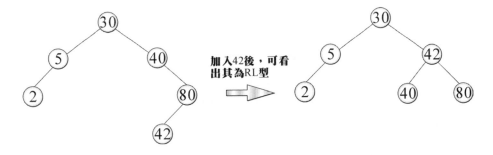

接著再來研究一個例子。下圖的二元樹原是平衡的，加入節點 12 後變為不平衡，請重新調整成平衡樹，但不可破壞原有的次序結構：

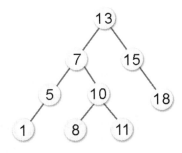

調整結果如下：

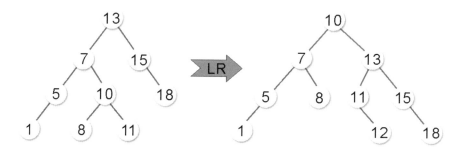

範例 6.7.1 在下圖平衡二元樹中，加入節點 11 後，重新調整後的平衡樹為何？

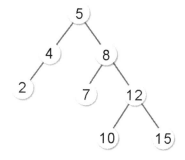

解答

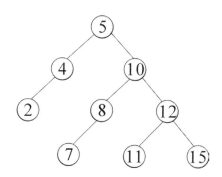

範例 **6.7.2** 形成 8 層的平衡樹最少需要幾個節點？

解答 因為條件是形成最少節點的平衡樹，不但要最少，而且要符合平衡樹的定義。在此我們逐一討論：

1. 一層的最少節點平衡樹：

2. 二層的最少節點平衡樹：

3. 三層的最少節點平衡樹：

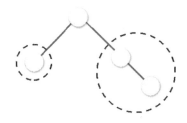

4. 四層的最少節點平衡樹：

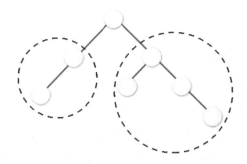

5. 五層的最少節點平衡樹：

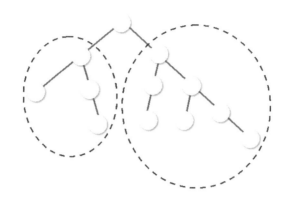

由以上的討論得知：

$N_n = N_{n-1} + N_{n-2} + 1$

且 $N_0 = 0$，$N_1 = 1$　　◀────── 樹根

→ 0,1,2,4,7,12,20,33,54,88......

所以第 8 層最少節點平衡樹為 54 個節點。

6-8　B 樹

B 樹（B Tree）是一種高度大於等於 1 的 m 階搜尋樹，它也是一種平衡樹概念的延伸，由 Bayer 和 Mc Creight 兩位專家所提出的。在還沒開始談 B 樹的主要特徵之前，我們先來複習之前所介紹二元搜尋樹概念。

6-8-1　B 樹的定義

一般說來，二元搜尋樹是一棵二元樹，在這棵二元樹上的節點均包含一個鍵值資料及分別指向左子樹及右子樹的鏈結欄，同時，樹根的鍵值恆大於左子樹的所有鍵值，並小於或等於右子樹的所有鍵值。另外，其左右子樹也是一棵二元搜尋樹。而這種包含鍵值並指向兩棵子樹的節點，稱為 2 階節點。也就是說，2 階節點的節點分支度皆 ≦2。以這樣的概念，我們延伸至所謂的 3 階節點，它包括了以下幾個特點：

① 每一個 3 階節點存放的鍵值最多為 2 個，假設其鍵值分別為 k_1 及 k_2，則 $k_1<k_2$。
② 每一個 3 階節點分支度均小於等於 3。
③ 每一個 3 階節點的鏈結欄有 3 個 $P_{0,1}$、$P_{1,2}$、$P_{2,3}$，這三個鏈結欄分別指向 T_1、T_2、T_3 三棵子樹。
④ T_1 子樹的所有節點鍵值均小於 k_1。
⑤ T_2 子樹的所有節點鍵值均大於等於 k_1 且小於 k_2。
⑥ T_3 子樹的所有節點鍵值均大於等於 k_2。

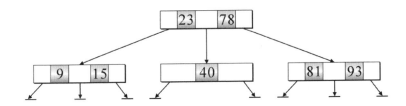

上圖就是一棵 3 階節點所建立形成的 3 階搜尋樹，當鏈結指標欄指向 null，表示該鏈結欄並沒有指向任何子樹，3 階搜尋樹也就是 3 階的 B 樹，或稱 2-3 樹。

以上面所列的特點，我們將其擴大到 m 階搜尋樹，就可以知道 m 階搜尋樹包含以下的主要特徵：

① 每一個 m 階節點存放的鍵值最多為 m-1 個，假設其鍵值分別為 k_1、k_2、k_3、$k_4...k_{m-1}$，則 $k_1<k_2<k_3<k_4...<k_{m-1}$。
② 每一個 m 階節點分支度均小於等於 m。
③ 每一個 m 階節點的鏈結欄的 m 個 $P_{0,1}$、$P_{1,2}$、$P_{2,3}$、$P_{3,4}...P_{m-1,m}$，這些 m 個鏈結欄分別指向 T_1、T_2、$T_3...T_m$ 等 m 棵子樹。

④ T_1 子樹的所有節點鍵值均小於 k_1。

⑤ T_2 子樹的所有節點鍵值均大於等於 k_1 且小於 k_2。

⑥ T_3 子樹的所有節點鍵值均大於等於 k_2 且小於 k_3。

⑦ 以此類推，T_m 子樹的所有節點鍵值均大於等於 k_{m-1}。

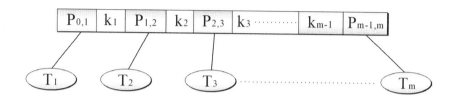

　　其中 T_1、T_2、T_3...T_m 都是 m 階搜尋樹，在這些子樹中的每一個節點都是 m 階節點，且其每一個節點的分支度都小於等於 m。

　　有了以上的了解，接著就來談談 B 樹的幾個重要的概念。其實 B 樹是一棵 m 階搜尋樹，且其高度大於等於 1，主要的特點包括有：

① B 樹上每一個節點都是 m 階節點。

② 每一個 m 階節點存放的鍵值最多為 m-1 個。

③ 每一個 m 階節點分支度均小於等於 m。

④ 除非是空樹，否則樹根節點至少必須有兩個以上的子節點。

⑤ 除了樹根及樹葉節點外，每一個節點最多不超過 m 個子節點，但至少包含 $\lceil m/2 \rceil$ 個子節點。

⑥ 每個樹葉節點到樹根節點所經過的路徑長度皆一致，也就是說，所有的樹葉節點都必須在同一層（level）。

⑦ 當要增加樹的高度時，處理的作法就是將該樹根節點一分為二。

⑧ B 樹其鍵值分別為 k_1、k_2、k_3、k_4...k_{m-1}，則 $k_1<k_2<k_3<k_4...<k_{m-1}$

⑨ B 樹的節點表示法為 $P_{0,1}$，k_1，$P_{1,2}$，k_2...$P_{m-2,m-1}$，k_{m-1}，$P_{m-1,m}$。

其節點結構圖如下所示：

$P_{0,1}$	k_1	$P_{1,2}$	k_2	$P_{2,3}$	k_3 …………	k_{m-1}	$P_{m-1,m}$

其中 $k_1<k_2<k_3...<k_{m-1}$

① $P_{0,1}$ 指標所指向的子樹 T_1 中的所有鍵值均小於 k_1。
② $P_{1,2}$ 指標所指向的子樹 T_2 中的所有鍵值均大於等於 k_1 且小於 k_2。
③ 以此類推，$P_{m-1,m}$ 指標所指向的子樹 T_m 中所有鍵值均大於等於 k_{m-1}。

例如根據 m 階搜尋樹的定義，我們知道 4 階搜尋樹的每一個節點分支度 ≦4，又由於 B 樹的特點中提到：除非是空樹，否則樹根節點至少必須有兩個以上的子節點。由此可以推論，4 階的 B 樹結構的每一個節點分支度可能為 2、3 或 4，因此，4 階 B 樹又稱 2-3-4 樹。如下圖所示：

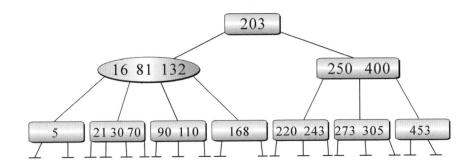

課 後 評 量

1. 一般樹狀結構在電腦記憶體中的儲存方式是以鏈結串列為主，對於 n 元樹（n-way 樹）來說，我們必須取 n 為鏈結個數的最大固定長度，請說明為了改進記憶空間浪費的缺點，我們最常使用二元樹（Binary Tree）結構來取代樹狀結構。

2. 下列哪一種不是樹（Tree）？(a) 一個節點 (b) 環狀串列 (c) 一個沒有迴路的連通圖（Connected Graph）(d) 一個邊數比點數少 1 的連通圖。

3. 關於二元搜尋樹（binary search tree）的敘述，何者為非？
   (A) 二元搜尋樹是一棵完整二元樹（complete binary tree）
   (B) 可以是歪斜樹（skewed binary tree）
   (C) 一節點最多只有兩個子節點（child node）
   (D) 一節點的左子節點的鍵值不會大於右節點的鍵值。

4. 請問以下二元樹的中序、後序以及前序表示法為何？

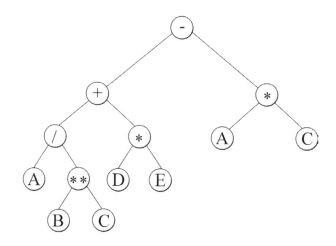

5. 請問以下二元樹的中序、前序以及後序表示法為何？

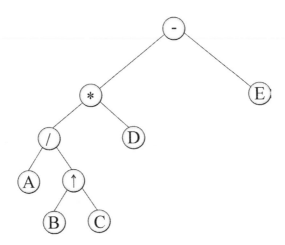

6. 試以鏈結串列描述代表以下樹狀結構的資料結構。

(a)　　　　　　　(b)　　　　　　　(c)

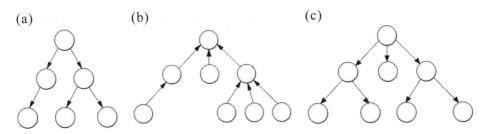

7. 假如有一個非空樹，其分支度為 5，已知分支度為 i 的節點數有 i 個，其中 $1 \leq i \leq 5$，請問終端節點數總數是多少？

8. 請利用後序走訪將下圖二元樹的走訪結果按節點中的文字列印出來。

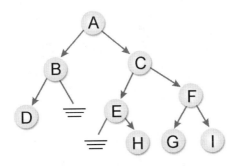

9. 請問以下二元樹的中序、前序以及後序表示法為何？

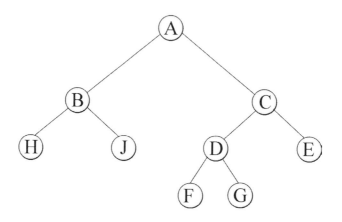

10. 用二元搜尋樹去表示 n 個元素時，最小高度及最大高度的二元搜尋樹
（Height of Binary Search Tree）其值分別為何？

11. 一二元樹被表示成 A(B(CD)E(F(G)H(I(JK)L(MNO))))，請畫出結構與後序與
前序走訪的結果。

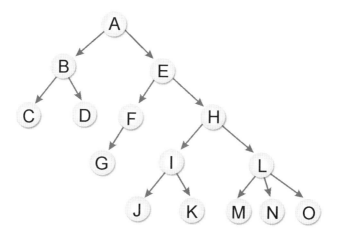

12. 請問以下運算二元樹的中序、後序與前序表示法為何？

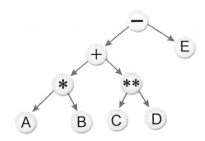

13. 請嘗試將 A-B*(-C+-3.5) 運算式，轉為二元運算樹，並求出此算術式的前序（prefix）與後序（postfix）表示法。

14. 下圖為一個二元樹：

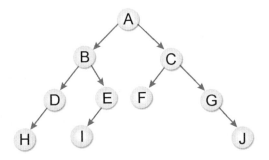

    (1) 請問此二元樹的前序走訪、中序走訪與後序走訪結果。

    (2) 空的引線二元樹為何？

    (3) 以引線二元樹表示其儲存狀況。

15. 求下圖樹轉換成二元樹前後的中序、前序與後序走訪結果。

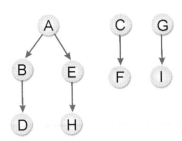

16. 形成 8 層的平衡樹最少需要幾個節點？

17. 請將下圖樹轉換為二元樹。

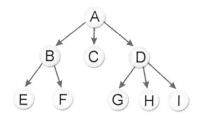

18. 請說明二元搜尋樹的特點。

19. 試寫出一虛擬碼 SWAPTREE(T) 將二元樹 T 之所有節點的左右子節點對換。並說明之。

20. 請將 A/B**C+D*E-A*C 化為二元運算樹。

21. 試述如何對一二元樹作中序走訪不用到堆疊或遞迴？

22. 將下圖樹化為二元樹

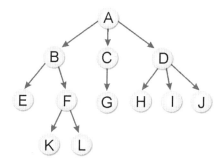

7

圖形結構

我們可以這樣形容；樹狀結構是描述節點與節點之間「層次」的關係，但是圖形結構卻是討論兩個頂點之間「相連與否」的關係，在圖形中連接兩頂點的邊若填上加權值（也可以稱為花費值），這類圖形就稱為「網路」。圖形除了被活用在資料結構中最短路徑搜尋、拓樸排序外，還能應用在系統分析中以時間為評核標準的計畫評核術（Performance Evaluation and Review Technique, PERT），又或者像一般生活中的「IC 板設計」、「交通網路規劃」等都可以看做是圖形的應用。

7-1 圖形簡介

圖形理論起源於 1736 年，一位瑞士數學家尤拉（Euler）為了解決「肯尼茲堡橋樑」問題，所想出來的一種資料結構理論，這就是著名的七橋理論。簡單來說，就是有七座橫跨四個城市的大橋。尤拉所思考的問題是這樣的，「是否有人在只經過每一座橋樑一次的情況下，把所有地方走過一次而且回到原點。」

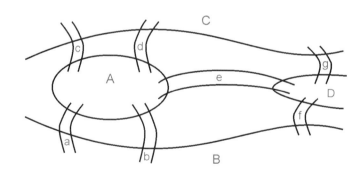

7-1-1 尤拉環與尤拉鏈

尤拉當時使用的方法就是以圖形結構進行分析。他先以頂點表示土地，以邊表示橋樑，並定義連接每個頂點的邊數稱為該頂點的分支度。我們將以右邊簡圖來表示「肯尼茲堡橋樑」問題：

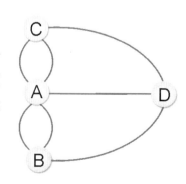

尤拉環

　　最後尤拉找到一個結論:「當所有頂點的分支度皆為偶數時,才能從某頂點出發,經過每一邊一次,再回到起點。」也就是說,在上圖中每個頂點的分支度都是奇數,所以尤拉所思考的問題是不可能發生的,這個理論就是有名的「尤拉環」(Eulerian cycle)理論。

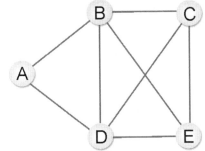

　　但如果條件改成從某頂點出發,經過每邊一次,不一定要回到起點,亦即只允許其中兩個頂點的分支度是奇數,其餘則必須全部為偶數,符合這樣的結果就稱為尤拉鏈(Eulerian chain)。

7-1-2　圖形的定義

　　圖形是由「頂點」和「邊」所組成的集合,通常用 G=(V,E) 來表示,其中 V 是所有頂點所成的集合,而 E 代表所有邊所成的集合。圖形的種類有兩種:一是無向圖形,一是有向圖形,無向圖形以 (V_1,V_2) 表示,有向圖形則以 $<V_1,V_2>$ 表示其邊線。

7-1-3　無向圖形

　　無向圖形(Graph)是一種具備同邊的兩個頂點沒有次序關係,例如 (A,B) 與 (B,A) 是代表相同的邊。如右圖所示:

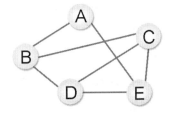

```
V={A,B,C,D,E}
E={(A,B),(A,E),(B,C),(B,D),(C,D),(C,E),(D,E)}
```

　　接下來是無向圖形的重要術語介紹:

- **完整圖形**:在「無向圖形」中,N 個頂點正好有 N(N-1)/2 條邊,則稱為「完整圖形」。如下圖所示。

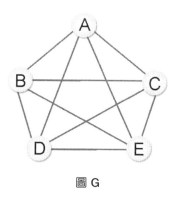

- 路徑（**Path**）：對於從頂點 V_i 到頂點 V_j 的一條路徑，是指由所經過頂點所成的連續數列，如圖 G 中，A 到 E 的路徑有 {(A,B))、(B,E)} 及 {(A,B)、(B,C)、(C,D)、(D,E)} 等等。

- 簡單路徑（**Simple Path**）：除了起點和終點可能相同外，其他經過的頂點都不同，在圖 G 中，(A,B)、(B,C)、(C,A)、(A,E) 不是一條簡單路徑。

圖 G

- 路徑長度（**Path Length**）：是指路徑上所包含邊的數目，在圖 G 中，(A,B)、(B,C)、(C,D)、(D,E) 是一條路徑，其長度為 4，且為一簡單路徑

- 循環（**Cycle**）：起始頂點及終止頂點為同一個點的簡單路徑稱為循環。如上圖 G，{(A,B)，(B,D)，(D,E)，(E,C)，(C,A)} 起點及終點都是 A，所以是一個循環。

- 依附（**Incident**）：如果 V_i 與 V_j 相鄰，我們則稱 (V_i,V_j) 這個邊依附於頂點 V_i 及頂點 V_j，或者依附於頂點 B 的邊有 (A,B)、(B,D)、(B,E)、(B,C)。

- 子圖（**Subgraph**）：當我們稱 G' 為 G 的子圖時，必定存在 V(G')⊆V(G) 與 E(G')⊆E(G)，如右圖是上圖 G 的子圖。

- 相鄰（**Adjacent**）：如果 (V_i,V_j) 是 E(G) 中的一邊，則稱 V_i 與 V_j 相鄰。

- 相連單元（**Connected Component**）：在無向圖形中，相連在一起的最大子圖（Subgraph），如右圖有 2 個相連單元。

- 分支度：在無向圖形中，一個頂點所擁有邊的總數為分支度。如圖 G，頂點 A 的分支度為 4。

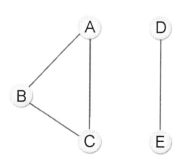

7-1-4 有向圖形

有向圖形（Digraph）是一種每一個邊都可使用有序對 <V_1,V_2> 來表示，並且 <V_1,V_2> 與 <V_2,V_1> 是表示兩個方向不同的邊，而所謂 <V_1,V_2>，是指 V_1 為尾端指向為頭部的 V_2。如右圖所示：

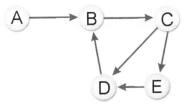

```
V={A,B,C,D,E}
E={<A,B>,<B,C>,<C,D>,<C,E>,<E,D>,<D,B>}
```

接下來則是有向圖形的相關定義介紹：

- 完整圖形（**Complete Graph**）：具有 n 個頂點且恰好有 n*(n-1) 個邊的有向圖形，如右圖所示。

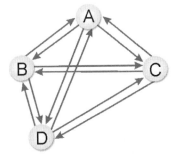

- 路徑（**Path**）：有向圖形中從頂點 V_p 到頂點 V_q 的路徑是指一串由頂點所組成的連續有向序列。

- 強連接（**Strongly Connected**）：有向圖形中，如果每個相異的成對頂點 V_i，V_j 有直接路徑，同時，有另一條路徑從 V_j 到 V_i，則稱此圖為強連接。如右圖。

- 強連接單元（**Strongly Connected Component**）：有向圖形中構成強連接的最大子圖，在下圖 (a) 中是強連接，但 (b) 就不是。

(a)

(b)

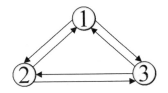
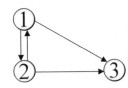

而圖 (b) 中的強連接單元如下：

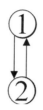

- 出分支度（Out-degree）：是指有向圖形中，以頂點 V 為箭尾的邊數目。

- 入分支度（In-degree）：是指有向圖形中，以頂點 V 為箭頭的邊數目，如右圖中 V_4 的入分支度為 1，出分支度為 0，V_2 的入分支度為 4，出分支度為 1，

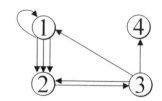

TIPS

所謂複線圖（multigraph），圖形中任意兩頂點只能有一條邊，如果兩頂點間相同的邊有 2 條以上（含 2 條），則稱它為複線圖，以圖形嚴格的定義來說，複線圖應該不能稱為一種圖形。請看右圖：

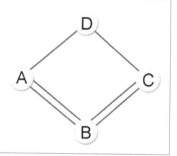

7-2 圖形的資料表示法

知道圖形的各種定義與觀念後，有關圖形的資料表示法就益顯重要了。常用來表達圖形資料結構的方法很多，本節中將介紹四種表示法。

7-2-1 相鄰矩陣法

圖形 A 有 n 個頂點,以 n*n 的二維矩陣列表示。此矩陣的定義如下:

> 對於一個圖形 G=(V,E),假設有 n 個頂點,n≧1,則可以將 n 個頂點的圖形,利用一個 n*n 二維矩陣來表示,其中假如 A(i,j)=1,則表示圖形中有一條邊 (V_i, V_j) 存在。反之,A(i,j)=0,則沒有一條邊 (V_i, V_j) 存在。

相關特性說明如下:

① 對無向圖形而言,相鄰矩陣一定是對稱的,而且對角線一定為 0。有向圖形則不一定是如此。

② 在無向圖形中,任一節點 i 的分支度為 $\sum_{j=1}^{n} A(i, j)$,就是第 i 列所有元素的和。在有向圖中,節點 i 的出分支度為 $\sum_{j=1}^{n} A(i, j)$,就是第 i 列所有元素的和,而入分支度為 $\sum_{i=1}^{n} A(i, j)$,就是第 j 行所有元素的和。

③ 用相鄰矩陣法表示圖形共需要 n^2 空間,由於無向圖形的相鄰矩陣一定是具有對稱關係,所以扣除對角線全部為零外,僅需儲存上三角形或下三角形的資料即可,因此僅需 n(n-1)/2 空間。

接著就實際來看一個範例,請以相鄰矩陣表示下列無向圖:

由於右圖共有 5 個頂點,故使用 5*5 的二維陣列存放圖形。在右圖中,先找和①相鄰的頂點有哪些,把和①相鄰的頂點座標填入 1。

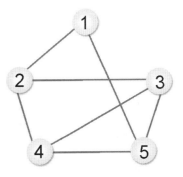

跟頂點 1 相鄰的有頂點 2 及頂點 5，所以完成右表：

	1	2	3	4	5
1	0	1	0	0	1
2	1	0			
3	0		0		
4	0			0	
5	1				0

其他頂點依此類推可以得到相鄰矩陣：

	1	2	3	4	5
1	0	1	0	0	1
2	1	0	1	1	0
3	0	1	0	1	1
4	0	1	1	0	1
5	1	0	1	1	0

而對於有向圖形，則不一定是對稱矩陣。其中節點 i 的出分支度為 $\sum_{j=1}^{n} A(i, j)$，就是第 i 列所有元素 1 的和，而入分支度為 $\sum_{i=1}^{n} A(i, j)$，就是第 j 行所有元素 1 的和。例如下列有向圖的相鄰矩陣法：

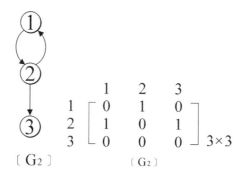

$$
\begin{array}{c}
\quad\ \ 1 \quad 2 \quad 3 \\
\begin{array}{c} 1 \\ 2 \\ 3 \end{array}
\left[
\begin{array}{ccc}
0 & 1 & 0 \\
1 & 0 & 1 \\
0 & 0 & 0
\end{array}
\right]_{3\times 3}
\end{array}
$$

〔G₂〕   〔G₂〕

無向 / 有向圖形的 6*6 相鄰矩陣演算法如下：

```
for (i=0; i<10;i++) {            //讀取圖形資料
    for (j=0; j<2;j++) {         //填入arr矩陣
        for (k=0; k<6;k++) {
            tmpi=data[i][0];     //tmpi為起始頂點
            tmpj=data[i][1];     //tmpj為終止頂點
            arr[tmpi][tmpj]=1; //有邊的點填入1
        }
    }
}
process.stdout.write('無向圖形矩陣：\n')
for (i=1; i<6;i++) {
    for (j=1; j<6;j++)
        process.stdout.write('['+arr[i][j]+'] ')    //列印矩陣內容
    process.stdout.write('\n');
}
```

範例 7.2.1 假設有一無向圖形各邊的起點值及終點值如下陣列：

```
data=[[1,2],[2,1],[1,5],[5,1],[2,3],[3,2],[2,4],[4,2], [3,4],[4,3]]
```

試輸出此圖形的相鄰矩陣。

程式碼：undirected.js

```
01   arr=[[0,0,0,0,0,0],
02        [0,0,0,0,0,0],
03        [0,0,0,0,0,0],
04        [0,0,0,0,0,0],
05        [0,0,0,0,0,0],
06        [0,0,0,0,0,0]];              //宣告矩陣arr
07
08   //圖形各邊的起點值及終點值
09   data=[[1,2],[2,1],[1,5],[5,1],
10        [2,3],[3,2],[2,4],[4,2],
11        [3,4],[4,3]];
12
13   for (i=0; i<10;i++) {            //讀取圖形資料
14       for (j=0; j<2;j++) {         //填入arr矩陣
15           for (k=0; k<6;k++) {
```

```
16                tmpi=data[i][0];    //tmpi為起始頂點
17                tmpj=data[i][1];    //tmpj為終止頂點
18                arr[tmpi][tmpj]=1; //有邊的點填入1
19            }
20        }
21    }
22    process.stdout.write('無向圖形矩陣：\n')
23    for (i=1; i<6;i++) {
24        for (j=1; j<6;j++)
25            process.stdout.write('['+arr[i][j]+'] ')    //列印矩陣內容
26        process.stdout.write('\n');
27    }
```

【執行結果】

```
D:\sample>node ex07/undirected.js
無向圖形矩陣：
[0] [1] [0] [0] [1]
[1] [0] [1] [1] [0]
[0] [1] [0] [1] [0]
[0] [1] [1] [0] [0]
[1] [0] [0] [0] [0]

D:\sample>
```

範例 **7.2.2** 假設有一有向圖形各邊的起點值及終點值如下陣列：

```
data=[[1,2],[2,1],[2,3],[2,4],[4,3],[4,1]];
```

試輸出此圖形的相鄰矩陣。

程式碼：**directed.js**

```
01  arr=[[0,0,0,0,0,0],
02      [0,0,0,0,0,0],
03      [0,0,0,0,0,0],
04      [0,0,0,0,0,0],
05      [0,0,0,0,0,0],
06      [0,0,0,0,0,0]];        //宣告矩陣arr
07
```

```
08   data=[[1,2],[2,1],[2,3],[2,4],[4,3],[4,1]]    //圖形各邊的起點值及終點值
09
10   for (i=0; i<6;i++) {         //讀取圖形資料
11       for (j=0; j<6;j++) {  //填入arr矩陣
12           tmpi=data[i][0];   //tmpi為起始頂點
13           tmpj=data[i][1];   //tmpj為終止頂點
14           arr[tmpi][tmpj]=1;//有邊的點填入1
15       }
16   }
17
18   process.stdout.write('有向圖形矩陣：\n')
19   for (i=1; i<6;i++) {
20       for (j=1; j<6;j++) {
21           process.stdout.write('['+arr[i][j]+'] ')    //列印矩陣內容
22       }
23       process.stdout.write('\n');
24   }
```

【執行結果】

```
D:\sample>node ex07/directed.js
有向圖形矩陣：
[0] [1] [0] [0] [0]
[1] [0] [1] [1] [0]
[0] [0] [0] [0] [0]
[1] [0] [1] [0] [0]
[0] [0] [0] [0] [0]

D:\sample>
```

7-2-2　相鄰串列法

　　前面所介紹的相鄰矩陣法，優點是藉著矩陣的運算，可以求取許多特別的應用，如要在圖形中加入新邊時，這個表示法的插入與刪除相當簡易。不過考慮到稀疏矩陣空間浪費的問題，如要計算所有頂點的分支度時，其時間複雜度為 $O(n^2)$。

因此可以考慮更有效的方法，就是相鄰串列法（adjacency list）。這種表示法就是將一個 n 列的相鄰矩陣，表示成 n 個鏈結串列，這種作法和相鄰矩陣相比較節省空間，如計算所有頂點的分支度時，其時間複雜度為 O(n+e)，缺點是圖形新邊的加入或刪除會更動到相關的串列鏈結，較為麻煩費時。

首先將圖形的 n 個頂點形成 n 個串列首，每個串列中的節點表示它們和首節點之間有邊相連。 節點宣告如下：

```
class list_node {
    constructor() {
        this.val=0;
        this.next=null;
    }
}
```

在無向圖形中，因為對稱的關係，若有 n 個頂點、m 個邊，則形成 n 個串列首，2m 個節點。若為有向圖形中，則有 n 個串列首，以及 m 個頂點，因此相鄰串列中，求所有頂點分支度所需的時間複雜度為 O(n+m)。現在分別來討論下圖的兩個範例，該如何使用相鄰串列表示：

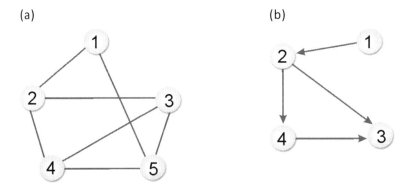

(a)

(b)

(a) 首先來看 (a) 圖，因為 5 個頂點使用 5 個串列首，V_1 串列代表頂點 1，與頂點 1 相鄰的頂點有 2 及 5，依此類推。

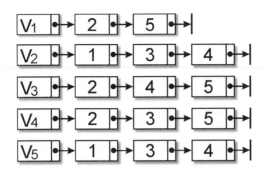

(b) 因為 4 個頂點使用 4 個串列首，V_1 串列代表頂點 1，與頂點 1 相鄰的頂點有 2，依此類推。

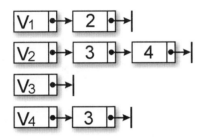

範例 7.2.3 請使用陣列儲存圖形的邊，並使用相鄰串列法來輸出鄰接節點的內容。

程式碼：adjacency_matrix.js

```
01  class list_node {
02      constructor() {
03          this.val=0;
04          this.next=null;
05      }
06  }
07  head=[];
08  for (i=0;i<6;i++) {
09      head[i]=new list_node();
10  }
11
12  var newnode=new list_node();
13
```

```
14    //圖形陣列宣告
15    data=[[1,2],[2,1],[2,5],[5,2],
16          [2,3],[3,2],[2,4],[4,2],
17          [3,4],[4,3],[3,5],[5,3],
18          [4,5],[5,4]];
19
20    process.stdout.write('圖形的鄰接串列內容：\n')
21    process.stdout.write('--------------------------------\n')
22    for (i=1; i<6;i++) {
23        head[i].val=i;                          //串列首head
24        head[i].next=null;
25        process.stdout.write('頂點 '+i+' =>');   //把頂點值列印出來
26        ptr=head[i];
27        for (j=0; j<14;j++) {                   //走訪圖形陣列
28            if (data[j][0]==i) {                //如果節點值=i，加入節點到串列首
29                newnode.val=data[j][1];         //宣告新節點，值為終點值
30                newnode.next=null;
31                while (ptr!=null) ptr=ptr.next; //判斷是否為串列的尾端
32                ptr=newnode;                    //加入新節點
33                process.stdout.write('['+newnode.val+'] '); //列印相鄰頂點
34            }
35        }
36        process.stdout.write('\n');
37    }
```

【執行結果】

```
D:\sample>node ex07/adjacency_matrix.js
圖形的鄰接串列內容：
--------------------------------
頂點 1 =>[2]
頂點 2 =>[1] [5] [3] [4]
頂點 3 =>[2] [4] [5]
頂點 4 =>[2] [3] [5]
頂點 5 =>[2] [3] [4]

D:\sample>
```

7-2-3 相鄰複合串列法

上面介紹了兩個圖形表示法都是從頂點的觀點出發，但如果要處理的是「邊」則必須使用相鄰多元串列，相鄰多元串列是處理無向圖形的另一種方法。相鄰多元串列的節點是存放邊線的資料，其結構如下：

M	V₁	V₂	LINK1	LINK2
記錄單元	邊線起點	邊線終點	起點指標	終點指標

其中相關特性說明如下：

M：是記錄該邊是否被找過的一個位元之欄位。

V_1 及 V_2：是所記錄的邊的起點與終點。

LINK1：在尚有其他頂點與 V_1 相連的情況下，此欄位會指向下一個與 V_1 相連的邊節點，如果已經沒有任何頂點與 V_1 相連時，則指向 null。

LINK2：在尚有其他頂點與 V_2 相連的情況下，此欄位會指向下一個與 V_2 相連的邊節點，如果已經沒有任何頂點與 V_2 相連時，則指向 null。

例如有三條邊線 (1,2)(1,3)(2,4)，則邊線 (1,2) 表示法如下：

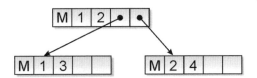

我們現在以相鄰多元串列表示如下圖：

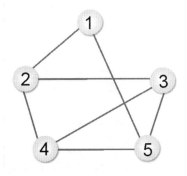

首先分別把頂點及邊的節點找出。

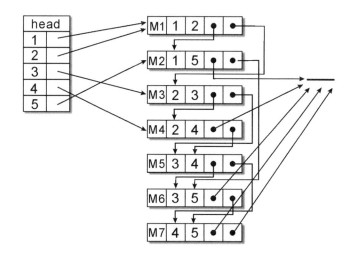

範例 **7.2.4** 試求出下圖的相鄰複合串列表示法。

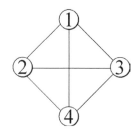

解答 其表示法為：

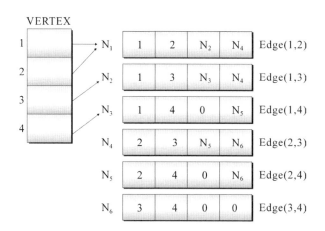

由上圖，我們可以得知：

頂點 $1(V_1)$：$N_1 \rightarrow N_2 \rightarrow N_3$

頂點 $2(V_2)$：$N_1 \rightarrow N_4 \rightarrow N_5$

頂點 $3(V_3)$：$N_2 \rightarrow N_4 \rightarrow N_6$

頂點 $4(V_4)$：$N_3 \rightarrow N_5 \rightarrow N_6$

7-2-4　索引表格法

索引表格表示法，是一種用一維陣列來依序儲存與各頂點相鄰的所有頂點，並建立索引表格，來記錄各頂點在此一維陣列中第一個與該頂點相鄰的位置。我們將以右圖來說明索引表格法的實例。

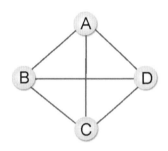

下圖為索引表格法的表示外觀：

A	1
B	4
C	7
D	10

B C D A C D A B D A B C

範例 7.2.5 下圖為尤拉七橋問題的圖示法，A,B,C,D 為四島，1,2,3,4,5,6,7 為七橋，今欲以不同之資料結構描述此圖，試說明三種不同的表示法。

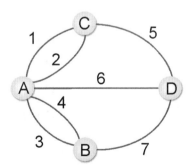

解答 根據複線圖的定義，Euler 七橋問題是一種複線圖，它並不是圖。如果要以不同表示法來實作圖形的資料結構，必須先將上述的複線圖分解成如下的兩個圖形：

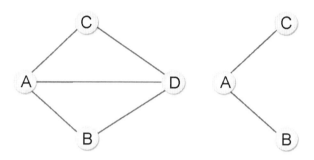

下面我們以相鄰矩陣、相鄰串列及索引表格法說明如下：

○ 相鄰矩陣（Adjacency Matrix）

令圖形 G=(V,E) 共有 n 個頂點，我們以 n*n 的二維矩陣來表示點與點之間是否相鄰。其中

a_{ij}=0 表示頂點 i 及 j 頂點沒有相鄰的邊

a_{ij}=1 表示頂點 i 及 j 頂點有相鄰的邊

$$
\begin{array}{c}
\begin{array}{cccc} A & B & C & D \end{array} \\
\begin{array}{c} A \\ B \\ C \\ D \end{array}
\begin{bmatrix}
0 & 1 & 1 & 1 \\
1 & 0 & 0 & 1 \\
1 & 0 & 0 & 1 \\
1 & 1 & 1 & 0
\end{bmatrix}
\end{array}
\qquad
\begin{array}{c}
\begin{array}{ccc} A & B & C \end{array} \\
\begin{array}{c} A \\ B \\ C \end{array}
\begin{bmatrix}
0 & 1 & 1 \\
1 & 0 & 0 \\
1 & 0 & 0
\end{bmatrix}
\end{array}
$$

❶ 相鄰串列法（**Adjacency Lists**）

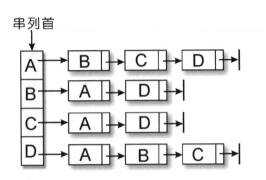
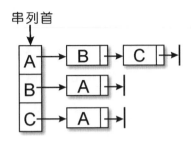

❶ 索引表格法（**Indexed Table**）

是一種用一個一維陣列來依序儲存與各頂點相鄰的所有頂點，並建立索引表格，來記錄各頂點在此一維陣列中第一個與該頂點相鄰的位置。

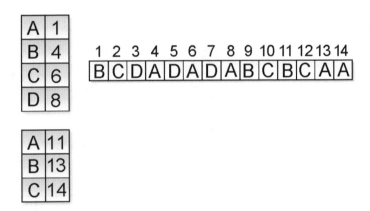

7-3 圖形的走訪

樹的追蹤目的是欲拜訪樹的每一個節點一次，可用的方法有中序法、前序法和後序法等三種。而圖形追蹤的定義如下：

一個圖形 G=(V,E)，存在某一頂點 v∈V，我們希望從 v 開始，經由此節點相鄰的節點而去拜訪 G 中其他節點，這稱之為「圖形追蹤」。

也就是從某一個頂點 V_1 開始，走訪可以經由 V_1 到達的頂點，接著再走訪下一個頂點直到全部的頂點走訪完畢為止。在走訪的過程中可能會重複經過某些頂點及邊線。經由圖形的走訪可以判斷該圖形是否連通，並找出連通單元及路徑。圖形走訪的方法有兩種：「先深後廣走訪」及「先廣後深走訪」。

7-3-1　先深後廣法

先深後廣走訪的方式有點類似前序走訪。是從圖形的某一頂點開始走訪，被拜訪過的頂點就做上已拜訪的記號，接著走訪此頂點的所有相鄰且未拜訪過的頂點中的任意一個頂點，並做上已拜訪的記號，再以該點為新的起點繼續進行先深後廣的搜尋。

這種圖形追蹤方法結合了遞迴及堆疊兩種資料結構的技巧，由於此方法會造成無窮迴路，所以必須加入一個變數，判斷該點是否已經走訪完畢。以下我們以右圖來看看這個方法的走訪過程：

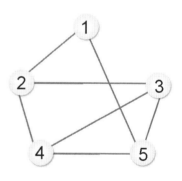

步驟 1　以頂點 1 為起點，將相鄰的頂點 2 及頂點 5 放入堆疊。

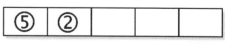

步驟 2　取出頂點 2，將與頂點 2 相鄰且未拜訪過的頂點 3 及頂點 4 放入堆疊。

步驟 3 取出頂點 3，將與頂點 3 相鄰
且未拜訪過的頂點 4 及頂點 5
放入堆疊。

步驟 4 取出頂點 4，將與頂點 4 相鄰
且未拜訪過的頂點 5 放入堆
疊。

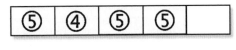

步驟 5 取出頂點 5，將與頂點 5 相鄰
且未拜訪過的頂點放入堆疊，
各位可以發現與頂點 5 相鄰的
頂點全部被拜訪過，所以無需
再放入堆疊。

步驟 6 將堆疊內的值取出並判斷是否
已經走訪過了，直到堆疊內無
節點可走訪為止。

故先深後廣的走訪順序為：頂點 1、頂點 2、頂點 3、頂點 4、頂點 5。

深度優先函數的演算法如下：

```
var Dfs= (current)=> {   //深度優先走訪副程式
    run[current] = 1;
    process.stdout.write ("[" + current + "]");
    while ( (Head[current].first) != null){
        if (run[Head[current].first.x] == 0)//如果頂點尚未走訪，就進行dfs的遞迴呼叫
            Dfs (Head[current].first.x);
        Head[current].first = Head[current].first.next;
    }
}
```

範例 **7.3.1** 請將上圖的先深後廣搜尋法，以程式實作，其中圖形陣列如下：

```
Data =[[1,2],[2,1],[1,3],[3,1],[2,4],
       [4,2],[2,5],[5,2],[3,6],[6,3],
       [3,7],[7,3],[4,5],[5,4],[6,7],[7,6],[5,8],[8,5],[6,8],[8,6]];
```

程式碼：**dfs.js**

```
01   class Node {
02       constructor(x) {
03           this.x = x;
04           this.next = null;
05       }
06   }
07
08   class GraphLink {
09       constructor() {
10           this.first =null;
11           this.last = null;
12       }
13
14       IsEmpty(){
15           return this.first == null;
16       }
17
18       Print(){
19           let current = this.first;
20           while (current != null){
21               process.stdout.write('[' + current.x + ']');
22               current = current.next;
23           }
24           process.stdout.write('\n');
25       }
26
27       Insert(x){
28           let newNode = new Node(x);
29           if (this.IsEmpty()){
30               this.first = newNode;
31               this.last = newNode;
32           }
33           else {
34               this.last.next = newNode;
```

```
35              this.last = newNode;
36          }
37      }
38  }
39
40  run=[];
41  Head=[];
42  for (i=0;i<9;i++) Head[i]=new GraphLink();
43
44  var Dfs=(current)=> {   //深度優先走訪副程式
45      run[current] = 1;
46      process.stdout.write("[" + current + "]");
47      while ((Head[current].first) != null) {
48          if (run[Head[current].first.x] == 0) //如果頂點尚未走訪,就進行dfs
                                                    的遞迴呼叫
49              Dfs(Head[current].first.x);
50          Head[current].first = Head[current].first.next;
51      }
52  }
53
54  Data=[]
55
56  Data =[[1,2],[2,1],[1,3],[3,1],[2,4],
57      [4,2],[2,5],[5,2],[3,6],[6,3],
58      [3,7],[7,3],[4,5],[5,4],[6,7],[7,6],[5,8],[8,5],[6,8],[8,6]];
59  run=[]; //用來記錄各頂點是否走訪過
60  Head=[];
61
62  for (i=0;i<9;i++) Head[i]=new GraphLink();
63
64  process.stdout.write("圖形的鄰接串列內容:\n"); //列印圖形的鄰接串列內容
65  for (let i = 1; i < 9; i++) {//共有八個頂點
66      run[i] = 0; //設定所有頂點成尚未走訪過
67      process.stdout.write('頂點' + i + '=>');
68      Head[i] = new GraphLink();
69      for (j=0;j<20;j++) {
70          if (Data[j][0]==i) { //如果起點和串列首相等,則把頂點加入串列
71              DataNum = Data[j][1];
72              Head[i].Insert(DataNum);
73          }
74      }
```

```
75        Head[i].Print();    //列印圖形的鄰接串列內容
76    }
77    process.stdout.write("深度優先走訪頂點：\n");    //列印深度優先走訪的頂點
78    Dfs(1);
79    process.stdout.write('\n');
```

【執行結果】

```
D:\sample>node ex07/dfs.js
圖形的鄰接串列內容：
頂點1=>[2][3]
頂點2=>[1][4][5]
頂點3=>[1][6][7]
頂點4=>[2][5]
頂點5=>[2][4][8]
頂點6=>[3][7][8]
頂點7=>[3][6]
頂點8=>[5][6]
深度優先走訪頂點：
[1][2][4][5][8][6][3][7]

D:\sample>
```

7-3-2　先廣後深搜尋法

　　之前所談到先深後廣是利用堆疊及遞迴的技巧來走訪圖形，而先廣後深（Breadth-First Search, BFS）走訪方式則是以佇列及遞迴技巧來走訪，也是從圖形的某一頂點開始走訪，被拜訪過的頂點就做上已拜訪的記號。

　　接著走訪此頂點的所有相鄰且未拜訪過的頂點中的任意一個頂點，並做上已拜訪的記號，再以該點為新的起點繼續進行先廣後深的搜尋。以下我們以右圖來看看 BFS 的走訪過程：

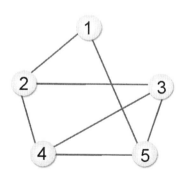

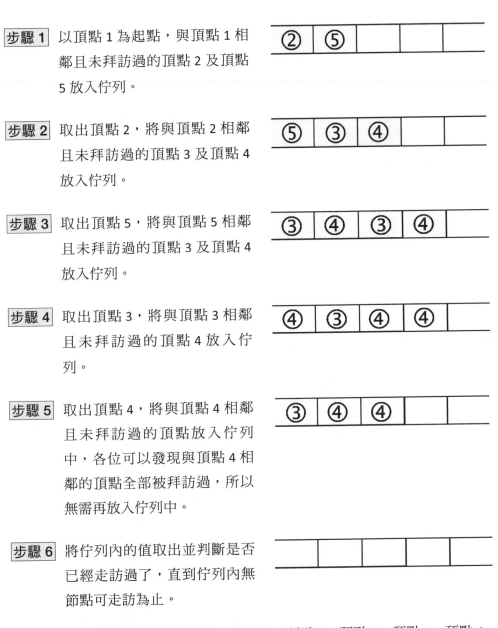

步驟 1 以頂點 1 為起點,與頂點 1 相鄰且未拜訪過的頂點 2 及頂點 5 放入佇列。

步驟 2 取出頂點 2,將與頂點 2 相鄰且未拜訪過的頂點 3 及頂點 4 放入佇列。

步驟 3 取出頂點 5,將與頂點 5 相鄰且未拜訪過的頂點 3 及頂點 4 放入佇列。

步驟 4 取出頂點 3,將與頂點 3 相鄰且未拜訪過的頂點 4 放入佇列。

步驟 5 取出頂點 4,將與頂點 4 相鄰且未拜訪過的頂點放入佇列中,各位可以發現與頂點 4 相鄰的頂點全部被拜訪過,所以無需再放入佇列中。

步驟 6 將佇列內的值取出並判斷是否已經走訪過了,直到佇列內無節點可走訪為止。

所以,先廣後深的走訪順序為:頂點 1、頂點 2、頂點 5、頂點 3、頂點 4。

先廣後深函數的演算法如下:

```
//廣度優先搜尋法
var bfs= (current) => {
    enqueue (current);                              //將第一個頂點存入佇列
    run[current]=1;                                 //將走訪過的頂點設定為1
    process.stdout.write ('['+current+']');         //印出該走訪過的頂點
    while (front!=rear) {                           //判斷目前是否為空佇列
        current=dequeue();                          //將頂點從佇列中取出
        tempnode=Head[current].first;              //先記錄目前頂點的位置
        while (tempnode!=null) {
            if (run[tempnode.x]==0) {
                enqueue (tempnode.x);
                run[tempnode.x]=1;                 //記錄已走訪過
                process.stdout.write ('['+tempnode.x+']');
            }
            tempnode=tempnode.next;
        }
    }
}
```

範例 7.3.2 請將上述的先廣後深搜尋法，以程式實作，其中圖形陣列如下：

```
Data =[[1,2],[2,1],[1,3],[3,1],[2,4],
      [4,2],[2,5],[5,2],[3,6],[6,3],
      [3,7],[7,3],[4,5],[5,4],[6,7],[7,6],[5,8],[8,5],[6,8],[8,6]];
```

程式碼：bfs.js

```
01  const MAXSIZE=10;  //定義佇列的最大容量
02  front=-1; //指向佇列的前端
03  rear=-1; //指向佇列的後端
04
05  class Node {
06      constructor(x) {
07          this.x=x; //頂點資料
08          this.next=null; //指向下一個頂點的指標
09      }
10  }
11
12  class GraphLink{
13      constructor() {
14          this.first=null;
15          this.last=null;
```

```
16        }
17
18      my_print(){
19          let current=this.first;
20          while (current!=null) {
21              process.stdout.write('['+current.x+']');
22              current=current.next;
23          }
24          process.stdout.write('\n');
25      }
26
27      insert(x){
28          let newNode=new Node(x)
29          if (this.first==null) {
30              this.first=newNode;
31              this.last=newNode;
32          }
33          else {
34              this.last.next=newNode;
35              this.last=newNode;
36          }
37      }
38  }
39
40  //佇列資料的存入
41  var enqueue=(value)=> {
42      if (rear>=MAXSIZE)
43          return
44      rear+=1;
45      queue[rear]=value;
46  }
47
48  //佇列資料的取出
49  var dequeue=()=>{
50      if (front==rear)
51          return -1;
52      front+=1;
53      return queue[front];
54  }
55
56  //廣度優先搜尋法
57  var bfs=(current)=> {
58      enqueue(current);                              //將第一個頂點存入佇列
59      run[current]=1;                                //將走訪過的頂點設定為1
60      process.stdout.write('['+current+']');  //印出該走訪過的頂點
```

```
61        while (front!=rear) {                    //判斷目前是否為空佇列
62            current=dequeue();                   //將頂點從佇列中取出
63            tempnode=Head[current].first;        //先記錄目前頂點的位置
64            while (tempnode!=null) {
65                if (run[tempnode.x]==0) {
66                    enqueue(tempnode.x);
67                    run[tempnode.x]=1;           //記錄已走訪過
68                    process.stdout.write('['+tempnode.x+']');
69                }
70                tempnode=tempnode.next;
71            }
72        }
73    }
74
75    //圖形邊線陣列宣告
76    Data=[];
77
78    Data =[[1,2],[2,1],[1,3],[3,1],[2,4],
79          [4,2],[2,5],[5,2],[3,6],[6,3],
80          [3,7],[7,3],[4,5],[5,4],[6,7],[7,6],[5,8],[8,5],[6,8],[8,6]];
81
82    run=[]; //用來記錄各頂點是否走訪過
83    queue=[];
84    Head=[];
85    for (i=0;i<9;i++) Head[i]=new GraphLink();
86
87    process.stdout.write('圖形的鄰接串列內容：\n') //列印圖形的鄰接串列內容
88    for (i=1;i<9;i++) { //共有8個頂點
89        run[i]=0;        //設定所有頂點成尚未走訪過
90        process.stdout.write('頂點'+i+'=>');
91        Head[i]=new GraphLink();
92        for (j=0;j<20;j++) {
93            if (Data[j][0]==i) { //如果起點和串列首相等，則把頂點加入串列
94                DataNum = Data[j][1];
95                Head[i].insert(DataNum);
96            }
97        }
98        Head[i].my_print();//列印圖形的鄰接串列內容
99    }
100
101   process.stdout.write('廣度優先走訪頂點：\n');   //列印廣度優先走訪的頂點
102   bfs(1);
103   process.stdout.write('\n');
```

【執行結果】

```
D:\sample>node ex07/bfs.js
圖形的鄰接串列內容：
頂點1=>[2][3]
頂點2=>[1][4][5]
頂點3=>[1][6][7]
頂點4=>[2][5]
頂點5=>[2][4][8]
頂點6=>[3][7][8]
頂點7=>[3][6]
頂點8=>[5][6]
廣度優先走訪頂點：
[1][2][3][4][5][6][7][8]

D:\sample>
```

7-4 擴張樹

　　擴張樹又稱「花費樹」或「值樹」，一個圖形的擴張樹（Spanning Tree）就是以最少的邊來連結圖形中所有的頂點，且不造成循環（Cycle）的樹狀結構。更清楚的說，當一個圖形連通時，則使用 DFS 或 BFS 必能拜訪圖形中所有的頂點，且 G=(V,E) 的所有邊可分成兩個集合：T 和 B（T 為搜尋時所經過的所有邊，而 B 為其餘未被經過的邊）。if S=(V,T) 為 G 中的擴張樹（Spanning Tree），具有以下三項性質：

① E=T+B。
② 加入 B 中的任一邊到 S 中，則會產生循環（Cycle）。
③ V 中的任何 2 頂點 V_i、V_j 在 S 中存在唯一的一條簡單路徑。

　　例如以下則是圖 G 與它的三棵擴張樹，如下圖所示：

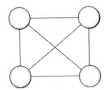 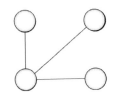 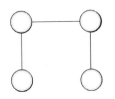 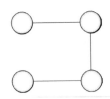

圖 G

7-4-1 DFS 擴張樹及 BFS 擴張樹

基本上，一棵擴張樹也可以利用先深後廣搜尋法（DFS）與先廣後深搜尋法（BFS）來產生，所得到的擴張樹則稱為縱向擴張樹（DFS 擴張樹）或橫向擴張樹（BFS 擴張樹）。我們立刻來練習求出下圖的 DFS 擴張樹及 BFS 擴張樹：

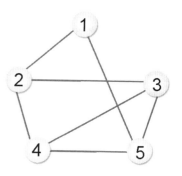

依擴張樹的定義，我們可以得到下列幾顆擴張樹：

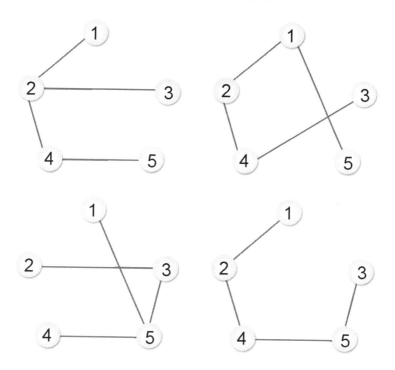

由上圖我們可以得知，一個圖形通常具有不只一顆擴張樹。上圖的先深後廣擴張樹為①②③④⑤，如下圖 (a)，先廣後深擴張樹則為①②⑤③④，如下圖 (b)：

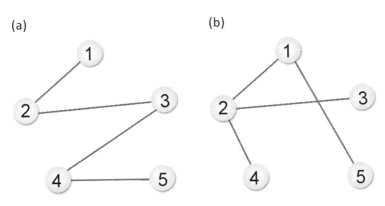

7-4-2　最小花費擴張樹

假設在樹的邊加上一個權重（weight）值，這種圖形就成為「加權圖形（Weighted Graph）」。如果這個權重值代表兩個頂點間的距離（distance）或成本（Cost），這類圖形就稱為網路（Network）。如下圖所示：

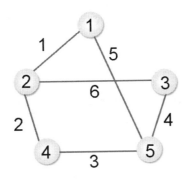

假如想知道從某個點到另一個點間的路徑成本，例如由頂點 1 到頂點 5 有（1+2+3）、（1+6+4）及 5 這三個路徑成本，而「最小成本擴張樹（Minimum Cost Spanning Tree）」則是路徑成本為 5 的擴張樹。請看下圖說明：

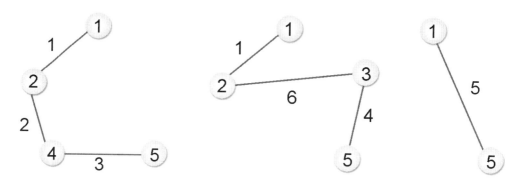

一個加權圖形中如何找到最小成本擴張樹是相當重要，因為許多工作都可以由圖形來表示，例如從高雄到花蓮的距離或花費等。接著將介紹以所謂「貪婪法則」（Greedy Rule）為基礎，來求得一個無向連通圖形的最小花費樹的常見建立方法，分別是 Prim's 演算法及 Kruskal's 演算法。

7-4-3　Kruskal 演算法

Kruskal 演算法是將各邊線依權值大小由小到大排列，接著從權值最低的邊線開始架構最小成本擴張樹，如果加入的邊線會造成迴路則捨棄不用，直到加入了 n-1 個邊線為止。

這方法看起來似乎不難，我們直接來看如何以 K 氏法得到範例下圖中最小成本擴張樹：

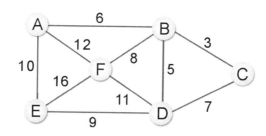

步驟1 把所有邊線的成本列出並由小到大排序：

起始頂點	終止頂點	成本
B	C	3
B	D	5
A	B	6
C	D	7
B	F	8
D	E	9
A	E	10
D	F	11
A	F	12
E	F	16

步驟2 選擇成本最低的一條邊線作為架構最小成本擴張樹的起點。

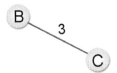

步驟3 依步驟1所建立的表格，依序加入邊線。

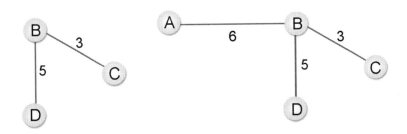

步驟 4 C–D 加入會形成迴路，所以直接跳過。

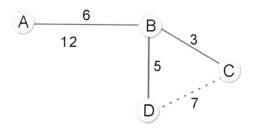

完成圖

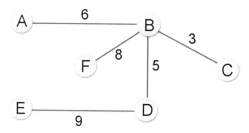

Kruskal 法的演算法：

```
const VERTS=6;                                    //圖形頂點數
class edge {
    constructor() {
        this.start=0;
        this.to=0;
        this.find=0;
        this.val=0;
        this.next=null;
    }
}
v=[];
for(let i=0;i<VERTS+1;i++) v[i]=0;
var findmincost=(head)=> {                         //搜尋成本最小的邊
    minval=100;
    let ptr=head;
```

```
    while (ptr!=null) {
        if (ptr.val<minval && ptr.find==0) {    //假如ptr.val的值小於minval
            minval=ptr.val;                      //就把ptr.val設為最小值
            retptr=ptr;                          //並且把ptr紀錄下來
        }
        ptr=ptr.next;
    }
    retptr.find=1;                               //將retptr設為已找到的邊
    return retptr;                               //傳回retptr
}
var mintree=(head)=> {                           //最小成本擴張樹函數
    let result=0;
    let ptr=head;
    for(let i=0;i<=VERTS;i++)
        v[i]=0;
    while (ptr!=null) {
        mceptr=findmincost(head);
        v[mceptr.start]=v[mceptr.start]+1;
        v[mceptr.to]=v[mceptr.to]+1;
        if (v[mceptr.start]>1 && v[mceptr.to]>1) {
            v[mceptr.start]=v[mceptr.start]-1;
            v[mceptr.to]=v[mceptr.to]-1;
            result=1;
        }
        else
            result=0;
        if (result==0) {
            process.stdout.write('起始頂點 ['+mceptr.start+'] -> 終止頂點 ['
            +mceptr.to+'] -> 路徑長度 ['+mceptr.val+']\n' );
        }
        ptr=ptr.next;
    }
}
```

範例 **7.4.1** 以下將利用一個二維陣列儲存並排序 K 氏法的成本表，試設計一程式來求取最小成本花費樹，二維陣列如下：

```
data=[[1,2,6],[1,6,12],[1,5,10],[2,3,3],
     [2,4,5],[2,6,8],[3,4,7],[4,6,11],
     [4,5,9],[5,6,16]];
```

程式碼：Kruskal.js

```javascript
01   const VERTS=6;    //圖形頂點數
02
03   class edge {
04       constructor() {
05           this.start=0;
06           this.to=0;
07           this.find=0;
08           this.val=0;
09           this.next=null;
10       }
11   }
12
13   v=[];
14   for(let i=0;i<VERTS+1;i++) v[i]=0;
15
16   var findmincost=(head)=> {                    //搜尋成本最小的邊
17       minval=100;
18       let ptr=head;
19       while (ptr!=null) {
20           if (ptr.val<minval && ptr.find==0) {  //假如ptr.val的值小於minval
21               minval=ptr.val;                   //就把ptr.val設為最小值
22               retptr=ptr;                       //並且把ptr紀錄下來
23           }
24           ptr=ptr.next;
25       }
26       retptr.find=1;                            //將retptr設為已找到的邊
27       return retptr;                            //傳回retptr
28   }
29
30   var mintree=(head)=> {                        //最小成本擴張樹函數
31       let result=0;
32       let ptr=head;
```

```
33          for(let i=0;i<=VERTS;i++)
34              v[i]=0;
35          while (ptr!=null) {
36              mceptr=findmincost(head);
37              v[mceptr.start]=v[mceptr.start]+1;
38              v[mceptr.to]=v[mceptr.to]+1;
39              if (v[mceptr.start]>1 && v[mceptr.to]>1) {
40                  v[mceptr.start]=v[mceptr.start]-1;
41                  v[mceptr.to]=v[mceptr.to]-1;
42                  result=1;
43              }
44              else
45                  result=0;
46              if (result==0) {
47                  process.stdout.write('起始頂點 ['+mceptr.start+'] -> 終止頂點 ['
48                  +mceptr.to+'] -> 路徑長度 ['+mceptr.val+']\n' );
49              }
50              ptr=ptr.next;
51          }
52      }
53
54
55      //成本表陣列
56      data=[[1,2,6],[1,6,12],[1,5,10],[2,3,3],
57          [2,4,5],[2,6,8],[3,4,7],[4,6,11],
58          [4,5,9],[5,6,16]];
59      var head=null;
60      //建立圖形串列
61      for(i=0;i<10;i++) {
62          for(j=1;j<=VERTS+1;j++) {
63              if (data[i][0]==j) {
64                  newnode=new edge();
65                  newnode.start=data[i][0];
66                  newnode.to=data[i][1];
67                  newnode.val=data[i][2];
68                  newnode.find=0;
69                  newnode.next=null;
70                  if (head==null) {
71                      head=newnode;
72                      head.next=null;
73                      ptr=head;
```

```
74                    }
75                else {
76                    ptr.next=newnode;
77                    ptr=ptr.next;
78                }
79            }
80        }
81  }
82
83  process.stdout.write('---------------------------------------------------\n');
84  process.stdout.write('建立最小成本擴張樹：\n');
85  process.stdout.write('---------------------------------------------------\n');
86  mintree(head);   //建立最小成本擴張樹
```

【執行結果】

```
D:\sample>node ex07/Kruskal.js
---------------------------------------------------
建立最小成本擴張樹：
---------------------------------------------------
起始頂點 [2] -> 終止頂點 [3] -> 路徑長度 [3]
起始頂點 [2] -> 終止頂點 [4] -> 路徑長度 [5]
起始頂點 [1] -> 終止頂點 [2] -> 路徑長度 [6]
起始頂點 [2] -> 終止頂點 [6] -> 路徑長度 [8]
起始頂點 [4] -> 終止頂點 [5] -> 路徑長度 [9]

D:\sample>
```

7-5 圖形最短路徑

在一個有向圖形 G=(V,E)，G 中每一個邊都有一個比例常數 W（Weight）與之對應，如果想求 G 圖形中某一個頂點 V_0 到其他頂點的最少 W 總和之值，這類問題就稱為最短路徑問題（The Shortest Path Problem）。由於交通運輸工具的便利與普及，所以兩地之間有發生運送或者資訊的傳遞下，最短路徑（Shortest Path）的問題隨時都可能因應需求而產生，簡單來說，就是找出兩個端點間可通行的捷徑。

我們在上節中所說明的花費最少擴張樹（MST），是計算連繫網路中每一個頂點所須的最少花費，但連繫樹中任兩頂點的路徑倒不一定是一條花費最少的路徑，這也是本節將研究最短路徑問題的主要理由。一般討論的方向有兩種：

① 單點對全部頂點（Single Source All Destination）。
② 所有頂點對兩兩之間的最短距離（All Pairs Shortest Paths）。

7-5-1　單點對全部頂點

一個頂點到多個頂點通常使用 Dijkstra 演算法求得，Dijkstra 的演算法如下：

假設 $S=\{V_i|V_i\in V\}$，且 V_i 在已發現的最短路徑，其中 $V_0\in S$ 是起點。

假設 $w\notin S$，定義 Dist(w) 是從 V_0 到 w 的最短路徑，這條路徑除了 w 外必屬於 S，且有下列幾點特性：

① 如果 u 是目前所找到最短路徑之下一個節點，則 u 必屬於 V-S 集合中最小花費成本的邊。
② 若 u 被選中，將 u 加入 S 集合中，則會產生目前的由 V_0 到 u 最短路徑，對於 $w\notin S$，DIST(w) 被改變成 DIST(w) ← Min{DIST(w),DIST(u)+COST(u,w)}

從上述的演算法我們可以推演出如下的步驟：

步驟 1
> G=(V,E)
> D[k]=A[F,k] 其中 k 從 1 到 N
> S={F}
> V={1,2,……N}

D 為一個 N 維陣列用來存放某一頂點到其他頂點最短距離

F 表示起始頂點

A[F,I] 為頂點 F 到 I 的距離

V 是網路中所有頂點的集合

E 是網路中所有邊的組合

S 也是頂點的集合，其初始值是 S={F}

步驟 2 從 V-S 集合中找到一個頂點 x，使 D(x) 的值為最小值，並把 x 放入 S 集合中。

步驟 3 依下列公式

D[I]=min(D[I],D[x]+A[x,I]) 其中 (x,I)∈E 來調整 D 陣列的值，其中 I 是指 x 的相鄰各頂點。

步驟 4 重複執行 **步驟 2** ，一直到 V-S 是空集合為止。

我們直接來看一個例子，請找出下圖中，頂點 5 到各頂點間的最短路徑。

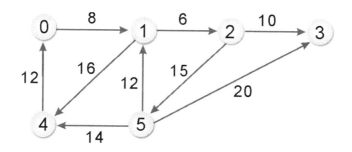

做法相當簡單，首先由頂點 5 開始，找出頂點 5 到各頂點間最小的距離，到達不了以 ∞ 表示。步驟如下：

步驟 1 D[0]=∞,D[1]=12,D[2]=∞,D[3]=20,D[4]=14。在其中找出值最小的頂點，加入 S 集合中。

步驟 2 D[0]= ∞,D[1]=12,D[2]=18,D[3]=20,D[4]=14。D[4] 最小，加入 S 集合中。

步驟 3 D[0]=26,D[1]=12,D[2]=18,D[3]=20,D[4]=14。D[2] 最小，加入 S 集合中。

步驟 4 D[0]=26,D[1]=12,D[2]=18,D[3]=20,D[4]=14。D[3] 最小，加入 S 集合中。

步驟 5 加入最後一個頂點即可到下表：

步驟	S	0	1	2	3	4	5	選擇
1	5	∞	12	∞	20	14	0	1
2	5,1	∞	12	18	20	14	0	4
3	5,1,4	26	12	18	20	14	0	2
4	5,1,4,2	26	12	18	20	14	0	3
5	5,1,4,2,3	26	12	18	20	14	0	0

由頂點 5 到其他各頂點的最短距離為：

頂點 5- 頂點 0：26

頂點 5- 頂點 1：12

頂點 5- 頂點 2：18

頂點 5- 頂點 3：20

頂點 5- 頂點 4：14

範例 **7.5.1** 請設計一程式，以 Dijkstra 演算法來求取下列圖形成本陣列中，頂點 1 對全部圖形頂點間的最短路徑：

```
Path_Cost = [ [1, 2, 29], [2, 3, 30],[2, 4, 35],
              [3, 5, 28],[3, 6, 87],[4, 5, 42],
              [4, 6, 75],[5, 6, 97]];
```

程式碼：Dijkstra.js

```
01   const SIZE=7;
02   const NUMBER=6;
03   const INFINITE=99999; // 無窮大
04   var Graph_Matrix=[[0,0,0,0,0,0,0],
05                     [0,0,0,0,0,0,0],
06                     [0,0,0,0,0,0,0],
07                     [0,0,0,0,0,0,0],
08                     [0,0,0,0,0,0,0],
09                     [0,0,0,0,0,0,0],
10                     [0,0,0,0,0,0,0]];
11   var distance=[];  // 路徑長度陣列
```

```
12    for(let i=0;i<SIZE;i++) distance[i]=0;
13
14    // 建立圖形
15    var BuildGraph_Matrix=(Path_Cost)=> {
16        for(let i=1;i<SIZE;i++) {
17            for(let j=1;j<SIZE;j++) {
18                if (i == j)
19                    Graph_Matrix[i][j] = 0; // 對角線設為0
20                else
21                    Graph_Matrix[i][j] = INFINITE;
22            }
23        }
24        // 存入圖形的邊線
25        i=0;
26        while (i<SIZE) {
27            Start_Point = Path_Cost[i][0];
28            End_Point = Path_Cost[i][1];
29            Graph_Matrix[Start_Point][End_Point]=Path_Cost[i][2];
30            i+=1;
31        }
32    }
33
34    // 單點對全部頂點最短距離
35    var shortestPath=(vertex1, vertex_total)=>{
36        let shortest_vertex = 1; //紀錄最短距離的頂點
37        let goal=[];   //用來紀錄該頂點是否被選取
38        for(let i=1;i<vertex_total+1;i++) {
39            goal[i] = 0;
40            distance[i] = Graph_Matrix[vertex1][i];
41        }
42        goal[vertex1] = 1;
43        distance[vertex1] = 0;
44        process.stdout.write('\n');
45
46        for(let i=1;i<vertex_total;i++) {
47            shortest_distance = INFINITE;
48            for(let j=1;j<vertex_total+1;j++) {
49                if (goal[j]==0 && shortest_distance>distance[j]) {
50                    shortest_distance=distance[j];
51                    shortest_vertex=j;
52                }
53            }
```

```
54
55              goal[shortest_vertex] = 1;
56              // 計算開始頂點到各頂點最短距離
57              for(let j=1;j<vertex_total+1;j++) {
58                  if (goal[j] == 0 &&
59                      distance[shortest_vertex]+Graph_Matrix[shortest_vertex]
   [j]<distance[j]) {
60                          distance[j]=distance[shortest_vertex] +
61                                  Graph_Matrix[shortest_vertex][j];
62                  }
63              }
64      }
65 }
66 // 主程式
67
68 Path_Cost = [ [1, 2, 29], [2, 3, 30],[2, 4, 35],
69                  [3, 5, 28],[3, 6, 87],[4, 5, 42],
70                  [4, 6, 75],[5, 6, 97]];
71
72 BuildGraph_Matrix(Path_Cost);
73 shortestPath(1,NUMBER); // 找尋最短路徑
74 process.stdout.write('----------------------------------\n');
75 process.stdout.write('頂點1到各頂點最短距離的最終結果\n')
76 process.stdout.write('----------------------------------\n');
77 for (let j=1;j<SIZE;j=j+1) {
78      process.stdout.write('頂點 1到頂點'+j+'的最短距離='+distance[j]+'\n');
79 }
80 process.stdout.write('----------------------------------\n');
```

【執行結果】

```
D:\sample>node ex07/Dijkstra.js

----------------------------------
頂點1到各頂點最短距離的最終結果
----------------------------------
頂點 1到頂點1的最短距離=0
頂點 1到頂點2的最短距離=29
頂點 1到頂點3的最短距離=59
頂點 1到頂點4的最短距離=64
頂點 1到頂點5的最短距離=87
頂點 1到頂點6的最短距離=139
----------------------------------

D:\sample>_
```

7-5-2 兩兩頂點間的最短路徑

由於 Dijkstra 的方法只能求出某一點到其他頂點的最短距離，如果要求出圖形中任兩點，甚至所有頂點間最短的距離，就必須使用 Floyd 演算法。

Floyd 演算法定義：

① $A^k[i][j]=\min\{A^{k-1}[i][j], A^{k-1}[i][k]+A^{k-1}[k][j]\}$，$k \geq 1$

　　k 表示經過的頂點，$A^k[i][j]$ 為從頂點 i 到 j 的經由 k 頂點的最短路徑。

② $A^0[i][j]=COST[i][j]$（即 A^0 便等於 COST）。

③ A^0 為頂點 i 到 j 間的直通距離。

④ $A^n[i,j]$ 代表 i 到 j 的最短距離，即 A^n 便是我們所要求的最短路徑成本矩陣。

這樣看起來似乎覺得 Floyd 演算法相當複雜難懂，我們將直接以實例說明它的演算法則。例如試以 Floyd 演算法求得下圖各頂點間的最短路徑：

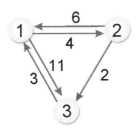

步驟 1　找到 $A^0[i][j]=COST[i][j]$，A^0 為不經任何頂點的成本矩陣。若沒有路徑則以 ∞（無窮大）表示。

A^0	1	2	3
1	0	4	11
2	6	0	2
3	3	∞	0

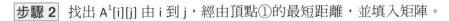

步驟 2 找出 $A^1[i][j]$ 由 i 到 j，經由頂點①的最短距離，並填入矩陣。

$A^1[1][2]$ =min$\{A^0[1][2],A^0[1][1]+A^0[1][2]\}$

    =min$\{4,0+4\}$=4

$A^1[1][3]$ =min$\{A^0[1][3],A^0[1][1]+A^0[1][3]\}$

    =min$\{11,0+11\}$=11

$A^1[2][1]$ =min$\{A^0[2][1],A^0[2][1]+A^0[1][1]\}$

    =min$\{6,6+0\}$=6

$A^1[2][3]$ =min$\{A^0[2][3],A^0[2][1]+A^0[1][3]\}$

    =min$\{2,6+11\}$=2

$A^1[3][1]$ =min$\{A^0[3][1],A^0[3][1]+A^0[1][1]\}$

    =min$\{3,3+0\}$=3

$A^1[3][2]$ =min$\{A^0[3][2],A^0[3][1]+A^0[1][2]\}$

    =min$\{\infty,3+4\}$=7

依序求出各頂點的值後可以得到 A^1 矩陣：

A^1	1	2	3
1	0	4	11
2	6	0	2
3	3	7	0

步驟 3 求出 $A^2[i][j]$ 經由頂點②的最短距離。

$A^2[1][2]$ =min$\{A^1[1][2],A^1[1][2]+A^1[2][2]\}$

    =min$\{4,4+0\}$=4

$A^2[1][3]$ =min$\{A^1[1][3],A^1[1][2]+A^1[2][3]\}$

    =min$\{11,4+2\}$=6

依序求其他各頂點的值可得到 A^2 矩陣：

A^2	1	2	3
1	0	4	6
2	6	0	2
3	3	7	0

步驟4 出 $A^3[i][j]$ 經由頂點③的最短距離。

$A^3[1][2] = \min\{A^2[1][2], A^2[1][3] + A^2[3][2]\}$

$\qquad\quad = \min\{4, 6+7\} = 4$

$A^3[1][3] = \min\{A^2[1][3], A^2[1][3] + A^2[3][3]\}$

$\qquad\quad = \min\{6, 6+0\} = 6$

依序求其他各頂點的值可得到 A^3 矩陣

A^3	1	2	3
1	0	4	6
2	5	0	2
3	3	7	0

完　成 所有頂點間的最短路徑為矩陣 A^3 所示。

　　由上例可知，一個加權圖形若有 n 個頂點，則此方法必須執行 n 次迴圈，逐一產生 $A^1, A^2, A^3, \ldots\ldots A^k$ 個矩陣。但因 Floyd 演算法較為複雜，讀者也可以用上一小節所討論的 Dijkstra 演算法，依序以各頂點為起始頂點，如此一來可以得到相同的結果。

範例 **7.5.2** 請設計一程式，以 Floyd 演算法來求取下列圖形成本陣列中，所有頂點兩兩之間的最短路徑，原圖形的鄰接矩陣陣列如下：

```
Path_Cost = [[1, 2,20],[2, 3, 30],[2, 4, 25],
             [3, 5, 28],[4, 5, 32],[4, 6, 95],[5, 6, 67]];
```

程式碼：**Floyd.js**

```
01   const SIZE=7;
02   const NUMBER=6;
03   const INFINITE=99999; // 無窮大
04   var Graph_Matrix=[[0,0,0,0,0,0,0],
05                     [0,0,0,0,0,0,0],
06                     [0,0,0,0,0,0,0],
07                     [0,0,0,0,0,0,0],
08                     [0,0,0,0,0,0,0],
09                     [0,0,0,0,0,0,0],
10                     [0,0,0,0,0,0,0]];
11   var distance=[];    //路徑長度陣列
12   for(let i=0;i<SIZE;i++) {
13       distance[i]=new Array();
14       for(let j=0;j<SIZE;j++)
15           distance[i][j]=0;
16   }
17
18   // 建立圖形
19   var BuildGraph_Matrix=(Path_Cost)=> {
20       for(let i=1;i<SIZE;i++) {
21           for(let j=1;j<SIZE;j++) {
22               if (i == j)
23                   Graph_Matrix[i][j] = 0; // 對角線設為0
24               else
25                   Graph_Matrix[i][j] = INFINITE;
26           }
27       }
28       // 存入圖形的邊線
29       let i=0;
30       while (i<SIZE) {
31           Start_Point = Path_Cost[i][0];
32           End_Point = Path_Cost[i][1];
33           Graph_Matrix[Start_Point][End_Point]=Path_Cost[i][2];
```

```
34           i+=1;
35       }
36  }
37
38  var shortestPath=(vertex_total)=> {
39      // 圖形長度陣列初始化
40      for (let i=1; i<vertex_total+1; i++) {
41          for (let j=i; j<vertex_total+1; j++) {
42              distance[i][j]=Graph_Matrix[i][j];
43              distance[j][i]=Graph_Matrix[i][j];
44          }
45      }
46
47      // 利用Floyd演算法找出所有頂點兩兩之間的最短距離
48      for (let k=1; k<vertex_total+1; k++) {
49          for (let i=1; i<vertex_total+1; i++) {
50              for (let j=1; j<vertex_total+1; j++) {
51                  if (distance[i][k]+distance[k][j]<distance[i][j])
52                      distance[i][j] = distance[i][k] + distance[k][j];
53              }
54          }
55      }
56  }
57
58  Path_Cost = [[1, 2,20],[2, 3, 30],[2, 4, 25],
59              [3, 5, 28],[4, 5, 32],[4, 6, 95],[5, 6, 67]];
60  BuildGraph_Matrix(Path_Cost);
61  process.stdout.write('========================================\n');
62  process.stdout.write('        所有頂點兩兩之間的最短距離：\n');
63  process.stdout.write('========================================\n');
64  shortestPath(NUMBER); // 計算所有頂點間的最短路徑
65  //求得兩兩頂點間的最短路徑長度陣列後，將其印出
66  process.stdout.write('\t頂點1\t頂點2\t頂點3\t頂點4\t頂點5\t頂點6\n');
67  for (let i=1; i<NUMBER+1; i++) {
68      process.stdout.write('頂點'+i+'\t');
69      for (let j=1; j<NUMBER+1; j++) {
70          process.stdout.write(distance[i][j]+'\t');
71      }
72      process.stdout.write('\n');
73  }
74  process.stdout.write('========================================');
75  process.stdout.write('\n');
```

【執行結果】

```
D:\sample>node ex07/Floyd.js
      所有頂點兩兩之間的最短距離:

        頂點1    頂點2    頂點3    頂點4    頂點5    頂點6
頂點1   0        20       50       45       77       140
頂點2   20       0        30       25       57       120
頂點3   50       30       0        55       28       95
頂點4   45       25       55       0        32       95
頂點5   77       57       28       32       0        67
頂點6   140      120      95       95       67       0


D:\sample>
```

7-6 AOV 網路與拓樸排序

網路圖主要用來協助規劃大型工作計畫，首先我們將複雜的工作細分成很多工作項，而每一個工作項代表網路的一個頂點，由於每一個工作可能有完成之先後順序，有些可以同時進行，有些則不行。因此可用網路圖來表示其先後完成之順序。這種以頂點來代表工作的網路，稱頂點工作網路（Activity On Vertex Network），簡稱 AOV 網路。如下所示：

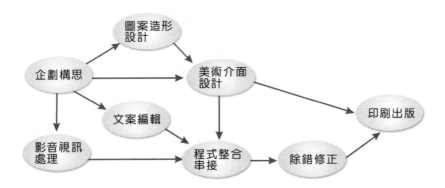

更清楚的說，AOV 網路就是在一個有向圖形 G 中，每一節點代表一項工作或行為，邊代表工作之間存在的優先關係。即 $<V_i,V_j>$ 表示 $V_i \rightarrow V_j$ 的工作，其中頂點 V_i 的工作必須先完成後，才能進行頂點 V_j 的工作，則稱 V_i 為 V_j 的「先行者」，而 V_j 為 V_i 的「後繼者」。

7-6-1 拓樸序列簡介

如果在 AOV 網路中，具有部份次序的關係（即有某幾個頂點為先行者），拓樸排序的功能就是將這些部份次序（Partial Order）的關係，轉換成線性次序（Linear Order）的關係。例如 i 是 j 的先行者，在線性次序中，i 仍排在 j 的前面，具有這種特性的線性次序就稱為拓樸序列（Topological Order）。排序的步驟如下：

① 尋找圖形中任何一個沒有先行者的頂點。

② 輸出此頂點，並將此頂點的所有邊全部刪除。

③ 重複以上兩個步驟處理所有頂點。

我們將試著實作求出下圖的拓樸排序，拓樸排序所輸出的結果不一定是唯一的，如果同時有兩個以上的頂點沒有先行者，那結果就不是唯一解：

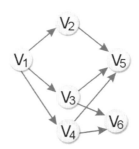

步驟 1 首先輸出 V_1，因為 V_1 沒有先行者，且刪除 <V_1,V_2>，<V_1,V_3>，<V_1,V_4>。

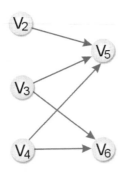

步驟 2 可輸出 V_2、V_3 或 V_4，這裡我們選擇輸出 V_4。

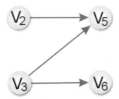

步驟 3 輸出 V_3。

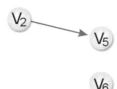

步驟 4 輸出 V_6。

步驟 5 輸出 V_2、V_5。

=> 拓撲排序則為 V_1 → V_4 → V_3 → V_6 → V_2 → V_5

範例 **7.6.1** 請寫出下圖的拓樸排序。

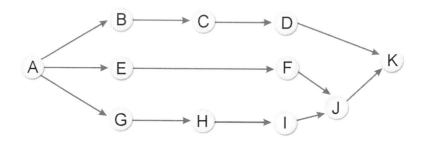

解答 拓樸排序結果：A, B, E, G, C, F, H, D, I, J, K

7-7 AOE 網路

之前所談的 AOV 網路是指在有向圖形中的頂點表示一項工作，而邊表示頂點之間的先後關係。下面還要來介紹一個新名詞 AOE（Activity On Edge）。所謂 AOE 是指事件（event）的行動（action）在邊上的有向圖形。

其中的頂點做為各「進入邊事件」（incident in edge）的匯集點，當所有「進入邊事件」的行動全部完成後，才可以開始「外出邊事件」（incident out edge）的行動。在 AOE 網路會有一個源頭頂點和目的頂點。從源頭頂點開始計時，執行各邊上事件的行動，到目的頂點完成為止，所需的時間為所有事件完成的時間總花費。

7-7-1 臨界路徑

AOE 完成所需的時間是由一條或數條的臨界路徑（critical path）所控制。所謂臨界路徑就是 AOE 有向圖形從源頭頂點到目的頂點間所需花費時間最長的一條有方向性的路徑，當有一條以上的花費時間相等，而且都是最長，則這些路徑都稱為此 AOE 有向圖形的臨界路徑（critical path）。也就是說，想縮短整個 AOE 完成的花費時間，必須設法縮短臨界路徑各邊行動所需花費的時間。

臨界路徑乃是用來決定一個計畫至少需要多少時間才可以完成。亦即在 AOE 有向圖形中從源頭頂點到目的頂點間最長的路徑長度。我們看下圖：

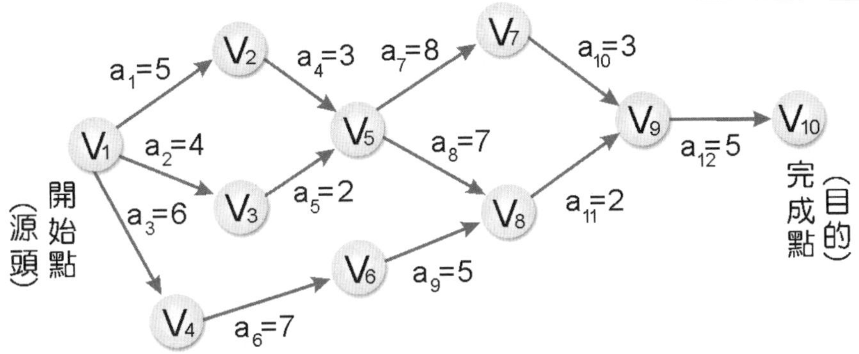

上圖代表 12 個 action($a_1,a_2,a_3,a_4...,a_{12}$) 及 10 個 event($v_1,v_2,v_3...V_{10}$)，我們先看看一些重要相關定義：

最早時間（Earlest Time）

AOE 網路中頂點的最早時間為該頂點最早可以開始其外出邊事件（incident out edge）的時間，它必須由最慢完成的進入邊事件所控制，我們用 TE 表示。

最晚時間（Latest Time）

AOE 網路中頂點的最晚時間為該頂點最慢可以開始其外出邊事件（incident out edge）而不會影響整個 AOE 網路完成的時間。它是由外出邊事件（incident out edge）中最早要求開始者所控制。我們以 TL 表示。

至於 TE 及 TL 的計算原則為：

TE：由前往後（即由源頭到目的正方向），若第 i 項工作前面幾項工作有好幾個完成時段，取其中最大值。

TL：由後往前（即由目的到源頭的反方向），若第 i 項工作後面幾項工作有好幾個完成時段，取其中最小值。

◑ 臨界頂點（Critical Vertex）

AOE 網路中頂點的 TE=TL，我們就稱它為臨界頂點。從源頭頂點到目的頂點的各個臨界頂點可以構成一條或數條的有向臨界路徑。只要控制好臨界路徑所花費的時間，就不會 Delay 工作進度。如果集中火力縮短臨界路徑所需花費的時間，就可以加速整個計畫完成的速度。我們以下圖為例來簡單說明如何決定臨界路徑：

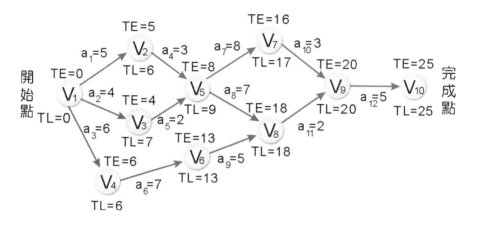

由上圖得知 V_1、V_4、V_6、V_8、V_9、V_{10} 為臨界頂點（Critical Vertex），可以求得如下的臨界路徑（Critical Path）：

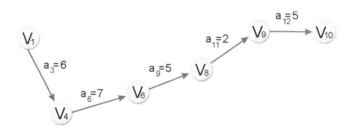

1. 請問以下哪些是圖形的應用（Application）？
   (1) 工作排程　　　(2) 遞迴程式　(3) 電路分析　　(4) 排序
   (5) 最短路徑尋找　(6) 模擬　　　(7) 副程式呼叫　(8) 都市計畫

2. 何謂尤拉鏈（Eulerian chain）理論？試繪圖說明。

3. 求出下圖的 DFS 與 BFS 結果。

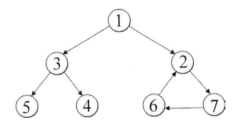

4. 何謂複線圖（multigraph）？試繪圖說明。

5. 請以 K 氏法求取下圖中最小成本擴張樹：

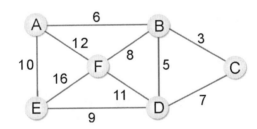

6. 請寫出下圖的相鄰矩陣表示法及兩地之間最短距離的表示矩陣。

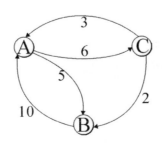

7. 求下圖之拓樸排序。

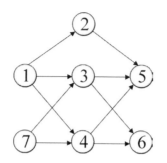

8. 求下取圖的拓撲排序。

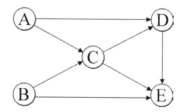

9. 下圖是否為雙連通圖形（Biconnected Graph）？有哪些連通單元（Connected Components）？試說明之。

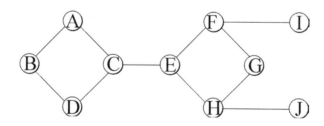

10. 請問圖形有那四種常見的表示法？

11. 試簡述圖形追蹤的定義。

12. 請簡述拓樸排序的步驟。

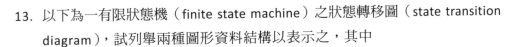

13. 以下為一有限狀態機（finite state machine）之狀態轉移圖（state transition diagram），試列舉兩種圖形資料結構以表示之，其中

- S 代表狀態 S
- 射線（→）表示轉移方式
- 射線上方 A/B
- A 代表輸入訊號
- B 代表輸出訊號

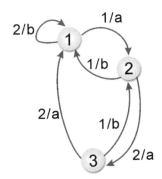

14. 何謂完整圖形，請說明之。

15. 下圖為圖形 G：

   (1) 請以① 相鄰串列（Adjacency List）及

   　　② 相鄰陣列（Adjacency Matrix）表示 G。

   (2) 利用① 深度優先（Depth First）搜尋法

   　　② 廣度優先（Breadth First）搜尋法求出 Spanning Tree。

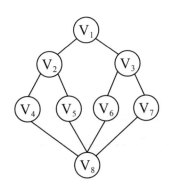

16. 以下所列之樹皆是關於圖形 G 之搜尋樹（Search Tree）。假設所有的搜尋皆始於節點（Node）1。試判定每棵樹是深度優先搜尋樹（Depth-First Search Tree），或廣度優先搜尋樹（Breadth-First Search Tree），或二者皆非。

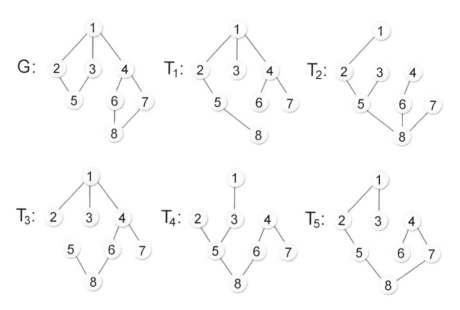

17. 求 V_1、V_2、V_3 任兩頂點之最短距離，並描述其過程。

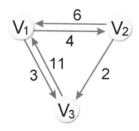

18. 假設在註有各地距離之圖上（單行道），求各地之間之最短距離（Shortest Paths）求下列各題。

    (1) 利用距離，將下圖資料儲存起來，請寫出結果。

    (2) 寫出所有各地間最短距離執行法。

(3) 寫出最後所得之矩陣,並說明其可表示所求各地間之最短距離。

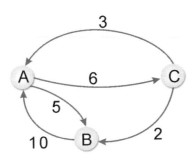

19. 求下圖之相鄰矩陣:

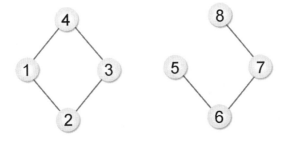

20. 何謂擴張樹?擴張樹應該包含哪些特點?

21. 在求得一個無向連通圖形的最小花費樹 Prim's 演算法的主要作法為何? 試簡述之。

22. 在求得一個無向連通圖形的最小花費樹 Kruskal 演算法的主要作法為何? 試簡述之。

23. 請以相鄰矩陣表示下列有向圖。

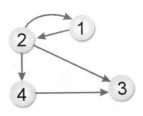

MEMO.

8

排序

隨著資訊科技的逐漸普及與全球國際化的影響，企業所擁有的資料量成倍數成長。無論龐大的商業應用軟體，或小至個人的文書處理軟體，每項作業的核心都與資料庫有莫大的關係，而資料庫中最常見且重要的功能就是排序與搜尋。

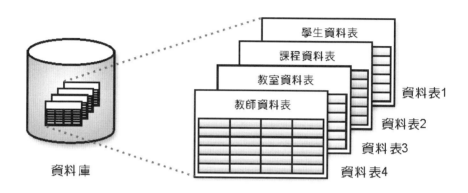

「排序」（Sorting）是指將一群資料，按特定規則調換位置，使資料具有某種次序關係（遞增或遞減），例如資料庫內可針對某一欄位進行排序，而此欄位稱為「鍵（key）」，欄位裡面的值我們稱之為「鍵值（key value）」

8-1 排序簡介

在排序的過程中，資料的移動方式可分為「直接移動」及「邏輯移動」兩種。「直接移動」是直接交換儲存資料的位置，而「邏輯移動」並不會移動資料儲存位置，僅改變指向這些資料的輔助指標的值。

鍵值

R1	4	DD
R2	2	BB
R3	1	AA
R4	5	EE
R5	3	CC

R1	1	AA
R2	2	BB
R3	3	CC
R4	4	DD
R5	5	EE

直接移動排序

原來指標　　　排序後指標表

R1	4	DD
R2	2	BB
R3	1	AA
R4	5	EE
R5	3	CC

邏輯移動排序

　　兩者間優劣在於直接移動會浪費許多時間進行資料的更動，而邏輯移動只要改變輔助指標指向的位置就能輕易達到排序的目的，例如在資料庫中可在報表中可顯示多筆記錄，也可以針對這些欄位的特性來分組並進行排序與彙總，這就是屬於邏輯移動，而不是真正移動實際改變檔案中的位置。基本上，資料在經過排序後，會有下列三點好處：

① 資料較容易閱讀。
② 資料較利於統計及整理。
③ 可大幅減少資料搜尋的時間。

8-1-1　排序的分類

　　排序可以依照執行時所使用的記憶體種類區分為以下兩種方式：

① 內部排序：排序的資料量小，可以完全在記憶體內進行排序。
② 外部排序：排序的資料量無法直接在記憶體內進行排序，而必須使用到輔助記憶體（如硬碟）。

　　常見的排序法有：氣泡排序法、選擇排序法、插入排序法、合併排序法、快速排序法、堆積排序法、謝耳排序法、基數排序法等。在後面的章節中，將會針對以上方法作更進一步的說明。

8-1-2　排序演算法分析

　　排序演算法的選擇將影響到排序的結果與績效，通常可由以下幾點決定：

● 演算法穩定與否

　　穩定的排序是指資料在經過排序後，兩個相同鍵值的記錄仍然保持原來的次序，如下例中 $7_左$ 的原始位置在 $7_右$ 的左邊（所謂 $7_左$ 及 $7_右$ 是指相同鍵值一個在左一個在右），穩定的排序（Stable Sort）後 $7_左$ 仍應在 $7_右$ 的左邊，不穩定排序則有可能 $7_左$ 會跑到 $7_右$ 的右邊去。例如：

原始資料順序：	7左	2	9	7右	6
穩定的排序：	2	6	7左	7右	9
不穩定的排序：	2	6	7右	7左	9

❶ 時間複雜度（Time Complexity）

　　當資料量相當大時，排序演算法所花費的時間就顯得相當重要。排序演算法的時間複雜度可分為最好情況（Best Case）、最壞情況（Worst Case）及平均情況（Average Case）。最好情況就是資料已完成排序，例如原本資料已經完成遞增排序了，如果再進行一次遞增排序所使用的時間複雜度就是最好情況。最壞情況是指每一鍵值均須重新排列，簡單的例子如原本為遞增排序重新排序成為遞減，就是最壞情況，如下所示：

排序前：2	3	4	6	8	9
排序後：9	8	6	4	3	2

❶ 空間複雜度（Space Complexity）

　　我們知道空間複雜度就是指演算法在執行過程所需付出的額外記憶體空間。例如所挑選的排序法必須藉助遞迴的方式來進行，那麼遞迴過程中會使用到的堆疊就是這個排序法必須付出的額外空間。另外，任何排序法都有資料對調的動作，資料對調就會暫時用到一個額外的空間，它也是排序法中空間複雜度要考慮的問題。排序法所使用到的額外空間愈少，它的空間複雜度就愈佳。例如氣泡法在排序過程中僅會用到一個額外的空間，在所有的排序演算法中，這樣的空間複雜度就算是最好的。

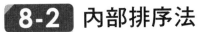內部排序法

排序的各種演算法稱得上是資料結構這門學科的精髓所在。每一種排序方法都有其適用的情況與資料種類。首先我們將內部排序法依照演算法的時間複雜度及鍵值整理如下表：

	排序名稱	排序特性
簡單排序法	1. 氣泡排序法（Bubble Sort）	(1) 穩定排序法 (2) 空間複雜度為最佳，只需一個額外空間 O(1)
	2. 選擇排序法（Selection Sort）	(1) 不穩定排序法 (2) 空間複雜度為最佳，只需一個額外空間 O(1)
	3. 插入排序法（Insertion Sort）	(1) 穩定排序法 (2) 空間複雜度為最佳，只需一個額外空間 O(1)
	4. 謝耳排序法（Shell Sort）	(1) 穩定排序法 (2) 空間複雜度為最佳，只需一個額外空間 O(1)
高等排序法	1. 快速排序法（Quick Sort）	(1) 不穩定排序法 (2) 空間複雜度最差 O(n) 最佳 $O(\log_2 n)$
	2. 堆積排序法（Heap Sort）	(1) 不穩定排序法 (2) 空間複雜度為最佳，只需一個額外空間 O(1)
	3. 基數排序法（Radix Sort）	(1) 穩定排序法 (2) 空間複雜度為 O(np)，n 為原始資料的個數，p 為基底

8-2-1 氣泡排序法

氣泡排序法又稱為交換排序法，是由觀察水中氣泡變化構思而成，原理是由第一個元素開始，比較相鄰元素大小，若大小順序有誤，則對調後再進行下一個元素的比較，就彷彿氣泡逐漸由水底逐漸冒升到水面上一樣。如此掃描過一次之後就可確保最後一個元素是位於正確的順序。接著再逐步進行第二次掃描，直到完成所有元素的排序關係為止。

以下排序我們利用 55、23、87、62、16 數列的排序過程,您可以清楚知道氣泡排序法的演算流程:

◎ 由小到大排序

原始值:

① 第一次掃描會先拿第一個元素 55 和第二個元素 23 作比較,如果第二個元素小於第一個元素,則作交換的動作。接著拿 55 和 87 作比較,就這樣一直比較並交換,到第 4 次比較完後即可確定最大值在陣列的最後面。

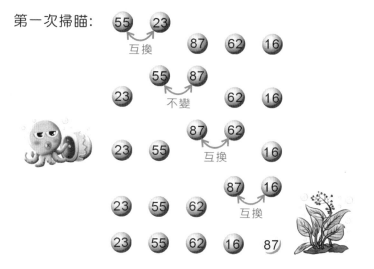

② 第二次掃描亦從頭比較起,但因最後一個元素在第一次掃描就已確定是陣列最大值,故只需比較 3 次即可把剩餘陣列元素的最大值排到剩餘陣列的最後面。

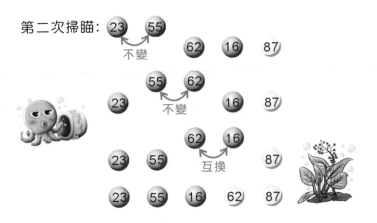

第二次掃瞄：

③　第三次掃描完，完成三個值的排序。

第三次掃瞄：

④　第四次掃描完，即可完成所有排序。

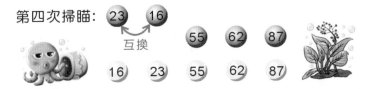

第四次掃瞄：

　　由此可知 5 個元素的氣泡排序法必須執行 5-1 次掃描，第一次掃描需比較 5-1 次，共比較 4+3+2+1=10 次。

ⓞ 氣泡法分析

① 最壞清況及平均情況均需比較：$(n-1)+(n-2)+(n-3)+...+3+2+1= \dfrac{n(n-1)}{2}$ 次；時間複雜度為 $O(n^2)$，最好情況只需完成一次掃描，發現沒有做交換的動作則表示已經排序完成，所以只做了 n-1 次比較，時間複雜度為 $O(n)$。

② 由於氣泡排序為相鄰兩者相互比較對調，並不會更改其原本排列的順序，所以是穩定排序法。

③ 只需一個額外的空間，所以空間複雜度為最佳。

④ 此排序法適用於資料量小或有部份資料已經過排序。

範例 8.2.1 請設計一程式，並使用氣泡排序法來將以下的數列排序：

```
16,25,39,27,12,8,45,63
```

程式碼：bubble.js

```javascript
01  var data=[16,25,39,27,12,8,45,63]; // 原始資料
02  console.log('氣泡排序法：原始資料為：');
03  for (i=0;i<8;i++) process.stdout.write(data[i]+' ');
04
05  console.log();
06
07  for (i=7;i>0;i--){ //掃描次數
08      for (j=0; j<i;j++){
09          if (data[j]>data[j+1]) { //比較,交換的次數
10              temp=data[j];  //比較相鄰兩數,如果第一數較大則交換
11              data[j]=data[j+1];
12              data[j+1]=temp;
13          }
14      }
15      process.stdout.write('第 '+(8-i)+' 次排序後的結果是：') //把各次掃描後的結果印出
16      for (j=0;j<8;j++) process.stdout.write(data[j]+' ');
17      console.log();
18  }
19  console.log('排序後結果為：');
20  for (j=0;j<8;j++) process.stdout.write(data[j]+' ');
21  console.log();
```

CHAPTER 8 排序

【執行結果】

```
D:\sample>node ex08/bubble.js
氣泡排序法：原始資料為：
16 25 39 27 12 8 45 63
第 1 次排序後的結果是：16 25 27 12 8 39 45 63
第 2 次排序後的結果是：16 25 12 8 27 39 45 63
第 3 次排序後的結果是：16 12 8 25 27 39 45 63
第 4 次排序後的結果是：12 8 16 25 27 39 45 63
第 5 次排序後的結果是：8 12 16 25 27 39 45 63
第 6 次排序後的結果是：8 12 16 25 27 39 45 63
第 7 次排序後的結果是：8 12 16 25 27 39 45 63
排序後結果為：
8 12 16 25 27 39 45 63

D:\sample>
```

範例 8.2.2 我們知道傳統氣泡排序法有個缺點，就是不管資料是否已排序完成都固定會執行 n(n-1)/2 次，請設計一程式，利用所謂崗哨的觀念，可以提前中斷程式，又可得到正確的資料，來增加程式執行效能。

程式碼：**bubble_rev.js**

```
01  //[示範]:改良氣泡排序法
02  const size=6;
03  var showdata=(data)=> {    //利用迴圈列印資料
04      for (i =0; i<size; i++) process.stdout.write(data[i]+' ');
05      process.stdout.write('\n');
06  }
07
08  var bubble=(data)=> {
09      for (i=size-1; i>-1; i--) {
10          flag=0; //flag用來判斷是否有執行交換的動作
11          for (j=0; j<i; j++) {
12              if (data[j+1]<data[j]) {
13                  temp=data[j];
14                  data[j]=data[j+1];
15                  data[j+1]=temp;
16                  flag+=1;    //如果有執行過交換，則flag不為0
17              }
18          }
19          if (flag==0)
```

8-9

```
20              break;
21          //當執行完一次掃描就判斷是否做過交換動作，如果沒有交換過資料
22          //，表示此時陣列已完成排序，故可直接跳出迴圈
23          process.stdout.write('第 '+(size-i)+' 次排序:');
24          for (j =0; j<size; j++) process.stdout.write(data[j]+' ');
25              process.stdout.write('\n');
26      }
27      process.stdout.write('排序後結果為:');
28      showdata (data);
29  }
30
31  data=[4,6,2,7,8,9];   //原始資料
32  process.stdout.write('改良氣泡排序法原始資料為:\n');
33  bubble (data);
```

【執行結果】

```
D:\sample>node ex08/bubble_rev.js
改良氣泡排序法原始資料為：
第 1 次排序：4 2 6 7 8 9
第 2 次排序：2 4 6 7 8 9
排序後結果為：2 4 6 7 8 9

D:\sample>
```

8-2-2 選擇排序法

選擇排序法（Selection Sort）可使用兩種方式排序，一為在所有的資料中，當由大至小排序，則將最大值放入第一位置；若由小至大排序時，則將最大值放入位置末端。例如一開始在所有的資料中挑選一個最小項放在第一個位置（假設是由小到大），再從第二筆開始挑選一個最小項放在第 2 個位置，依樣重複，直到完成排序為止。

以下我們仍然利用 55、23、87、62、16 數列的由小到大排序過程，來說明選擇排序法的演算流程：

原始值：55 23 87 62 16

① 首先找到此數列中最小值後與第一個元素交換。

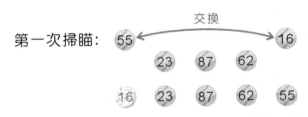

② 從第二個值找起，找到此數列中（不包含第一個）的最小值，再和第二個值交換。

③ 從第三個值找起，找到此數列中（不包含第一、二個）的最小值，再和第三個值交換。

④ 從第四個值找起，找到此數列中（不包含第一、二、三個）的最小值，再和第四個值交換，則此排序完成。

◑ 選擇法分析

① 無論是最壞情況、最佳情況及平均情況都需要找到最大值（或最小值），因此其比較次數為：$(n-1)+(n-2)+(n-3)+...+3+2+1=\dfrac{n(n-1)}{2}$ 次；時間複雜度為 $O(n^2)$。

② 由於選擇排序是以最大或最小值直接與最前方未排序的鍵值交換，資料排列順序很有可能被改變，故不是穩定排序法。

③ 只需一個額外的空間，所以空間複雜度為最佳。

④ 此排序法適用於資料量小或有部份資料已經過排序。

範例 8.2.3 請設計一程式，並使用選擇排序法來將以下的數列排序：

```
16,25,39,27,12,8,45,63
```

程式碼：select.js

```javascript
01    var showdata=(data)=> {
02        for (k=0;k<8;k++) {
03            process.stdout.write(data[k]+' ');
04        }
05    }
06
07    var select=(data)=> {
08        for(i=0;i<7;i++) {
09            smallest=data[i];
10            index=i;
11            for(j=i+1;j<8;j++) { //由i+1比較起
12                if (smallest>data[j]){ //找出最小元素
13                    smallest=data[j];
14                    index=j;
15                }
16            }
17            tmp=data[i];
18            data[i]=data[index];
19            data[index]=tmp;
20            console.log();
21            process.stdout.write('第'+(i+1)+"次排序結果: ");
22            showdata(data);
```

```
23        }
24    }
25
26    data=[16,25,39,27,12,8,45,63];
27    process.stdout.write('原始資料為：');
28    for (i=0;i<8;i++) process.stdout.write(data[i]+' ');
29    console.log();
30    console.log("------------------------------------");
31    select(data);
32    console.log();
33    console.log("------------------------------------");
34    process.stdout.write("排序後資料：");
35    for (i=0;i<8;i++) process.stdout.write(data[i]+' ');
36    console.log();
37    console.log("------------------------------------");
```

【執行結果】

```
D:\sample>node ex08/select.js
原始資料為：16  25  39  27  12  8  45  63
------------------------------------

第1次排序結果: 8  25  39  27  12  16  45  63
第2次排序結果: 8  12  39  27  25  16  45  63
第3次排序結果: 8  12  16  27  25  39  45  63
第4次排序結果: 8  12  16  25  27  39  45  63
第5次排序結果: 8  12  16  25  27  39  45  63
第6次排序結果: 8  12  16  25  27  39  45  63
第7次排序結果: 8  12  16  25  27  39  45  63
------------------------------------
排序後資料：8  12  16  25  27  39  45  63
------------------------------------

D:\sample>
```

8-2-3 插入排序法

插入排序法（Insert Sort）是將陣列中的元素，逐一與已排序好的資料作比較，如前兩個元素先排好，再將第三個元素插入適當的位置，所以這三個元素仍然是已排序好，接著再將第四個元素加入，重複此步驟，直到排序完成為止。可以看做是在一串有序的記錄 R_1、R_2...R_i，插入新的記錄 R，使得 i+1 個記錄排序妥當。

以下我們仍然利用 55、23、87、62、16 數列的由小到大排序過程，來說明插入排序法的演算流程。下圖中，在步驟二，以 23 為基準與其他元素比較後，放到適當位置（55 的前面），步驟三則拿 87 與其他兩個元素比較，接著 62 在比較完前三個數後插入 87 的前面⋯將最後一個元素比較完後即完成排序：

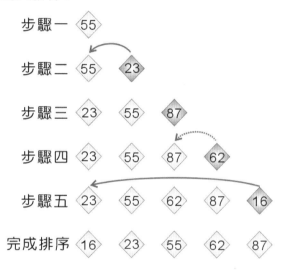

◐ 插入法分析

① 最壞及平均清況需比較 (n-1)+(n-2)+(n-3)+...+3+2+1= $\dfrac{n(n-1)}{2}$ 次；時間複雜度為 $O(n^2)$，最好情況時間複雜度為：$O(n)$。

② 插入排序是穩定排序法。

③ 只需一個額外的空間，所以空間複雜度為最佳。

④ 此排序法適用於大部份資料已經過排序或已排序資料庫新增資料後進行排序。

⑤ 插入排序法會造成資料的大量搬移，所以建議在鏈結串列上使用。

範例 **8.2.4** 請設計一程式，並使用插入排序法來將以下的數列排序：

```
16,25,39,27,12,8,45,63
```

程式碼：insert.js

```
01   let SIZE=8                          //定義陣列大小
02   var showdata=(data)=> {
03       for (k=0;k<8;k++) {
04           process.stdout.write(data[k]+' ');
05       }
06   }
07   var insert=(data)=> {
08       for (i=0;i<SIZE;i++) {
09           tmp=data[i];                //tmp用來暫存資料
10           no=i-1;
11           while (no>=0 && tmp<data[no]) {
12               data[no+1]=data[no];    //就把所有元素往後推一個位置
13               no-=1;
14           }
15           data[no+1]=tmp;             //最小的元素放到第一個元素
16       }
17   }
18   data=[16,25,39,27,12,8,45,63];
19   console.log('原始陣列是：');
20   showdata(data);
21   insert(data);
22   console.log();
23   console.log('排序後陣列是：');
24   showdata(data);
```

【執行結果】

```
D:\sample>node ex08/insert.js
原始陣列是：
16 25 39 27 12 8 45 63
排序後陣列是：
8 12 16 25 27 39 45 63
D:\sample>
```

8-2-4　謝耳排序法

　　我們知道當原始記錄之鍵值大部份已排序好的情況下，插入排序法會非常有效率，因為它毋需做太多的資料搬移動作。「謝耳排序法」是 D. L. Shell 在 1959 年 7 月所發明的一種排序法，可以減少插入排序法中資料搬移的次數，以加速排序進行。排序的原則是將資料區分成特定間隔的幾個小區塊，以插入排序法排完區塊內的資料後再漸漸減少間隔的距離。

　　以下我們仍然利用 63、92、27、36、45、71、58、7 數列的由小到大排序過程，來說明謝耳排序法的演算流程：

63　92　27　36　45　71　58　7

① 首先將所有資料分成 Y：(8div2) 即 Y=4，稱為劃分數。請注意！劃分數不一定要是 2，質數是最好。但為演算法方便，所以我們習慣選 2。則一開始的間隔設定為 8/2 區隔成：

② 如此一來可得到四個區塊分別是：(63,45)(92,71)(27,58)(36,7) 再各別用插入排序法排序成為：(45,63)(71,92)(27,58)(7,36)

45　71　27　7　63　92　58　36

③ 接著再縮小間隔為 (8/2)/2 成

45　71　27　7　63　92　58　36

(45,27,63,58)(71,7,92,36) 分別用插入排序法後得到：

27　7　45　36　58　71　63　92

④ 最後再以 ((8/2)/2)/2 的間距做插入排序，也就是每一個元素進行排序得到最後的結果：

○ 謝耳法分析

① 任何情況的時間複雜度均為 $O(n^{3/2})$。

② 謝耳排序法和插入排序法一樣，都是穩定排序。

③ 只需一個額外空間，所以空間複雜度是最佳。

④ 此排序法適用於資料大部份都已排序完成的情況。

範例 8.2.5 請設計一程式，並使用謝耳排序法來將以下的數列排序：

```
16,25,39,27,12,8,45,63
```

程式碼：shell.js

```
01  let SIZE=8;
02
03  var showdata=(data)=> {
04      for (i=0;i<SIZE;i++) {
05          process.stdout.write(data[i]+' ');
06      }
07      console.log();
08  }
09  var shell=(data,size)=>{
10      k=1; //k列印計數
11      jmp=parseInt(size/2);
12      while(jmp != 0) {
13          for (i=jmp;i<size-1;i++){ //i為掃描次數  jmp為設定間距位移量
14              tmp=data[i]; //tmp用來暫存資料
15              j=i-jmp;   //以j來定位比較的元素
16              while (tmp<data[j] && j>=0) { //插入排序法
17                  data[j+jmp] = data[j];
18                  j=j-jmp;
19              }
```

```
20                    data[jmp+j]=tmp;
21               }
22           process.stdout.write('第 '+k+' 次排序過程：');
23           k=k+1;
24           showdata (data);
25           console.log('----------------------------------------');
26           jmp=parseInt(jmp/2);      //控制迴圈數
27      }
28  }
29
30  data=[16,25,39,27,12,8,45,63];
31  process.stdout.write('原始陣列是：       ');
32  showdata (data);
33  console.log('----------------------------------------');
34  shell(data,8);
```

【執行結果】

```
D:\sample>node ex08/shell.js
原始陣列是：       16 25 39 27 12 8 45 63
----------------------------------------
第 1 次排序過程：12 8 39 27 16 25 45 63
----------------------------------------
第 2 次排序過程：12 8 16 25 39 27 45 63
----------------------------------------
第 3 次排序過程：8 12 16 25 27 39 45 63
----------------------------------------

D:\sample>_
```

8-2-5　合併排序法

合併排序法（Merge Sort）工作原理乃是針對已排序好的二個或二個以上的數列，經由合併的方式，將其組合成一個大的且已排序好的數列。步驟如下：

① 將 N 個長度為 1 的鍵值成對地合併成 N/2 個長度為 2 的鍵值組。

② 將 N/2 個長度為 2 的鍵值組成對地合併成 N/4 個長度為 4 的鍵值組。

③ 將鍵值組不斷地合併，直到合併成一組長度為 N 的鍵值組為止。

以下我們仍然利用 38、16、41、72、52、98、63、25 數列的由小到大排序過程，來說明合併排序法的基本演算流程：

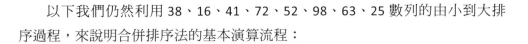

38、16、41、72、52、98、63、25

16、38、41、72、52、98、25、63

16、38、41、72、25、52、63、98

16、25、38、41、52、63、72、98

上面展示的合併排序法例子是一種最簡單的合併排序，又稱為 2 路（2-way）合併排序，主要概念是把原來的檔案視作 N 個已排序妥當且長度為 1 的數列，再將這些長度為 1 的資料兩兩合併，結合成 N/2 個已排序妥當且長度為 2 的數列；同樣的作法，再依序兩兩合併，合併成 N/4 個已排序妥當且長度為 4 的數列……，以此類推，最後合併成一個已排序妥當且長度為 N 的數列。

我們以條列的方式將步驟整理如下：

① 將 N 個長度為 1 的數列合併成 N/2 個已排序妥當且長度為 2 的數列。

② 將 N/2 個長度為 2 的數列合併成 N/4 個已排序妥當且長度為 4 的數列。

③ 將 N/4 個長度為 4 的數列合併成 N/8 個已排序妥當且長度為 8 的數列。

④ 將 $N/2^{i-1}$ 個長度為 2^{i-1} 的數列合併成 $N/2^i$ 個已排序妥當且長度為 2^i 的數列。

○ 合併排序法分析

① 合併排序法 n 筆資料一般需要約 $\log_2 n$ 次處理，每次處理的時間複雜度為 O(n)，所以合併排序法的最佳情況、最差情況及平均情況複雜度為 O（nlogn）。

② 由於在排序過程中需要一個與檔案大小同樣的額外空間，故其空間複雜度 O(n)。

③ 是一個穩定（stable）的排序方式。

程式碼：**merge.js**

```
01   // 合併排序法(Merge Sort)
02
03   //99999為串列1的結束數字不列入排序
04   list1 = [20,45,51,88,99999];
05   //99999為串列2的結束數字不列入排序
06   list2 = [98,10,23,15,99999] ;
07   list3 = [];
08
09   for (i=0; i<list1.length-1;i++) process.stdout.write(list1[i]+ ' ');
10   console.log();
11   for (i=0; i<list2.length-1;i++) process.stdout.write(list2[i]+ ' ');
12   console.log();
13
14   var merge_sort=()=> {
15
16       // 先使用選擇排序將兩數列排序，再作合併
17       select_sort(list1, list1.length-1);
18       select_sort(list2, list2.length-1);
19       console.log();
20       process.stdout.write('第1組資料的排序結果: ');
21       console.log();
22       for (i=0; i<list1.length-1;i++) process.stdout.write(list1[i]+ ' ');
23       console.log();
24       process.stdout.write('第2組資料的排序結果: ');
25       console.log();
26       for (i=0; i<list2.length-1;i++) process.stdout.write(list2[i]+ ' ');
27       console.log();
28
29       for(i=0;i<60;i++) process.stdout.write('=');
30       console.log();
31
32       My_Merge(list1.length-1, list2.length-1);
33
34       for(i=0;i<60;i++) process.stdout.write('=');
35       console.log();
36
37       process.stdout.write('合併排序法的最終結果: ')
38
39       for(i=0;i<list1.length+list2.length-2;i++)
40           process.stdout.write(list3[i]+ ' ');
```

```
41  }
42
43  var select_sort=(data, size)=>{
44      for(base=0; base<size-1; base++) {
45          small = base;
46          for(j=base+1; j<size; j++){
47              if (data[j] < data[small]) small = j;
48          }
49          temp=data[small];
50          data[small]=data[base];
51          data[base]=temp;
52      }
53  }
54
55  var My_Merge=(size1, size2)=>{
56      index1 = 0;
57      index2 = 0;
58
59      for (index3=0; index3<list1.length+list2.length-2;index3++) {
60          if (list1[index1] < list2[index2]) { // 比較兩數列，資料小的先存於
                                                        合併後的數列
61              list3.push(list1[index1]);
62              index1 +=1;
63              process.stdout.write('此數字'+ list3[index3]+ '取自於第1組資料');
64          }
65          else {
66              list3.push(list2[index2]);
67              index2 +=1;
68              process.stdout.write('此數字'+ list3[index3]+ '取自於第1組資料');
69          }
70          console.log();
71          process.stdout.write('目前的合併排序結果: ');
72          for(i=0; i<index3+1; i++) process.stdout.write(list3[i]+ ' ');
73          console.log();
74      }
75  }
76
77  //主程式開始
78
79  merge_sort();    //呼叫所定義的合併排序法函數
```

【執行結果】

```
D:\sample>node ex08/merge.js
20 45 51 88
98 10 23 15

第1組資料的排序結果:
20 45 51 88
第2組資料的排序結果:
10 15 23 98
─────────────────────────────────────
此數字10取自於第1組資料
目前的合併排序結果: 10
此數字15取自於第1組資料
目前的合併排序結果: 10 15
此數字20取自於第1組資料
目前的合併排序結果: 10 15 20
此數字23取自於第1組資料
目前的合併排序結果: 10 15 20 23
此數字45取自於第1組資料
目前的合併排序結果: 10 15 20 23 45
此數字51取自於第1組資料
目前的合併排序結果: 10 15 20 23 45 51
此數字88取自於第1組資料
目前的合併排序結果: 10 15 20 23 45 51 88
此數字98取自於第1組資料
目前的合併排序結果: 10 15 20 23 45 51 88 98
─────────────────────────────────────
合併排序法的最終結果: 10 15 20 23 45 51 88 98
D:\sample>
```

8-2-6 快速排序法

快速排序法又稱分割交換排序法，是目前公認最佳的排序法，也是使用切割征服（Divide and Conquer）的方式，會先在資料中找到一個隨機會自行設定一個虛擬中間值，並依此中間值將所有打算排序的資料分為兩部份。其中小於中間值的資料放在左邊而大於中間值的資料放在右邊，再以同樣的方式分別處理左右兩邊的資料，直到排序完為止。操作與分割步驟如下：

假設有 n 筆 R_1、R_2、$R_3...R_N$ 記錄，其鍵值為 K_1、K_2、$K_3...K_n$：

① 先假設 K 的值為第一個鍵值。

② 由左向右找出鍵值 K_i，使得 $K_i>K$。

③ 由右向左找出鍵值 K_j 使得 $K_j<K$。

④ 如果 i<j，那麼 K$_i$ 與 K$_j$ 互換，並回到步驟②。

⑤ 若 i≧j 則將 K 與 K$_j$ 交換，並以 j 為基準點分割成左右部份。然後再針對左右兩邊進行步驟①至⑤，直到左半邊鍵值 = 右半邊鍵值為止。

下面為您示範快速排序法將下列資料的排序過程：

```
R1  R2  R3  R4  R5  R6  R7  R8  R9  R10
26   3  38   1  67   8  55  14  43  18
K=26     i                           j
```

① 因為 i<j 故交換 K$_i$ 與 K$_j$，然後繼續比較：

```
26   3  18   1  67   8  55  14  43  18
                 i           j
```

② 因為 i<j 故交換 K$_i$ 與 K$_j$，然後繼續比較：

```
26   3  18   1  14   8  55  67  43  38
                     i   j
```

③ 因為 i≧j 故交換 K 與 K$_j$，並以 j 為基準點分割成左右兩半：

8 3 18 1 14 26 55 67 43 38

由上述這幾個步驟，各位可以將小於鍵值 K 放在左半部；大於鍵值 K 放在右半部，依上述的排序過程，針對左右兩部份分別排序。過程如下：

```
1  3  8  18  14  26  55  67  43  38
1  3  8  18  14  26  55  67  43  38
1  3  8  14  18  26  55  67  43  38
1  3  8  14  18  26  43  38  55  67
1  3  8  14  18  26  38  43  55  67
```

◑ 快速法分析

① 在最快及平均情況下，時間複雜度為 O（$n\log_2 n$）。最壞情況就是每次挑中的中間值不是最大就是最小，其時間複雜度為 $O(n^2)$。

② 快速排序法不是穩定排序法。

③ 在最差的情況下，空間複雜度為 O(n)，而最佳情況為 O（$\log_2 n$）。

④ 快速排序法是平均執行時間最快的排序法。

範例 8.2.6 請設計一程式，並使用快速排序法將數字排序。

程式碼：quick.js

```
01  var inputarr=(data,size)=>{
02      for (i=0;i<size;i++) data[i]=Math.floor(Math.random()*100)+1;
03  }
04  var showdata=(data,size)=> {
05      for (i=0;i<size;i++) process.stdout.write(data[i]+' ');
06      console.log();
07  }
08  var quick=(d,size,lf,rg)=>{
09      //第一筆鍵值為d[lf]
10      if (lf<rg) {  //排序資料的左邊與右邊
11          lf_idx=lf+1;
12          while (d[lf_idx]<d[lf]) {
13              if (lf_idx+1 >size) break;
14              lf_idx +=1;
15          }
16          rg_idx=rg;
17          while (d[rg_idx] >d[lf]) rg_idx -=1;
18          while (lf_idx<rg_idx) {
19              tmp= d[lf_idx];
20              d[lf_idx]=d[rg_idx];
21              d[rg_idx]=tmp;
22              lf_idx +=1;
23              while (d[lf_idx]<d[lf] ) lf_idx +=1;
24              rg_idx -=1;
25              while (d[rg_idx]>d[lf]) rg_idx -=1;
26          }
27          tmp=d[lf];
28          d[lf]=d[rg_idx];
29          d[rg_idx]=tmp;
30
```

```
31          for(i=0;i<size;i++) process.stdout.write(d[i]+' ');
32          console.log();
33          quick(d,size,lf,rg_idx-1); //以rg_idx為基準點分成左右兩半以遞迴方式
34          quick(d,size,rg_idx+1,rg); //分別為左右兩半進行排序直至完成排序
35      }
36  }
37
38  var data=new Array(100);
39  for(i=0;i<100;i++) data[i]=0;
40  const prompt = require('prompt-sync')();
41  const size = prompt('請輸入陣列大小(100以下)：');
42  inputarr (data,size);
43  process.stdout.write('您輸入的原始資料是：');
44  showdata (data,size);
45  console.log('排序過程如下：');
46  quick(data,size,0,size-1);
47  process.stdout.write('最終排序結果：');
48  showdata(data,size);
```

【執行結果】

```
D:\sample>node ex08/quick.js
請輸入陣列大小(100以下)：10
您輸入的原始資料是：83 46 23 83 50 9 100 8 53 65
排序過程如下：
8 46 23 65 50 9 53 83 100 83
8 46 23 65 50 9 53 83 100 83
8 9 23 46 50 65 53 83 100 83
8 9 23 46 50 65 53 83 100 83
8 9 23 46 50 65 53 83 100 83
8 9 23 46 50 65 53 83 100 83
8 9 23 46 50 65 53 83 100 83
8 9 23 46 50 53 65 83 100 83
8 9 23 46 50 53 65 83 83 100
最終排序結果：8 9 23 46 50 53 65 83 83 100

D:\sample>
```

8-2-7 堆積排序法

堆積排序法可以算是選擇排序法的改進版，它可以減少在選擇排序法中的比較次數，進而減少排序時間。堆積排序法使用到了二元樹的技巧，它是利用堆積樹來完成排序。堆積是一種特殊的二元樹，可分為最大堆積樹及最小堆積樹兩種。而最大堆積樹滿足以下 3 個條件：

① 它是一個完整二元樹。

② 所有節點的值都大於或等於它左右子節點的值。

③ 樹根是堆積樹中最大的。

而最小堆積樹則具備以下 3 個條件：

① 它是一個完整二元樹。

② 所有節點的值都小於或等於它左右子節點的值。

③ 樹根是堆積樹中最小的。

在開始談論堆積排序法前，各位必須先認識如何將二元樹轉換成堆積樹（heap tree）。我們以下面實例進行說明：

假設有 9 筆資料 32、17、16、24、35、87、65、4、12，我們以二元樹表示如下：

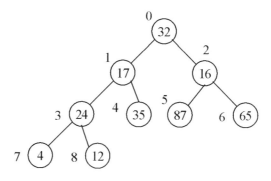

如果要將該二元樹轉換成堆積樹（heap tree）。我們可以用陣列來儲存二元樹所有節點的值，即

A[0]=32、A[1]=17、A[2]=16、A[3]=24、A[4]=35、A[5]=87、A[6]=65、A[7]=4、A[8]=12

① A[0]=32 為樹根，若 A[1] 大於父節點則必須互換。此處 A[1]=17<A[0]=32 故不交換。

② A[2]=16<A[0] 故不交換。

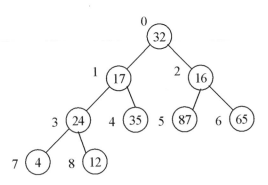

③ A[3]=24>A[1]=17 故交換。

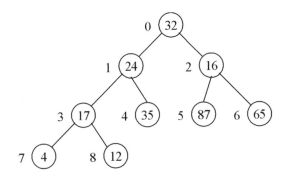

④ A[4]=35>A[1]=24 故交換，再與 A[0]=32 比較，A[1]=35>A[0]=32 故交換。

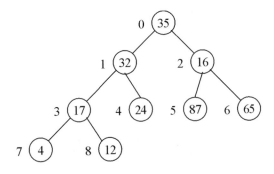

⑤　A[5]=87>A[2]=16 故交換，再與 A[0]=35 比較，A[2]=87>A[0]=35 故交換。

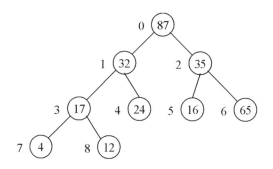

⑥　A[6]=65>A[2]=35 故交換，且 A[2]=65<A[0]=87 故不必換。

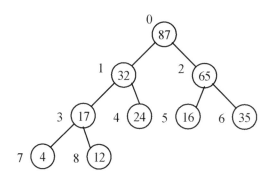

⑦　A[7]=4<A[3]=17 故不必換。

　　A[8]=12<A[3]=17 故不必換。

可得下列的堆積樹

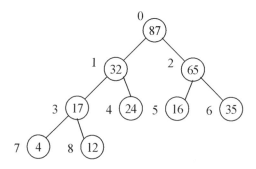

　　剛才示範由二元樹的樹根開始由上往下逐一依堆積樹的建立原則來改變各節點值，最終得到一最大堆積樹。各位可以發現堆積樹並非唯一，您也可以由陣列最後一個元素（例如此例中的 A[8]）由下往上逐一比較來建立最大堆積樹。如果您想由小到大排序，就必須建立最小堆積樹，作法和建立最大堆積樹類似，在此不另外說明。

　　下面我們將利用堆積排序法針對 34、19、40、14、57、17、4、43 的排序過程示範如下：

① 依下圖數字順序建立完整二元樹

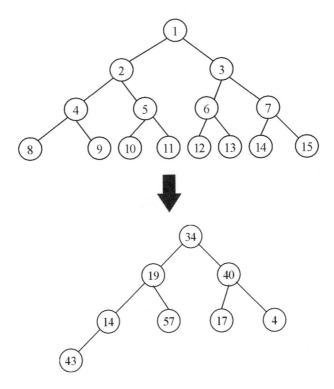

② 建立堆積樹

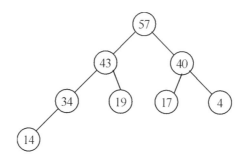

③ 將 57 自樹根移除，重新建立堆積樹

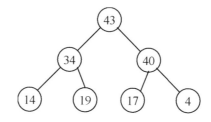

④ 將 43 自樹根移除，重新建立堆積樹

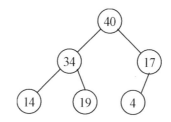

⑤ 將 40 自樹根移除，重新建立堆積樹

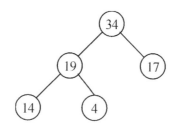

⑥ 將 34 自樹根移除，重新建立堆積樹

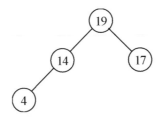

⑦ 將 19 自樹根移除，重新建立堆積樹

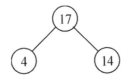

⑧ 將 17 自樹根移除，重新建立堆積樹

⑨ 將 14 自樹根移除，重新建立堆積樹

最後將 4 自樹根移除。得到的排序結果為

57、43、40、34、19、17、14、4

○ 堆積法分析

① 在所有情況下，時間複雜度均為 O(nlogn)。
② 堆積排序法不是穩定排序法。
③ 只需要一額外的空間，空間複雜度為 O(1)。

範例 **8.2.7** 請設計一程式，並使用堆積排序法來排序。

程式碼：heap.js

```
01  var heap=(data,size)=> {
02      for (let i=Math.floor(size/2);i>0;i--)
03          ad_heap(data,i,size-1);
04      process.stdout.write('\n');
05      process.stdout.write('堆積內容：');
06      for (let i=1; i<size; i++) //原始堆積樹內容
07          process.stdout.write('['+data[i]+'] ');
08      process.stdout.write('\n\n')
09      for (let i=size-2;i>0;i--) {
10          temp=data[1];
11          data[1]=data[i+1];
12          data[i+1]=temp;
13          ad_heap(data,1,i);//處理剩餘節點
14          process.stdout.write('處理過程：')
15          for (let j=1; j<size; j++)
16              process.stdout.write('['+data[j]+'] ');
17          process.stdout.write('\n');
18      }
19  }
20
21  var ad_heap=(data,i,size)=> {
22      j=2*i;
23      tmp=data[i];
24      post=0;
25      while (j<=size && post==0) {
26          if (j<size) {
27              if (data[j]<data[j+1]) //找出最大節點
28                  j+=1;
29          }
30          if (tmp>=data[j]) //若樹根較大，結束比較過程
31              post=1;
32          else {
33              data[Math.floor(j/2)]=data[j]; //若樹根較小，則繼續比較
34              j=2*j;
35          }
36      }
37      data[Math.floor(j/2)]=tmp; //指定樹根為父節點
38  }
39  data=[0,5,6,4,8,3,2,7,1];   //原始陣列內容
40  size=9;
41  process.stdout.write('原始陣列：');
```

```
42   for(i=1; i<size; i++)
43       process.stdout.write('['+data[i]+'] ');
44   heap(data,size); //建立堆積樹
45   process.stdout.write('排序結果：');
46   for(i=1; i<size; i++)
01       process.stdout.write('['+data[i]+'] ');
```

【執行結果】

```
D:\sample>node ex08/heap.js
原始陣列：[5] [6] [4] [8] [3] [2] [7] [1]
堆積內容：[8] [6] [7] [5] [3] [2] [4] [1]

處理過程：[7] [6] [4] [5] [3] [2] [1] [8]
處理過程：[6] [5] [4] [1] [3] [2] [7] [8]
處理過程：[5] [3] [4] [1] [2] [6] [7] [8]
處理過程：[4] [3] [2] [1] [5] [6] [7] [8]
處理過程：[3] [1] [2] [4] [5] [6] [7] [8]
處理過程：[2] [1] [3] [4] [5] [6] [7] [8]
處理過程：[1] [2] [3] [4] [5] [6] [7] [8]
排序結果：[1] [2] [3] [4] [5] [6] [7] [8]
D:\sample>
```

8-2-8 基數排序法

基數排序法和我們之前所討論到的排序法不太一樣，它並不需要進行元素間的比較動作，而是屬於一種分配模式排序方式。

基數排序法依比較的方向可分為最有效鍵優先（Most Significant Digit First:MSD）和最無效鍵優先（Least Significant Digit First:LSD）兩種。MSD 法是從最左邊的位數開始比較，而 LSD 則是從最右邊的位數開始比較。以下的範例我們以 LSD 將三位數的整數資料來加以排序，它是依個位數、十位數、百位數來進行排序。請直接看以下最無效鍵優先（LSD）例子的說明，便可清楚的知道它的動作原理：

59	95	7	34	60	168	171	259	372	45	88	133

① 把每個整數依其個位數字放到串列中：

個位數字	0	1	2	3	4	5	6	7	8	9
資料	60	171	372	133	34	95 45		7	168 88	59 259

合併後成為：

60	171	372	133	34	95	45	7	168	88	59	259

② 再依其十位數字，依序放到串列中：

十位數字	0	1	2	3	4	5	6	7	8	9
資料	7			133 34	45	59 259	60 168	171 372	88	95

合併後成為：

7	133	34	45	59	259	60	168	171	372	88	95

③ 再依其百位數字，依序放到串列中：

百位數字	0	1	2	3	4	5	6	7	8	9
資料	7 34 45 59 60 88 95	133 168 171	259	372						

最後合併即完成排序：

7	34	45	59	60	88	95	133	168	171	259	372

 基數法分析

① 在所有情況下,時間複雜度均為 $O(n\log_p k)$,k 是原始資料的最大值。

② 基數排序法是穩定排序法。

③ 基數排序法會使用到很大的額外空間來存放串列資料,其空間複雜度為 $O(n*p)$,n 是原始資料的個數,p 是資料字元數;如上例中,資料的個數 n=12,字元數 p=3。

④ 若 n 很大,p 固定或很小,此排序法將很有效率。

範例 **8.2.8** 請設計一程式,並使用基數排序法來排序。

程式碼:radix.js

```
01   //基數排序法  由小到大排序
02   var inputarr=(data,size)=>{
03       for (i=0;i<size;i++) {
04           data[i]=Math.floor(Math.random()*1000); //設定data值最大為3位數
05       }
06   }
07
08   var showdata=(data,size)=> {
09       for (i=0;i<size;i++) process.stdout.write(data[i]+' ');
10       console.log();
11   }
12
13   var radix=(data,size)=>{
14       for (n=1;n<=100;n=n*10)  //n為基數,由個位數開始排序
15       {
16           //設定暫存陣列,[0~9位數][資料個數],所有內容均為0
17           var tmp=new Array();
18           for(var i=0;i<10;i++){
19               tmp[i]=new Array();
20               for(var j=0;j<10;j++){
21                   tmp[i][j]=0;
22               }
23           }
24
25           for (i=0;i<size;i++)                 //比對所有資料
26           {
27               m=Math.floor((data[i]/n))%10; //m為n位數的值,如36取十位數
                                               (36/10)%10=3
```

```
28                    tmp[m][i]=data[i];           //把data[i]的值暫存於tmp裡
29              }
30          k=0;
31          for (i=0;i<10;i++)
32          {
33              for(j=0;j<size;j++)
34              {
35                  if(tmp[i][j] != 0)       //因一開始設定tmp={0}，故不為0者即為
36                  {
37                      data[k]=tmp[i][j]; //data暫存在tmp裡的值，把tmp裡的值放
38                      k++;                   //回data[ ]裡
39                  }
40              }
41          }
42          process.stdout.write("經過"+n+"位數排序後：");
43          showdata(data,size);
44
45      }
46  }
47
48  var data=new Array(100);
49  for(i=0;i<100;i++) data[i]=0;
50  const prompt = require('prompt-sync')();
51  size = prompt('請輸入陣列大小(100以下)：');
52  process.stdout.write('您輸入的原始資料是：');
53  console.log();
54  inputarr (data,size);
55  showdata (data,size);
56  radix (data,size);
```

【執行結果】

```
D:\sample>node ex08/radix.js
請輸入陣列大小(100以下)：10
您輸入的原始資料是：
794 515 974 748 849 245 300 874 243 709
經過1位數排序後：300 243 794 974 874 515 245 748 849 709
經過10位數排序後：300 709 515 243 245 748 849 974 874 794
經過100位數排序後：243 245 300 515 709 748 794 849 874 974

D:\sample>
```

1. 請問排序的資料是以陣列資料結構來儲存,則下列的排序法中,何者的資料搬移量最大。(a) 氣泡排序法 (b) 選擇排序法 (c) 插入排序法

2. 請舉例說明合併排序法是否為一穩定排序?

3. 待排序鍵值如下,請使用氣泡排序法列出每回合的結果:

   ```
   26、5、37、1、61
   ```

4. 建立下列序列的堆積樹:8、4、2、1、5、6、16、10、9、11。

5. 待排序鍵值如下,請使用選擇排序法列出每回合的結果:

   ```
   8、7、2、4、6
   ```

6. 待排序鍵值如下,請使用選擇排序法列出每回合的結果:

   ```
   26、5、37、1、61
   ```

7. 待排序鍵值如下,請使用合併排序法列出每回合的結果:

   ```
   11、8、14、7、6、8+、23、4
   ```

8. 在排序過程中,資料移動的方式可分為哪兩種方式?兩者間的優劣如何?

9. 排序如果依照執行時所使用的記憶體區分為哪兩種方式?

10. 何謂穩定的排序?請試著舉出三種穩定的排序?

11. (1) 何謂堆積(Heap)?

    (2) 為什麼有 n 個元素之堆積可完全存放在大小為 n 之陣列中?

    (3) 將右圖中之堆積表示為陣列。

    (4) 將 88 移去後,則該堆積變為如何?

    (5) 若將 100 插入 (3) 之堆積,則該堆積變為如何?

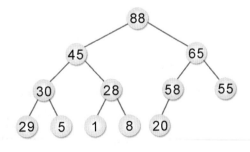

12. 請問最大堆積樹必須滿足哪三個條件？

13. 請回答下列問題：

    (1) 何謂最大堆積（max heap）？

    (2) 請問下面三棵樹何者為堆積（設 a<b<c<...<y<z）？

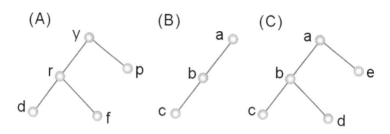

    (3) 利用堆積排序法（heap sort）把第 (2) 題中堆積內的資料排成由小到大的次序，請畫出堆積的每一次變化。

14. 請簡述基數排序法的主要特點。

15. 循序輸入以下資料：5,7,2,1,8,3,4。並完成以下工作：

    (1) 建立最大堆積樹。

    (2) 將樹根節點刪除後，再建立最大堆積樹。

    (3) 在插入 9 後的最大堆積樹為何？

16. 若輸入資料儲存於雙向鏈結串列（doubly linked list），則下列各種排序方法是否仍適用？說明理由為何？

    (1) 快速排序（quick sort）

    (2) 插入排序（insertion sort）

    (3) 選擇排序（selection sort）

    (4) 堆積排序（heap sort）

17. 如何改良快速排序（quick sort）的執行速度？

18. 下列敘述正確與否？請說明原因。

    (1) 不論輸入資料為何，插入排序（Insertion Sort）的元素比較總數較泡沫排序（Bubble Sort）的元素比較次數之總數為少。

(2) 若輸入資料已排序完成,則再利用堆積排序(Heap Sort)只需 O(n) 時間即可排序完成。n 為元素個數。

19. 我們在討論一個排序法的複雜度(complexity),對於那些以比較(comparison)為主要排序手段的運算法而言,決策樹是一個常用的方法。

(1) 何謂決策樹(decision tree)?

(2) 請以插入排序法(Insertion Sort)為例,將(a、b、c)三項元素(Element)排序,則其決策樹為何?請畫出。

(3) 就此決策樹而言,什麼能表示此一運算法的最壞表現(worst case behavior)。

(4) 就此決策樹而言,什麼能表示此一運算法的平均比較次數(Average number of comparisions)。

20. 利用二元搜尋法(binary search),在 L[1]≦L[2]≦...≦L[i-1] 中找出適當位置。

(1) 最壞情形下,此一修改的插入排序元素比較總數為何?(以 Big-Oh 符號表示)

(2) 最壞情形下,共需元素搬動總數為何?(以 Big-Oh 符號表示)

21. 討論下列排序法的平均狀況(average case)和最壞狀況(worst case)時的時間複雜度:

(1) 氣泡法(bubble sort)

(2) 快速法(quick sort)

(3) 堆積法(heap sort)

(4) 合併法(merge sort)

22. 試以下列資料:26,73,15,42,39,7,92,84,說明堆積排序(Heap Sort)的過程。

23. 請回答以下選擇題：

    (1) 若以平均所花的時間考量，利用插入排序法（insertion sort）排序 n 筆資料的時間複雜度為何？

        (a) $O(n)$ (b) $O(\log_2 n)$ (c) $O(n\log_2 n)$ (d) $O(n^2)$

    (2) 資料排序（Sorting）中常使用一種資料值的比較而得到排列好的資料結果。若現有 N 個資料，試問在各資料排序方法中，最快的平均比較次數為何？

        (a) $\log_2 N$ (b) $N\log_2 N$ (c) N (d) N^2

    (3) 在一個堆積（heap）資料結構上搜尋最大值的時間複雜度為何？

        (a) $O(n)$ (b) $O(\log_2 n)$ (c) $O(1)$ (d) $O(n^2)$

    (4) 關於額外記憶體空間，哪一種排序法需要最多？

        (a) 選擇排序法（Selection sort）

        (b) 氣泡排序法（Bubble sort）

        (c) 插入排序法（Insertion sort）

        (d) 快速排序法（Quick sort）

24. 請建立一個最小堆積（minimum heap）（必須寫出建立此堆積的每一個步驟）。

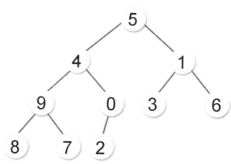

25. 請說明選擇排序為何不是一種穩定的排序法？

26. 數列（43,35,12,9,3,99）經由氣泡排序法（Bubble Sort）由小到大排序，在執行時前三次（Swap）的結果各為何？

9

搜尋

在資料處理過程中,是否能在最短時間內搜尋到所需要的資料,是一個相當值得資訊從業人員關心的議題。所謂搜尋(Search)指的是從資料檔案中找出滿足某些條件的記錄之動作,用以搜尋的條件稱為「鍵值」(Key),就如同排序所用的鍵值一樣。

例如我們在電話簿中找某人的電話,那麼這個人的姓名就成為在電話簿中搜尋電話資料的鍵值。通常影響搜尋時間長短的主要因素包括有演算法的選擇、資料儲存的方式及結構。

9-1 常見的搜尋方法

如果根據資料量的大小,我們可將搜尋分為:

1. 內部搜尋:資料量較小的檔案可以一次全部載入記憶體以進行搜尋。

2. 外部搜尋:資料龐大的檔案便無法全部容納於記憶體中,這種檔案通常均先加以組織化,再存於硬碟中,搜尋時也必須循著檔案的組織性來達成。

但如果從另一個角度來看,搜尋的技巧又可分為「靜態搜尋」及「動態搜尋」兩種。定義如下:

1. 靜態搜尋:指的是搜尋過程中,搜尋的表格或檔案的內容不會受到更動。例如符號表的搜尋就是一種靜態搜尋。

2. 動態搜尋:指的是搜尋過程中,搜尋的表格或檔案的內容可能會更動,例如在樹狀結構中 B-tree 搜尋就是屬於一種動態搜尋的技巧。

搜尋技巧中比較常見的方法有循序法、二元搜尋法、費伯那法、內插插入法、雜湊法 ... 等。為了讓各位能確實掌握搜尋之技巧基本原理,以便應用於日後之各種領域,茲將幾個主流的搜尋方法分述於後。

9-1-1 循序搜尋法

循序搜尋法又稱線性搜尋法，是一種最簡單的搜尋法。它的方法是將資料一筆一筆的循序逐次搜尋。所以不管資料順序為何，都是得從頭到尾走訪過一次。此法的優點是檔案在搜尋前不需要作任何的處理與排序，缺點為搜尋速度較慢。如果資料沒有重複，找到資料就可終止搜尋的話，在最差狀況是未找到資料，需作 n 次比較，最好狀況則是一次就找到，只需 1 次比較。

我們就以一個例子來說明，假設已存在數列 74,53,61,28,99,46,88，如果要搜尋 28 需要比較 4 次；搜尋 74 僅需比較 1 次；搜尋 88 則需搜尋 7 次，這表示當搜尋的數列長度 n 很大時，利用循序搜尋是不太適合的，它是一種適用在小檔案的搜尋方法。在日常生活中，我們經常會使用到這種搜尋法，例如各位想在衣櫃中找衣服時，通常會從櫃子最上方的抽屜逐層尋找。

在衣櫃中逐層找尋衣服，也是一種循序搜尋法的應用。

◯ 循序法分析

① 時間複雜度：如果資料沒有重複，找到資料就可終止搜尋的話，在最差狀況是未找到資料，需作 n 次比較，時間複雜度為 O(n)。
② 在平均狀況下，假設資料出現的機率相等，則需 (n+1)/2 次比較。
③ 當資料量很大時，不適合使用循序搜尋法。但如果預估所搜尋的資料在檔案前端則可以減少搜尋的時間。

範例 9.1.1 請設計一程式，以亂數產生 1~150 間的 80 個整數，並實作循序
搜尋法的過程。

程式碼：sequential.js

```javascript
01  var val=0;
02  var data=new Array();
03  for(i=0;i<80;i++) {
04      data[i]=0;
05  }
06  for(i=0;i<80;i++) {
07      data[i]=Math.floor(Math.random()*150)+1;
08  }
09
10  while (val!=-1) {
11      find=0;
12      const prompt = require('prompt-sync')();
13      val = prompt('請輸入搜尋鍵值(1-150)，輸入-1離開：');
14      for(i=0;i<80;i++) {
15          if (data[i]==val) {
16              process.stdout.write('在第'+ (i+1)+'個位置找到鍵值'+ data[i]);
17              find+=1;
18          }
19      }
20      if (find==0 && val !=-1) {
21          process.stdout.write('######沒有找到 ['+val+']######')
22      }
23      console.log();
24  }
25  process.stdout.write('資料內容：');
26  console.log();
27  for (i=0;i<10;i++) {
28      for (j=0;j<8;j++) {
29          process.stdout.write((i*8+j+1)+'['+data[i*8+j]+']   ');
30      }
31      console.log();
32  }
```

【執行結果】

```
D:\sample>node ex09/sequential.js
請輸入搜尋鍵值(1-150)，輸入-1離開：76
#####沒有找到 [76]#####
請輸入搜尋鍵值(1-150)，輸入-1離開：78
在第8個位置找到鍵值78
請輸入搜尋鍵值(1-150)，輸入-1離開：-1

資料內容：
1[145]   2[48]   3[112]   4[8]   5[128]   6[89]   7[72]   8[78]
9[40]   10[92]   11[86]   12[127]   13[136]   14[138]   15[74]   16[27]
17[54]   18[56]   19[87]   20[114]   21[5]   22[56]   23[12]   24[38]
25[120]   26[67]   27[61]   28[17]   29[107]   30[122]   31[80]   32[87]
33[86]   34[150]   35[97]   36[104]   37[108]   38[120]   39[132]   40[132]
41[130]   42[114]   43[118]   44[13]   45[125]   46[121]   47[54]   48[30]
49[148]   50[135]   51[86]   52[127]   53[58]   54[112]   55[143]   56[133]
57[44]   58[119]   59[1]   60[82]   61[26]   62[140]   63[138]   64[124]
65[56]   66[21]   67[52]   68[75]   69[75]   70[98]   71[94]   72[11]
73[27]   74[119]   75[101]   76[72]   77[58]   78[142]   79[63]   80[92]

D:\sample>
```

9-1-2　二分搜尋法

　　如果要搜尋的資料已經事先排序好，則可使用二分搜尋法來進行搜尋。二分搜尋法是將資料分割成兩等份，再比較鍵值與中間值的大小，如果鍵值小於中間值，可確定要找的資料在前半段的元素，否則在後半部。如此分割數次直到找到或確定不存在為止。例如以下已排序數列 2、3、5、8、9、11、12、16、18，而所要搜尋值為 11 時：

① 　首先跟第五個數值 9 比較：

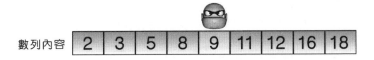

② 　因為 11>9，所以和後半部的中間值 12 比較：

③ 因為 11<12，所以和前半部的中間值 11 比較：

數列內容	不處理	11	不處理

④ 因為 11=11，表示搜尋完成，如果不相等則表示找不到。

◎ 二分搜尋法分析

① 時間複雜度：因為每次的搜尋都會比上一次少一半的範圍，最多只需要比較 $\lceil log_2\ n \rceil +1$ 或 $\lceil log_2\ n+1 \rceil$，時間複雜度為 O(log n)。

② 二分法必須事先經過排序，且資料量必須能直接在記憶體中執行。

③ 此法適合用於不需增刪的靜態資料。

範例 **9.1.2** 請設計一程式，以亂數產生 1~150 間的 50 個整數，並實作二分搜尋法的過程與步驟。

程式碼：binary.js

```
01    var bin_search=(data,val)=> {
02        low=0;
03        high=49;
04        while (low <= high && val !=-1) {
05            mid=Math.floor((low+high)/2);
06            if (val<data[mid]) {
07                console.log(val,'介於位置 ',low+1,'[',data[low],']及中間值
    ',high+1,'[',data[high],']，找左半邊');
08                high=mid-1;
09            }
10            else if (val>data[mid]) {
11                console.log(val,'介於中間值位置',mid+1,'[',data[mid],']及
    ',(high+1),'[',data[high],']，找右半邊');
12                low=mid+1;
13            }
14            else
15                return mid;
16        }
17        return -1
```

```
18    }
19
20    val=1;
21    var data=new Array();
22    for (i=0;i<50;i++){
23        data[i]=val;
24        val=val+Math.floor(Math.random()*5)+1
25    }
26    while (true){
27        num=0;
28        const prompt = require('prompt-sync')();
29        val = prompt('請輸入搜尋鍵值(1-150)，輸入-1離開：');
30        if (val ==-1) break
31        num=bin_search(data,val);
32        if (num==-1) console.log('##### 沒有找到[',val,'] #####')
33        else console.log('在第 ',num+1,'個位置找到 [',data[num],']');
34    }
35    console.log('資料內容：');
36    for (i=0;i<5;i++){
37        for (j=0;j<10;j++){
38            process.stdout.write((i*10+j+1)+'-'+data[i*10+j]+' ')
39        }
40        console.log();
41    }
```

【執行結果】

```
D:\sample>node ex09/binary.js
請輸入搜尋鍵值(1-150)，輸入-1離開：58
58 介於位置  1 [  1 ]及中間值  50 [ 169 ]，找左半邊
58 介於中間值位置 12 [ 36 ]及  24 [ 79 ]，找右半邊
58 介於中間值位置 18 [ 56 ]及  24 [ 79 ]，找右半邊
58 介於位置  19 [ 61 ]及中間值  24 [ 79 ]，找左半邊
58 介於位置  19 [ 61 ]及中間值  20 [ 64 ]，找左半邊
##### 沒有找到[ 58 ] #####
請輸入搜尋鍵值(1-150)，輸入-1離開：64
64 介於位置  1 [  1 ]及中間值  50 [ 169 ]，找左半邊
64 介於中間值位置 12 [ 36 ]及  24 [ 79 ]，找右半邊
64 介於中間值位置 18 [ 56 ]及  24 [ 79 ]，找右半邊
64 介於位置  19 [ 61 ]及中間值  24 [ 79 ]，找左半邊
64 介於中間值位置 19 [ 61 ]及  20 [ 64 ]，找右半邊
在第  20 個位置找到 [ 64 ]
請輸入搜尋鍵值(1-150)，輸入-1離開：-1
資料內容：
1-1 2-3 3-7 4-10 5-11 6-16 7-18 8-22 9-27 10-32
11-35 12-36 13-38 14-41 15-46 16-48 17-53 18-56 19-61 20-64
21-69 22-74 23-75 24-79 25-84 26-88 27-93 28-96 29-101 30-102
31-107 32-109 33-112 34-115 35-118 36-122 37-124 38-126 39-128 40-131
41-134 42-139 43-144 44-145 45-150 46-152 47-155 48-160 49-165 50-169

D:\sample>_
```

9-1-3 內插搜尋法

內插搜尋法（Interpolation Search）又叫做插補搜尋法，是二分搜尋法的改版。它是依照資料位置的分佈，利用公式預測資料的所在位置，再以二分法的方式漸漸逼近。使用內插法是假設資料平均分佈在陣列中，而每一筆資料的差距是相當接近或有一定的距離比例。其內插法的公式為：

$$Mid = low + \frac{key - data[low]}{data[high] - data[low]} *(high - low)$$

其中 key 是要尋找的鍵，data[high]、data[low] 是剩餘待尋找記錄中的最大值及最小值，對資料筆數為 n，其內插搜尋法的步驟如下：

① 將記錄由小到大的順序給予 1,2,3...n 的編號。

② 令 low=1，high=n

③ 當 low<high 時，重複執行步驟④及步驟⑤

④ 令 $Mid = low + \frac{key - data[low]}{data[high] - data[low]} *(high - low)$

⑤ 若 key<key_{Mid} 且 high≠Mid-1 則令 high=Mid-1

⑥ 若 key=key_{Mid} 表示成功搜尋到鍵值的位置

⑦ 若 key>key_{Mid} 且 low≠Mid+1 則令 low=Mid+1

❶ 內插法分析

① 一般而言，內插搜尋法優於循序搜尋法，而如果資料的分佈愈平均，則搜尋速度愈快，甚至可能第一次就找到資料。此法的時間複雜度取決於資料分佈的情況而定，平均而言優於 O(log n)。

② 使用內插搜尋法資料需先經過排序

範例 **9.1.3** 請設計一程式，以亂數產生 1~150 間的 50 個整數，並實作內插
搜尋法的過程與步驟。

程式碼：interpolation.js

```
01   var Interpolation=(data,val)=> {
02       low=0;
03       high=49;
04       console.log("搜尋處理中......");
05       while(low<= high && val !=-1){
06           const rangeDelta=data[high]-data[low];
07           const indexDelta=high-low;
08           const valueDelta=val-data[low];
09           if (valueDelta<0) {
10               return -1;
11           }
12           if (!rangeDelta) {
13               return data[low] === val ? low: -1;
14           }
15           const mid=low+Math.floor((valueDelta*indexDelta)/ rangeDelta);
     /*內插法公式*/
16           if (val==data[mid])
17               return mid;
18           else if (val < data[mid]){
19               console.log(val,'介於位置 ',low+1,'[',data[low],']及中間值
     ',mid+1,'[',data[mid],']','找左半邊');
20               high=mid-1;
21           }
22           else {
23               console.log(val,'介於中間值位置',mid+1,'[',data[mid],']及
     ',(high+1),'[',data[high],']','找右半邊');
24               low=mid+1;
25           }
26       }
27       return -1;
28   }
29
30   val=1;
31   var data=new Array();
32   for (i=0;i<50;i++){
33       data[i]=val;
34       val=val+Math.floor(Math.random()*5)+1
35   }
36   while(true){
37       num=0;
38       const prompt = require('prompt-sync')();
```

```
39      val = prompt('請輸入搜尋鍵值(1-150)，輸入-1離開：');
40      if (val ==-1) break
41      num=Interpolation(data,val);
42      if (num==-1) console.log('##### 沒有找到[',val,'] #####')
43      else console.log('在第 ',num+1,'個位置找到 [',data[num],']');
44  }
45  console.log('資料內容：');
46  for (i=0;i<5;i++){
47      for (j=0;j<10;j++){
48          process.stdout.write((i*10+j+1)+'-'+data[i*10+j]+' ')
49      }
50      console.log();
51  }
```

【執行結果】

```
D:\sample>node ex09/interpolation.js
請輸入搜尋鍵值(1-150)，輸入-1離開：68
搜尋處理中......
68 介於中間值位置 21 [ 62 ]及   50 [ 160 ]，找右半邊
68 介於中間值位置 22 [ 66 ]及   50 [ 160 ]，找右半邊
##### 沒有找到[ 68 ] #####
請輸入搜尋鍵值(1-150)，輸入-1離開：66
搜尋處理中......
66 介於中間值位置 21 [ 62 ]及   50 [ 160 ]，找右半邊
在第 22 個位置找到 [ 66 ]
請輸入搜尋鍵值(1-150)，輸入-1離開：-1
資料內容：
1-1 2-3 3-5 4-7 5-8 6-11 7-12 8-16 9-20 10-25
11-30 12-31 13-34 14-38 15-43 16-46 17-47 18-50 19-55 20-59
21-62 22-66 23-69 24-74 25-77 26-82 27-85 28-88 29-92 30-97
31-99 32-100 33-102 34-106 35-111 36-114 37-115 38-118 39-122 40-124
41-128 42-133 43-137 44-140 45-143 46-145 47-150 48-152 49-156 50-160

D:\sample>
```

9-1-4　費氏搜尋法

費氏搜尋法（Fibonacci Search）又稱費伯那搜尋法，此法和二分法一樣都是以切割範圍來進行搜尋，不同的是費氏搜尋法不以對半切割，而是以費氏級數的方式切割。

費氏級數 F(n) 的定義如下：

$$\begin{cases} F_0=0,\ F_1=1 \\ F_i=F_{i-1}+F_{i-2}\ ,\ i \geqq 2 \end{cases}$$

費氏級數：0,1,1,2,3,5,8,13,21,34,55,89,…。也就是除了第 0 及第 1 個元素外，每個值都是前兩個值的加總。

費氏搜尋法的好處是只用到加減運算而不需用到乘法及除法，這以電腦運算的過程來看效率會高於前兩種搜尋法。在尚未介紹費氏搜尋法之前，我們先來認識費氏搜尋樹。所謂費氏搜尋樹是以費氏級數的特性所建立的二元樹，其建立的原則如下：

① 費氏樹的左右子樹均亦為費氏樹。
② 當資料個數 n 決定，若想決定費氏樹的階層 k 值為何，我們必須找到一個最小的 k 值，使得費氏級數的 Fib(k+1)≧n+1。
③ 費氏樹的樹根定為一費氏數，且子節點與父節點的差值絕對值為費氏數。
④ 當 k≧2 時，費氏樹的樹根為 Fib(k)，左子樹為 (k-1) 階費氏樹（其樹根為 Fib(k-1)），右子樹為 (k-2) 階費氏樹（其樹根為 Fib(k)+Fib(k-2))。
⑤ 若 n+1 值不為費氏數的值，則可以找出存在一個 m 使用 Fib(k+1)-m=n+1，m=Fib(k+1)-(n+1)，再依費氏樹的建立原則完成費氏樹的建立，最後費氏樹的各節點再減去差值 m 即可，並把小於 1 的節點去掉即可。

費氏樹的建立程序概念圖，我們以下圖為您示範說明：

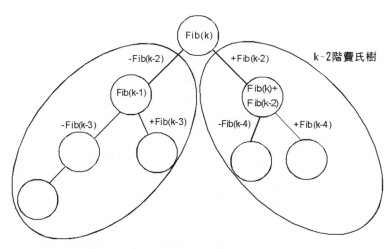

k-1階費氏樹　　k 階費氏樹示意圖

也就是說當資料個數為 n，且我們找到一個最小的費氏數 Fib(k+1) 使得 Fib(k+1)≧n+1。則 Fib(k) 就是這棵費氏樹的樹根，而 Fib(k-2) 則是與左右子樹開始的差值，左子樹用減的；右子樹用加的。例如我們來實際求取 n=33 的費氏樹：

由於 n=33，且 n+1=34 為一費氏數，並我們知道費氏數列的三項特性：

Fib(0)=0
Fib(1)=1
Fib(k)=Fib(k-1)+Fib(k-2)

得知 Fib(0)=0、Fib(1)=1、Fib(2)=1、Fib(3)=2、Fib(4)=3、Fib(5)=5 Fib(6)=8、Fib(7)=13、Fib(8)=21、Fib(9)=34

由上式可得知 Fib(k+1)=34→k=8，建立二元樹的樹根為 Fib(8)=21 左子樹樹根為 Fib(8-1)=Fib(7)=13 右子樹樹根為 Fib(8)+Fib(8-2)=21+8=29

依此原則我們可以建立如下的費氏樹：

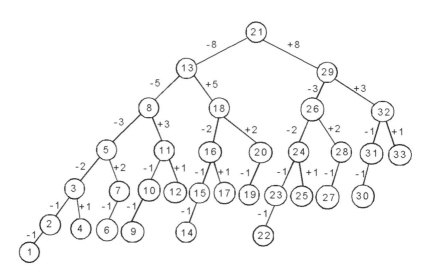

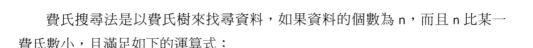

費氏搜尋法是以費氏樹來找尋資料，如果資料的個數為 n，而且 n 比某一費氏數小，且滿足如下的運算式：

Fib(k+1) ≧ n+1

此時 Fib(k) 就是這棵費氏樹的樹根，而 Fib(k-2) 則是與左右子樹開始的差值，若我們要尋找的鍵值為 key，首先比較陣列索引 Fib(k) 和鍵值 key，此時可以有下列三種比較情況：

① 當 key 值比較小，表示所找的鍵值 key 落在 1 到 Fib(k)-1 之間，故繼續尋找 1 到 Fib(k)-1 之間的資料。

② 如果鍵值與陣列索引 Fib(k) 的值相等，表示成功搜尋到所要的資料。

③ 當 key 值比較大，表示所找的鍵值 key 落在 Fib(k)+1 到 Fib(k+1)-1 之間，故繼續尋找 Fib(k)+1 到 Fib(k+1)-1 之間的資料。

○ 費氏搜尋法分析

① 平均而言，費氏搜尋法的比較次數會少於二元搜尋法，但在最壞的情況下則二元搜尋法較快。其平均時間複雜度為 $O(\log_2 N)$

② 費氏搜尋演算法較為複雜，需額外產生費氏樹。

> **範例 9.1.4** 請設計一費氏搜尋法的程式，並實作費氏搜尋法的過程與步驟，所搜尋的陣列內容如下：

```
data=[5,7,12,23,25,37,48,54,68,77,91,99,102,110,118,120,130,135,136,150];
```

程式碼：fib_search.js

```
01  const MAX=20;
02
03  var fib=(n)=> {
04      if (n==1 || n==0)
05          return n;
06      else {
```

```
07              return fib(n-1)+fib(n-2);
08          }
09  }
10
11  var fib_search=(data,SearchKey)=> {
12      index=2;
13      //費氏數列的搜尋
14      while (fib(index)<=MAX) index+=1;
15      index-=1;
16      // index >=2
17      //起始的費氏數
18      RootNode=fib(index);
19      //上一個費氏數
20      diff1=fib(index-1);
21      //上二個費氏數即diff2=fib(index-2)
22      diff2=RootNode-diff1;
23      RootNode-=1; //這列運算式是配合陣列的索引是從0開始儲存資料
24      while (true) {
25          if (SearchKey==data[RootNode])
26              return RootNode;
27          else
28              if (index==2)
29                  return MAX                //沒有找到
30              if (SearchKey<data[RootNode]) {
31                  RootNode=RootNode-diff2; //左子樹的新費氏數
32                  temp=diff1;
33                  diff1=diff2;              //上一個費氏數
34                  diff2=temp-diff2;         //上二個費氏數
35                  index=index-1;
36              }
37              else {
38                  if (index==3) return MAX;
39                  RootNode=RootNode+diff2; //右子樹的新費氏數
40                  diff1=diff1-diff2;        //上一個費氏數
41                  diff2=diff2-diff1;        //上二個費氏數
42                  index=index-2;
43              }
44      }
45  }
46
47  data=[5,7,12,23,25,37,48,54,68,77,
48       91,99,102,110,118,120,130,135,136,150]
```

```
49   i=0
50   j=0
51   while (true){
52       const prompt = require('prompt-sync')();
53       val = prompt('請輸入搜尋鍵值(1-150)，輸入-1離開：');
54       if (val==-1)  //輸入值為-1就跳離迴圈
55           break;
56       RootNode=fib_search(data,val)//利用費氏搜尋法找尋資料
57       if (RootNode==MAX)
58           console.log('////////// 沒有找到',val,' //////////');
59       else {
60           console.log('在第 ',RootNode+1,'個位置找到 ',data[RootNode]);
61       }
62   }
63   console.log('資料內容：')
64   for (i=0;i<2;i++){
65       for (j=0;j<10;j++){
66           process.stdout.write((i*10+j+1)+'-'+data[i*10+j]+' ');
67       }
68       process.stdout.write('\n');
69   }
```

【執行結果】

```
D:\sample>node ex09/fib_search.js
請輸入搜尋鍵值(1-150)，輸入-1離開：56
////////// 沒有找到 56 //////////
請輸入搜尋鍵值(1-150)，輸入-1離開：68
在第 9 個位置找到 68
請輸入搜尋鍵值(1-150)，輸入-1離開：-1
資料內容：
1-5 2-7 3-12 4-23 5-25 6-37 7-48 8-54 9-68 10-77
11-91 12-99 13-102 14-110 15-118 16-120 17-130 18-135 19-136 20-150

D:\sample>
```

9-2 雜湊搜尋法

雜湊法（或稱赫序法或散置法）這個主題通常被放在和搜尋法一起討論，主要原因是雜湊法不僅被用於資料的搜尋外，在資料結構的領域中，您還能將它應用在資料的建立、插入、刪除與更新。

例如符號表在電腦上的應用領域很廣泛，包含組譯程式、編譯程式、資料庫使用的資料字典等，都是利用提供的名稱來找到對應的屬性。符號表依其特性可分為二類：靜態表（Static Table）和「動態表」（Dynamic Table）。而「雜湊表」（Hash Table）則是屬於靜態表格中的一種，我們將相關的資料和鍵值儲存在一個固定大小的表格中。

9-2-1 雜湊法簡介

基本上，所謂雜湊法（Hashing）就是將本身的鍵值，經由特定的數學函數運算或使用其他的方法，轉換成相對應的資料儲存位址。而雜湊所使用的數學函數就稱為「雜湊函數」（Hashing function）。現在我們先來介紹有關雜湊函數的相關名詞：

- bucket（桶）：雜湊表中儲存資料的位置，每一個位置對應到唯一的一個位址（bucket address），桶就好比一筆記錄。
- slot（槽）：每一筆記錄中可能包含好幾個欄位，而 slot 指的就是「桶」中的欄位。
- collision（碰撞）：若兩筆不同的資料，經過雜湊函數運算後，對應到相同的位址時，稱為碰撞。
- 溢位：如果資料經過雜湊函數運算後，所對應到的 bucket 已滿，則會使 bucket 發生溢位。
- 雜湊表：儲存記錄的連續記憶體。雜湊表是一種類似資料表的索引表格，其中可分為 n 個 bucket，每個 bucket 又可分為 m 個 slot，如下圖所示：

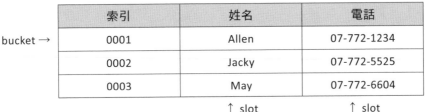

索引	姓名	電話
0001	Allen	07-772-1234
0002	Jacky	07-772-5525
0003	May	07-772-6604

bucket →

↑ slot   ↑ slot

- **同義字（synonym）**：當兩個識別字 I_1 及 I_2，經雜湊函數運算後所得的數值相同，即 $f(I_1)=f(I_2)$，則稱 I_1 與 I_2 對於 f 這個雜湊函數是同義字。

- **載入密度（loading factor）**：所謂載入密度是指識別字的使用數目除以雜湊表內槽的總數：

$$\alpha(載入密度)= \frac{n(識別字的使用數目)}{s(每一個桶內的槽數) \cdot b(桶的數目)} = \frac{n}{s \cdot b}$$

如果 α 值愈大則表示雜湊空間的使用率越高，碰撞或溢位的機率會越高。

- **完美雜湊（perfect hashing）**：指沒有碰撞又沒有溢位的雜湊函數。

在此建議各位，通常在設計雜湊函數應該遵循以下幾個原則：

① 降低碰撞及溢位的產生。
② 雜湊函數不宜過於複雜，越容易計算越佳。
③ 儘量把文字的鍵值轉換成數字的鍵值，以利雜湊函數的運算。
④ 所設計的雜湊函數計算而得的值，儘量能均勻地分佈在每一桶中，不要太過於集中在某些桶內，這樣就可以降低碰撞，並減少溢位的處理。

9-3 常見的雜湊函數

常見的雜湊法有除法、中間平方法、折疊法及數位分析法。為您分別介紹相關的原理與執行方式，說明如下。

9-3-1　除法

最簡單的雜湊函數是將資料除以某一個常數後，取餘數來當索引。例如在一個有 13 個位置的陣列中，只使用到 7 個位址，值分別是 12,65,70,99,33,67,48。那我們就可以把陣列內的值除以 13，並以其餘數來當索引，我們可以用下例這個式子來表示：

h(key)=key mod B

在這個例子中，我們所使用的 B=13。一般而言，會建議各位在選擇 B 時，B 最好是質數。而上例所建立出來的雜湊表為：

索引	資料
0	65
1	
2	67
3	
4	
5	70
6	
7	33
8	99
9	48
10	
11	
12	12

以下我們將用除法作為雜湊函數，將下列數字儲存在 11 個空間：323,458,25,340,28,969,77，請問其雜湊表外觀為何？

令雜湊函數為 h(key)=key mod B，其中 B=11 為一質數，這個函數的計算結果介於 0~10 之間（包括 0 及 10 二數），則 h(323)=4、h(458)=7、h(25)=3、h(340)=10、h(28)=6、h(969)=1、h(77)=0。

索引	資料
0	77
1	969
2	
3	25
4	323
5	
6	28
7	458
8	
9	
10	340

9-3-2　中間平方法

中間平方法和除法相當類似，它是把資料乘以自己，之後再取中間的某段數字做索引。在下例中我們用中間平方法，並將它放在 100 位址空間，其操作步驟如下：

將 12,65,70,99,33,67,51 平方後如下：

144,4225,4900,9801,1089,4489,2601

我們取百位數及十位數作為鍵值，分別為

14、22、90、80、08、48、60

上述這 7 個數字的數列就是對應原先 12,65,70,99,33,67,51 等 7 個數字存放在 100 個位址空間的索引鍵值，即

f(14) =12

f(22) =65

f(90) =70

f(80) =99

f(8) =33

f(48) =67

f(60) =51

若實際空間介於 0~9（即 10 個空間），但取百位數及十位數的值介於 0～99（共有 100 個空間），所以我們必須將中間平方法第一次所求得的鍵值，再行壓縮 1/10 才可以將 100 個可能產生的值對應到 10 個空間，即將每一個鍵值除以 10 取整數（下例我們以 DIV 運算子作為取整數的除法），我們可以得到下列的對應關係：

f(14 DIV 10)=12   f(1)=12

f(22 DIV 10)=65   f(2)=65

f(90 DIV 10)=70   f(9)=70

f(80 DIV 10)=99 ⟶ f(8)=99

f(8 DIV 10)=33   f(0)=33

f(48 DIV 10)=67   f(4)=67

f(60 DIV 10)=51   f(6)=51

9-3-3　折疊法

折疊法是將資料轉換成一串數字後，先將這串數字先拆成數個部份，最後再把它們加起來，就可以計算出這個鍵值的 Bucket Address。例如有一資料，轉換成數字後為 2365479125443，若以每 4 個字為一個部份則可拆為：2365,4791,2544,3。將四組數字加起來後即為索引值：

```
    2365
    4791
    2544
+      3
    9703 → bucket address
```

在折疊法中有兩種作法，如上例直接將每一部份相加所得的值作為其 bucket address，這種作法我們稱為「移動折疊法」。但雜湊法的設計原則之一就是降低碰撞，如果您希望降低碰撞的機會，我們可以將上述每一部份的數字中的奇數位段或偶數位段反轉，再行相加來取得其 bucket address，這種改良式的作法我們稱為「邊界折疊法（folding at the boundaries）」。

請看下例的說明：

① 狀況一：將偶數位段反轉

    2365（第 1 位段屬於奇數位段故不反轉）

    1974（第 2 位段屬於偶數位段要反轉）

    2544（第 3 位段屬於奇數位段故不反轉）

+   3（第 4 位段屬於偶數位段要反轉）

    6886 → bucket address

② 狀況二：將奇數位段反轉

    5632（第 1 位段屬於奇數位段要反轉）

    4791（第 2 位段屬於偶數位段故不反轉）

    4452（第 3 位段屬於奇數位段要反轉）

+   3（第 4 位段屬於偶數位段故不反轉）

    14878 → bucket address

9-3-4 數位分析法

數位分析法適用於資料不會更改，且為數字型態的靜態表。在決定雜湊函數時先逐一檢查資料的相對位置及分佈情形，將重複性高的部份刪除。例如下面這個電話表，它是相當有規則性的，除了區碼全部是 07 外，在中間三個數字的變化也不大,假設位址空間大小 m=999,我們必須從下列數字擷取適當的數字,即數字比較不集中,分佈範圍較為平均(或稱亂度高),最後決定取最後那四個數字的末三碼。故最後可得雜湊表為:

電話
07-772-2234
07-772-4525
07-774-2604
07-772-4651
07-774-2285
07-772-2101
07-774-2699
07-772-2694

索引	電話
234	07-772-2234
525	07-772-4525
604	07-774-2604
651	07-772-4651
285	07-774-2285
101	07-772-2101
699	07-774-2699
694	07-772-2694

相信看完上面幾種雜湊函數之後,各位可以發現雜湊函數並沒有一定規則可循,可能是其中的某一種方法,也可能同時使用好幾種方法,所以雜湊時常被用來處理資料的加密及壓縮。但是雜湊法常會遇到「碰撞」及「溢位」的情況。我們接下來要了解如果遇到上述兩種情形時,該如何解決。

9-4 碰撞與溢位問題的處理

沒有一種雜湊函數能夠確保資料經過處理後所得到的索引值都是唯一的,當索引值重複時就會產生碰撞的問題,而碰撞的情形在資料量大的時候特別容易發生。因此,如何在碰撞後處理溢位的問題就顯得相當的重要。常見的溢位處理方法介紹如下。

9-4-1 線性探測法

線性探測法是當發生碰撞情形時，若該索引已有資料，則以線性的方式往後找尋空的儲存位置，一找到位置就把資料放進去。線性探測法通常把雜湊的位置視為環狀結構，如此一來若後面的位置已被填滿而前面還有位置時，可以將資料放到前面。

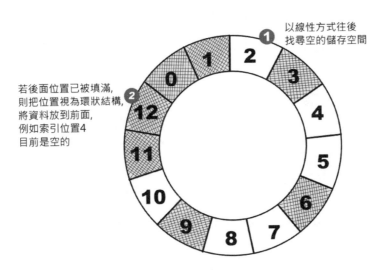

線性探測的演算法如下：

```
var create_table=(num,index)=> {      //建立雜湊表副程式
    tmp=num%INDEXBOX;                 //雜湊函數=資料%INDEXBOX
    while (true){
        if (index[tmp]==-1) {         //如果資料對應的位置是空的
            index[tmp]=num;           //則直接存入資料
            break;
        }
        else
            tmp=(tmp+1)%INDEXBOX;     //否則往後找位置存放
    }
}
```

範例 **9.4.1** 請設計一程式，以除法的雜湊函數取得索引值。並以線性探測法
來儲存資料。

程式碼：hash.js

```
01   const INDEXBOX=10;                          //雜湊表最大元素
02   const MAXNUM=7;                             //最大資料個數
03
04   var print_data=(data,max_number)=> { //列印陣列副程式
05       process.stdout.write('\t');
06       for(i=0;i<max_number;i++)
07           process.stdout.write('['+data[i]+'] ');
08       process.stdout.write('\n');
09   }
10
11   var create_table=(num,index)=> {           //建立雜湊表副程式
12       tmp=num%INDEXBOX;                       //雜湊函數=資料%INDEXBOX
13       while (true){
14           if (index[tmp]==-1) {              //如果資料對應的位置是空的
15               index[tmp]=num;                //則直接存入資料
16               break;
17           }
18           else
19               tmp=(tmp+1)%INDEXBOX;          //否則往後找位置存放
20       }
21   }
22
23   //主程式
24   index=[];
25   data=[];
26
27   process.stdout.write('原始陣列值：\n')
28   for(let i=0;i<MAXNUM;i++)                   //起始資料值
29       data[i]=Math.floor(1+Math.random()*19);
30   for(let i=0;i<INDEXBOX;i++)                 //清除雜湊表
31       index[i]=-1;
32   print_data(data,MAXNUM)                     //列印起始資料
33
34   process.stdout.write('雜湊表內容：\n')
35   for(let i=0;i<MAXNUM;i++) {                 //建立雜湊表
36       create_table(data[i],index);
37       process.stdout.write(' '+data[i]+' =>');   //列印單一元素的雜湊表位置
38       print_data(index,INDEXBOX);
39   }
40
41   process.stdout.write('完成雜湊表：\n');
42   print_data(index,INDEXBOX);                 //列印最後完成結果
```

【執行結果】

```
D:\sample>node ex09/hash.js
原始陣列值:
        [17] [11] [12] [13] [8] [19] [15]
雜湊表內容:
  17 => [-1] [-1] [-1] [-1] [-1] [-1] [-1] [17] [-1] [-1]
  11 => [-1] [11] [-1] [-1] [-1] [-1] [-1] [17] [-1] [-1]
  12 => [-1] [11] [12] [-1] [-1] [-1] [-1] [17] [-1] [-1]
  13 => [-1] [11] [12] [13] [-1] [-1] [-1] [17] [-1] [-1]
  8  => [-1] [11] [12] [13] [-1] [-1] [-1] [17] [8] [-1]
  19 => [-1] [11] [12] [13] [-1] [-1] [-1] [17] [8] [19]
  15 => [-1] [11] [12] [13] [-1] [15] [-1] [17] [8] [19]
完成雜湊表:
        [-1] [11] [12] [13] [-1] [15] [-1] [17] [8] [19]

D:\sample>
```

9-4-2 平方探測法

　　線性探測法有一個缺失,就是相當類似的鍵值經常會聚集在一起,因此可以考慮以平方探測法來加以改善。在平方探測中,當溢位發生時,下一次搜尋的位址是 $(f(x)+i^2) \bmod B$ 與 $(f(x)-i^2) \bmod B$,即讓資料值加或減 i 的平方,例如資料值 key,雜湊函數 f:

　　第一次尋找:$f(key)$

　　第二次尋找:$(f(key)+1^2)\%B$

　　第三次尋找:$(f(key)-1^2)\%B$

　　第四次尋找:$(f(key)+2^2)\%B$

　　第五次尋找:$(f(key)-2^2)\%B$

　　　　　．

　　　　　．

　　　　　．

　　第 n 次尋找:$(f(key)\pm((B-1)/2)^2)\%B$,其中,B 必須為 4j+3 型的質數,且 $1\leq i\leq(B-1)/2$。

9-4-3　再雜湊法

再雜湊就是一開始就先設置一系列的雜湊函數,如果使用第一種雜湊函數出現溢位時就改用第二種,如果第二種也出現溢位則改用第三種,一直到沒有發生溢位為止。例如 h1 為 key%11,h2 為 key*key,h3 為 key*key%11,h4......。

9-4-4　鏈結串列法

將雜湊表的所有空間建立 n 個串列,最初的預設值只有 n 個串列首。如果發生溢位就把相同位址之鍵值鏈結在串列首的後面,形成一個鏈結串列,直到所有的可用空間全部用完為止。如下圖:

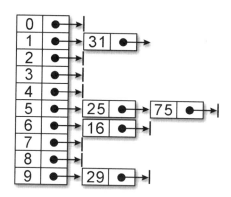

再雜湊(利用鏈結串列)演算法

```
var create_table=(val)=>{           //建立雜湊表副程式
    newnode=new Node(val);
    myhash=val%7;                   //雜湊函數除以7取餘數
    current=indextable[myhash];
    if (current.next==null)
        indextable[myhash].next=newnode;
    else{
        while (current.next!=null) current=current.next;
    }
    current.next=newnode;           //將節點加在串列
}
```

範例 **9.4.2** 請設計一程式，利用鏈結串列來進行再雜湊的實作。

程式碼：rehash.js

```
01  const INDEXBOX=7;                    //雜湊表元素個數
02  const MAXNUM=13;                     //資料個數
03
04  class Node{
05      constructor(val) {
06          this.val=val;
07          this.next=null;
08      }
09  }
10
11  indextable=[]                        //宣告動態陣列
12
13  var create_table=(val)=>{            //建立雜湊表副程式
14      newnode=new Node(val);
15      myhash=val%7;                    //雜湊函數除以7取餘數
16
17      current=indextable[myhash];
18
19      if (current.next==null)
20          indextable[myhash].next=newnode;
21      else{
22          while (current.next!=null) current=current.next;
23      }
24      current.next=newnode;            //將節點加在串列
25  }
26
27  var print_data=(val)=>{              //列印雜湊表副程式
28      pos=0;
29      head=indextable[val].next;  //起始指標
30      process.stdout.write('   '+val+':\t');     //索引位址
31      while (head!=null) {
32          process.stdout.write('['+head.val+']-');
33          pos+=1;
34          if (pos % 8==7) process.stdout.write('\t');
35          head=head.next;
36      }
37      process.stdout.write('\n');
38  }
39
```

```
40   //主程式
41
42   data=[];
43   index=[];
44
45   for(let i=0;i<INDEXBOX;i++)                       //清除雜湊表
46       indextable[i]=new Node(-1);
47
48   process.stdout.write('原始資料：\n');
49
50   for(let i=0;i<MAXNUM;i++) {
51       data[i]=1+Math.floor(Math.random()*29);   //亂數建立原始資料
52       process.stdout.write('['+data[i]+'] ');   //並列印出來
53       if (i%8==7) process.stdout.write('\n');
54   }
55
56   process.stdout.write('\n雜湊表：\n')
57   for(let i=0;i<MAXNUM;i++) {
58       create_table(data[i]);                    //建立雜湊表
59   }
60
61   for(let i=0;i<INDEXBOX;i++) print_data(i);   //列印雜湊表
62   process.stdout.write('\n');
```

【執行結果】

```
D:\sample>node ex09/rehash.js
原始資料：
[27] [24] [19] [21] [4] [17] [26] [18]
[14] [22] [8] [27] [23]
雜湊表：
    0：   [21]-[14]-
    1：   [22]-[8]-
    2：   [23]-
    3：   [24]-[17]-
    4：   [4]-[18]-
    5：   [19]-[26]-
    6：   [27]-[27]-


D:\sample>_
```

範例 **9.4.3** 在前面範例中直接把原始資料值存在雜湊表中，如果現在要搜尋
一個資料，只需將它先經過雜湊函數的處理後，直接到對應的索引值串
列中尋找，如果沒找到表示資料不存在。如此一來可大幅減少讀取資料
及比對資料的次數，甚至可能一次的讀取比對就找到想找的資料。請設
計一程式，加入搜尋的功能，並印出比對的次數。

程式碼：hash_search.js

```
01   const INDEXBOX=7;                //雜湊表元素個數
02   const MAXNUM=13;                 //資料個數
03
04   class Node{
05       constructor(val) {
06           this.val=val;
07           this.next=null;
08       }
09   }
10
11   indextable=[]                    //宣告動態陣列
12
13   var create_table=(val)=>{        //建立雜湊表副程式
14       newnode=new Node(val);
15       myhash=val%7;                 //雜湊函數除以7取餘數
16
17       current=indextable[myhash];
18
19       if (current.next==null)
20           indextable[myhash].next=newnode;
21       else{
22           while (current.next!=null) current=current.next;
23       }
24       current.next=newnode;         //將節點加在串列
25   }
26
27   var print_data=(val)=>{          //列印雜湊表副程式
28       pos=0;
29       head=indextable[val].next;   //起始指標
30       process.stdout.write('  '+val+':\t');    //索引位址
31       while (head!=null) {
32           process.stdout.write('['+head.val+']-');
```

```
33              pos+=1;
34              if (pos % 8==7) process.stdout.write('\t');
35              head=head.next;
36          }
37          process.stdout.write('\n');
38      }
39
40  var findnum=(num)=> {        //雜湊搜尋副程式
41      i=0;
42      myhash =num%7;
43      ptr=indextable[myhash].next;
44      while (ptr!=null) {
45          i+=1;
46          if (ptr.val==num)
47              return i;
48          else
49              ptr=ptr.next;
50      }
51      return 0;
52  }
53
54
55  //主程式
56
57  data=[];
58  index=[];
59
60
61  for(let i=0;i<INDEXBOX;i++)                      //清除雜湊表
62      indextable[i]=new Node(-1);
63
64  process.stdout.write('原始資料：\n');
65
66  for(let i=0;i<MAXNUM;i++) {
67      data[i]=1+Math.floor(Math.random()*29);     //亂數建立原始資料
68      process.stdout.write('['+data[i]+'] ');     //並列印出來
69      if (i%8==7) process.stdout.write('\n');
70  }
71
72  process.stdout.write('\n雜湊表：\n')
73  for(let i=0;i<MAXNUM;i++) {
74      create_table(data[i]);                      //建立雜湊表
```

```
75  }
76
77  const prompt = require('prompt-sync')();
78  while (true) {
79      const num = parseInt(prompt('請輸入搜尋資料(1-30)，結束請輸入-1'));
80      if (num==-1)
81          break;
82      i=findnum(num);
83      if (i==0)
84          process.stdout.write('///////////沒有找到 '+num+' ///////////\n');
85      else
86          process.stdout.write('找到 '+num+'，共找了 '+i+' 次!\n');
87  }
88
89  process.stdout.write('\n雜湊表：\n')
90  for(let i=0;i<INDEXBOX;i++) print_data(i); //列印雜湊表
91  process.stdout.write('\n');
```

【執行結果】

```
D:\sample>node ex09/hash_search.js
原始資料：
[13] [9] [11] [19] [6] [18] [10] [25]
[8] [21] [15] [16] [14]
雜湊表：
請輸入搜尋資料(1-30)，結束請輸入-116
找到 16，共找了 2 次!
請輸入搜尋資料(1-30)，結束請輸入-117
///////////沒有找到 17 ///////////
請輸入搜尋資料(1-30)，結束請輸入-1-1

雜湊表：
   0：  [21]-[14]-
   1：  [8]-[15]-
   2：  [9]-[16]-
   3：  [10]-
   4：  [11]-[18]-[25]-
   5：  [19]-
   6：  [13]-[6]-

D:\sample>
```

課 後 評 量

1. 若有 n 筆資料已排序完成，請問用二元搜尋法找尋其中某一筆資料，其搜尋時間約為？(a)O(log²n) (b)O(n) (c)O(n²) (d)O(log₂n)

2. 請問使用二元搜尋法（Binary Search）的前提條件是什麼？

3. 有關二元搜尋法，下列敘述何者正確？(a) 檔案必須事先排序 (b) 當排序資料非常小時，其時間會比循序搜尋法慢 (c) 排序的複雜度比循序搜尋法高 (d) 以上皆正確

4. 下圖為二元搜尋樹（Binary Search Tree），試繪出當加入（Insert）鍵值（Key）為 "42" 後之圖形，注意，加入後之圖形仍需保持高度為 3 之二元搜尋樹。

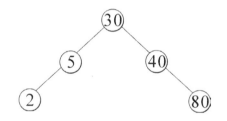

5. 用二元搜尋樹去表示 n 個元素時，最小高度及最大高度的二元搜尋樹（Height of Binary Search Tree）其值分別為何？

6. 費氏搜尋法搜尋的過程中算術運算比二元搜尋法簡單，請問上述說明是否正確？

7. 假設 A[i]=2i，1 ≦ i ≦ n。若欲搜尋鍵值為 2k-1，請以插補搜尋法進行搜尋，試求須比較幾次才能確定此為一失敗搜尋？

8. 用雜湊法將下列 7 個數字存在 0、1...6 的 7 個位置：101、186、16、315、202、572、463。若欲存入 1000 開始的 11 個位置，又應該如何存放？

9. 何謂雜湊函數？試以除法及摺疊法（Folding Method），並以 7 位電話號碼當資料說明。

10. 試述 Hashing 與一般 Search 技巧有何不同？

11. 設有個 n 筆資料錄（Data Record）我們要在這個資料錄中找到一個特定鍵值 （Key Value）的資料錄。

    (1) 若用循序搜尋（Sequential Search），則平均搜尋長度（Search Length）為多少？

    (2) 若用二分搜尋（Binary Search）則平均搜尋長度為多少？

    (3) 在什麼情況下才能使用二分搜尋法去找出一特定資料錄？

    (4) 若找不到要尋找的資料錄，則在二分搜尋法中會做多少次比較（Comparison）？

12. 採用何種雜湊函數可以使用下列的整數集合：{74,53,66,12,90,31,18, 77,85,29} 存入陣列空間為 10 的 Hash Table 不會發生碰撞？

13. 當雜湊函數 f(x)=5x+4，請分別計算下列 7 筆鍵值所對應的雜湊值。

    87、65、54、76、21、39、103

14. 請解釋下列雜湊函數的相關名詞。

    • bucket（桶）

    • 同義字

    • 完美雜湊

    • 碰撞

15. 有一個二元搜尋樹（Binary Search Tree）T

    (1) 該 key 平均分配在 [1,100] 之間，找出該搜尋樹平均要比較幾次。

    (2) 假設 k=1 時，其機率為 0.5；k=4 時，其機率為 0.3；k=9 時，其機率為 0.103；其餘 97 個數，機率為 0.001。

    (3) 假設各 key 之機率如 (2)，是否能將此搜尋樹重新安排？

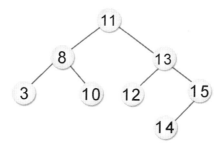

    (4) 以得到之最小平均比較次數，繪出重新調整後的搜尋樹。

16. 試寫出下列一組資料 (1,2,3,6,9,11,17,28,29,30,41,47,53,55,67,78) 以內插法找到 9 的過程。

A

開發環境與 JavaScript 快速入門

- JavaScript 執行環境
- 選擇程式的文字編輯器
- 基本資料處理
- 變數宣告與資料型別轉換
- 輸出與輸入指令
- 運算子與運算式
- 流程控制
- 陣列宣告與實作
- 函式定義與呼叫
- 物件的屬性與方法

　　Javascript 是一種直譯式（Interpret）的描述語言，具有易學、快速、功能強大的特點，是目前相當熱門的程式語言。JavaScript 具有跨平台、物件導向、輕量的特性，通常會與其他應用程式搭配使用，最廣為人知的當屬 Web 程式的應用。例如 JavaScript 與 HTML 及 CSS 搭配撰寫 Web 前端程式就能透過瀏覽器讓網頁具有互動效果。

　　JavaScript 程式是在用戶端的瀏覽器直譯成執行碼，將執行結果呈現在瀏覽器上，不會增加伺服器的負擔，並且透過簡單的語法就能控制瀏覽器所提供的物件，輕輕鬆鬆就能製作出許多精采的動態網頁效果。

　　以下程式是很基本的 HTML 語法加上 JavaScript 語法，框起處使用 JavaScript 語法，其他程式碼則是 HTML 語法。

```
<!DOCTYPE HTML>
<html>
    <head>
    <title>一起學JavaScript</title>
    <meta charset="utf-8">
    <script>
    document.write ("5+7=" + (5+7) + "<br>");    ◄———— JavaScript 語法
    </script>
    </head>
</html>
```

　　您可以使用記事本開啟範例檔「exa 資料夾」（博碩文化官網提供下載）的 testJS.htm 檔案，就能查看上述程式碼。由於 HTML 檔案會以預設瀏覽器開啟，新版的瀏覽器對 JavaScript 都能有很好的支援，當您快按兩下 testJS.htm 檔案，就會開啟瀏覽器來執行，網頁就會顯示 5+7 的結果。第一行程式 <meta charset="utf-8"> 是用來告訴瀏覽器使用的編碼方式是 utf-8，避免中文字會呈現亂碼。

 JavaScript 執行環境

　　撰寫程式之前最重要的就是設定好開發的環境與工具，雖然 JavaScript 只要有記事本就能夠寫程式，不過有些免費的程式碼編輯器具有即時預覽、以及用顏色區分不同程式碼等功能，能夠讓我們撰寫程式更加得心應手。

　　傳統的 JavaScript 運行環境只能夠在前端（用戶端）運行，Node.js 的出現讓 JavaScript 也能夠在後端（伺服器端）執行，本節將分別介紹 JavaScript 在前端與後端的測試與執行原理及方法，您可以自由選擇採用哪一種方式來執行程式。

> 　　為了方便演算法的學習過程中，可以快速看到執行結果及修改程式，本書採用在 **Node** 執行環境下來擷取執行結果。

　　前面已示範了如何使用瀏覽器在執行 JavaScript，除此之外，我們也可以透過 Node.js 環境執行 JavaScript 程式碼，Node.js 是一個網站應用程式開發平台，採用 Google 的 V8 引擎，提供 ECMAScript 的執行環境。主要使用在 Web 程式開發，Node.js 具備內建核心模組並提供模組管理工具 NPM，安裝 Node.js 時 NPM 也會一併安裝，只要連上網路透過 NPM 指令就能下載各種第三方模組來使用，十分容易擴充。

　　JavaScript 的主要核心有兩個，一個是 ECMAScript，另一個是 DOM API，ECMAScript 主要定義程式語法、流程控制、資料型別、物件與函數、錯誤處理機制等基本語法，而 DOM API 用來存取及改變網頁文件物件結構與內容。

　　以下將介紹如何在 Node.js 環境下執行 JavaScript 程式碼，您可以到 Node.js 官方網站下載安裝，Node.js 官方網站網址如下：https://nodejs.org/en/。

　　LTS（Long Term Support）版本通常是比較穩定的版本，如果您想試試 Node.js 建議您安裝 LTS 版本，只要跟著安裝精靈逐步安裝（不需更改設定），安裝精靈預設會在 PATH 環境變數配置 Node.js 路徑，您可以利用以下方式檢查 PATH 環境變數，Windows 系統的使用者可以在執行或搜尋輸入「cmd」按下 Enter 鍵或直接啟動「命令提示字元」。請在命令提示字元視窗輸入「path」按下 Enter 鍵。

視窗會輸出一長串的 PATH 路徑，裡面包含「C:\Program Files\Node.js\」就表示 node.js 的 PATH 環境變數已經配置完成。

```
PATH=...;C:\Program Files\Node.js\;.....
```

Node.js 的指令要是在命令行（Command Line）運行，只要在命令提示字元視窗輸入「node」就能執行 Node.js 指令，接著請在命令提示字元視窗輸入「node -v」，視窗就會顯示 Node.js 的版本了。

接著示範如何執行 JavaScript 程式，Node.js 提供了一個類似終端機模式的 REPL 環境（Read Eval Print Loop，稱為交互式開發環境），只要輸入 JavaScript 程式碼就能立即得到執行結果，很適合用來測試程式。

只要在命令提示字元視窗輸入「node」按下 Enter 鍵，出現 REPL 的提示字元（>），表示已經進入 REPL 環境。如下圖所示：

```
Microsoft Windows [版本 10.0.19042.985]
(c) Microsoft Corporation. 著作權所有，並保留一切權利。

C:\Users\USER>node
Welcome to Node.js v14.16.1.
Type ".help" for more information.
>
```

進入 REPL 環境之後就可以直接輸入 JavaScript 程式碼，例如要輸出「Hello World」字串，請直接輸入下列程式碼：

```
console.log("Hello World");
```

執行結果如下：

```
Microsoft Windows [版本 10.0.19042.985]
(c) Microsoft Corporation. 著作權所有，並保留一切權利。

C:\Users\USER>node
Welcome to Node.js v14.16.1.
Type ".help" for more information.
> console.log("Hello World");
Hello World
undefined
>
```

由於在 REPL 環境不管輸入函數或變數，都會顯示它的返回值，由於 console.log() 方法並沒有返回值，因此輸出 Hello World 之後會接著顯示 undefined。

至於如果想要離開 REPL 環境，有兩種比較快速的方式：

- 輸入「.exit」
- 按下 Ctrl+D

除了在 REPL 環境執行 JavaScript 程式之外，您也可以將 JavaScript 程式碼先儲存成檔案，再透過 Node.js 來執行。例如請以 Windows 記事本開啟一個空白的純文字檔案，輸入「console.log("Hello World");」，接著將檔案儲存，例如筆者此處示範是將檔案命名為 hello.js，並儲存在「D:\sample\exa」的目錄下。

接著透過 Node.js 來執行這個 JS 檔案，請在命令提示字元視窗先下達「cd sample」先切換到 sample 目錄。接著輸入下行指令：

```
D:\>cd sample
D:>\sample/node exa/hello.js
```

執行結果如下：

```
D:\sample>node exa/hello.js
Hello World

D:\sample>_
```

A-2 選擇程式的文字編輯器

不管您選擇使用瀏覽器或 Node.js 來測試 JavaScript 程式，都需要一個文字編輯器來編寫程式碼，並儲存成 JS 檔案來執行，其實 Windows 內建的記事本也可以，只是不太好用。通常程式碼編輯工具包括純文字編輯器或者是功能完善的 IDE（整合開發環境，Integrated Development Environment）。

純文字編輯器常見的有 EditPlus、NotePad++、PSPad、UltraEdit 等等，這類的文字編輯器，通常包含記事本的編輯功能，並具有程式碼著色與顯示行號等輔助功能。

其中 NotePad++ 是自由軟體，有完整的中文介面並且支援 Unicode 格式（UTF-8），也包括支援 JavaScript，包括幾項好用的功能：語法著色及語法摺疊功能、自動完成功能（Auto-completion）、自動補齊功能、同時編輯多重檔案、搜尋及取代 ... 等功能，很適合用來撰寫 JavaScript 程式。以下是以 NotePad++ 的外觀：

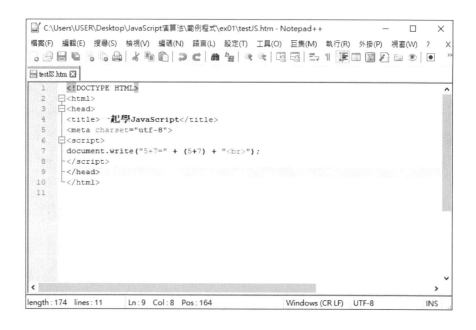

A-3 基本資料處理

JavaScript 是一種描述語言（Script），在 HTML 語法用 <script></script> 標記來使用或嵌入 JavaScript 程式，各位只要將編輯好的文件儲存為 .htm 或 .html，就可以使用瀏覽器來觀看執行結果。JavaScript 基本語法架構如下：

```
<script type="text/javascript">

    JavaScript程式碼

</script>
```

由於 HTML5 的 script 預設值就是 JavaScript，所以也可以直接用 <script></script> 來使用 JavaScript 程式，以下來看一個簡單的範例。

範例：helloJS.htm

```
01  <script>
02      document.write("JavaScript好簡單！");
03  </script>
```

【執行結果】

其中 document.write 是 JavaScript 的語法，功能是將括號 () 內容顯示在瀏覽器上，括號內使用單引號（'）或雙引號（"）將字串包起來。document 是一個 HTML 物件，而 write 是方法（method）。

A-3-1　程式敘述與原生型別

JavaScript 程式是由一行行的程式敘述（statements）組成，程式敘述包含變數、運算式、運算子、關鍵字以及註解等等，例如：

```
var x, y;
x = 8;
y = 5;
document.write(x + y);   //將兩個變數值相加後輸出
```

上述程式碼中的「註解」只是做為程式說明，並不會在瀏覽器顯示出來，註解程式碼可以讓程式碼更易讀也更容易維護。

JavaScript 語法的註解分為「單行註解」以及「多行註解」。

單行註解用雙斜線(//)

只要使用了 // 符號則從符號開始到該行結束都是註解文字。

```
多行註解用斜線星號(/*...註解...*/)
```

如果註解超過一行，只要在註解文字前後加上 /* 及 */ 符號就可以了。

當程式敘述結尾使用分號時，可以將敘述寫在同一行，例如前述程式可以如下表示：

```
var x, y; x = 8; y = 5; document.write(x + y);
```

不過，當遇到區塊結構時，會使用大括號「{}」來包圍程式敘述，很清楚定義出區塊程式的起始與結束，就不需要再加分號。

至於 JavaScript 原生型別包括字串（String）、數字（Number）、布林（Boolean）、undefined（未定義）和 null（空值），物件型別（Object）以及 Symbol（符號），以下將簡介幾個原生資料型態。

A-3-2　數值資料型態

JavaScript 唯一的數值型別，可以是整數或是帶有小數點的浮點數，例如：888、3.14159。

A-3-3　布林資料型態

布林資料型別只有兩種值，true(1) 跟 false(0)。任何值都可以被轉換成布林值。

1. false、0、空字串（""）、NaN、null、以及 undefined 都會成為 false。
2. 其他的值都會成為 true。

我們可以用 Boolean() 函數來將值轉換成布林值，例如：

```
Boolean(0)    //false
Boolean(123)  //true
Boolean("")   //false
Boolean(1)    //true
```

A-3-4　字串資料型態

字串是由 0 個或 0 個以上的字元結合而成，用一對雙引號（"）或單引號（'）框住字元，例如 "Happy Birthday"、"Summer"、'c'，字串內也可以不輸入任何字元，稱為空字串（""）。例如：

```
var str = "Happy holoday!";
document.write(str.length);
```

上面的 length 是字串物件的屬性，用來得知字串的長度。

A-3-5　Undefined（未定義）

Undefined 是指變數沒有被宣告；或是有宣告變數，但尚未指定變數的值。

我們可以使用 typeof 關鍵字來判斷變數的型態是否為 undefined。

A-3-6　null（空值）

當我們想要將某個變數的值清除，就可以指定該變數的值為 null，表示「空值」。

除了上述幾種之外，其他都可以歸類到物件型別（Object），像是 function（函數）、Object（物件）、Array（陣列）、Date（日期）等，例如：[7, 8, 9]（陣列）、function a() { ... }（函數）、new Date()（日期）。

A-4　變數宣告與資料型別轉換

Javascript 會在宣告變數時完成記憶體配置，例如：

```
var a = 123;          // 分配記憶體給數字
var s = 'hello';      // 分配記憶體給字串
var arr = [1, 'hi'];  // 分配記憶體給陣列
var d = new Date();   // 分配記憶體給日期物件
```

A-4-1　使用 var 關鍵字宣告變數

我們可以使用 var 與 let 關鍵字來宣告變數、const 宣告常數。其中 let 與 const 關鍵字從 ES6 開始才正式加入規範中。使用變數會包含兩個動作,「宣告」以及「初始化」。所謂「初始化」是給變數一個初始值,我們可以先宣告變數之後再指定初始值,也可以宣告一併初始化。

🔘 宣告變數

```
var age;
```

🔘 宣告多個變數

```
var name,age;
```

上述方式只宣告變數,這時變數並沒有初始值,同一行可以宣告多個變數,只要用逗號(,)區隔開變數就可以了。

🔘 宣告變數並初始化

宣告變數時同時指定初始值:

```
var name="Peter",age=36;
```

Javascript 變數宣告時並不需要加上型別,JavaScript 會視需求自動轉換變數型態,例如:

```
var data;
data = 100;          //變數data的內容為數值100
data = "Wonderful";  //變數data的內容為字串Wonderful
```

範例:var.js

```
01  var x="5",y="4",z="3",w=null;
02  a=x+y+z;      //字串內容為數值時,相加仍是字串
03  b=x-y-z;      //字串內容為數值時,相減則為數值
04  c=w*100;      //變數值為null時,乘以任何數皆為0
```

```
05   console.log("x+y+z=", a);
06   console.log("x-y-z=", b);
07   console.log("w*100=", c);
```

【執行結果】

```
D:\sample>node exa/var.js
x+y+z= 543
x-y-z= -2
w*100= 0

D:\sample>
```

A-4-2　使用 let 關鍵字宣告變數

其實 let 關鍵字宣告方式與 var 相同，只要將 var 換為 let，例如：

```
let x;
let x=5, y=1;
```

我們知道 var 關鍵字認定的作用域只有函數，但是程式中的區塊不只有函數，程式的區塊敘述是以一對大括號 { } 來界定，像是 if、else、for、while 等控制結構或是純粹定義範圍的純區塊 {} 等等都是區塊。ECMAScript 6 的 let 宣告語法帶入了區塊作用域的概念，在區塊內屬於區域變數，區塊以外的變數就屬於全域變數。

A-4-3　使用 const 關鍵字宣告常數

它跟 let 一樣，具有區塊作用域的概念，const 是用來宣告常數，也就是不變的常量，因此常數不能重複宣告，而且必須指定初始值，之後也不能再變更它的值，例如：

```
const x = 10;
x = 15;    //常數不能再指定值
console.log (x);
```

A-4-4 變數名稱的限制

JavaScript 雖然是較鬆散的語法，不過變數名稱還是有些規則必須遵守喔！

1. 第一個字元必須是字母（大小寫皆可）或是底線（ _ ），之後的字元可以是數字、字母或底線。

2. 區分大小寫，Money 並不等於 money。

3. 變數名稱不能用 JavaScript 的保留字，所謂保留字是指程式開發時已事先定義好，每一識別字都有特別的意義，程式設計者不可以再重複賦予不同的用途。下表列出 JavaScript 的保留字供您參考：

abstract	boolean	break	byte	case
catch	char	class	const	continue
default	do	double	else	extends
false	final	finally	float	for
function	goto	if	implements	import
in	instanceof	int	interface	long
native	new	null	package	private
protected	public	return	short	static
super	switch	synchronized	this	throw
throws	transient	true	try	var
void	while	with		

A-4-5 強制轉換型別

JavaScript 具有自動轉換資料型別（coercion）的特性，讓我們在撰寫程式時更靈活有彈性。例如：

```
let x = 3,y = '5';
let z = x + y;
console.log (x+y);
console.log (typeof z);   //string
```

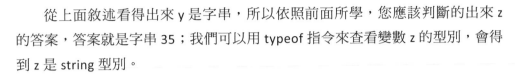

從上面敘述看得出來 y 是字串，所以依照前面所學，您應該判斷的出來 z 的答案，答案就是字串 35；我們可以用 typeof 指令來查看變數 z 的型別，會得到 z 是 string 型別。

除此之外，我們也可以利用一些 JS 內建的函數來轉換資料型別，以下就來介紹常用來轉換型別的內建函數。

❶ parseInt()：將字串轉換為整數

由字串最左邊開始轉換，一直轉換到字串結束或遇到非數字字元為止，如果該字串無法轉換為數值，則傳回 NaN。例如：

```
a = parseInt("168");      //  a = 168
b = parseInt("99.2");     //  b = 99
c = parseInt("5福國中");   //  c = 5
d = parseInt("number 5"); //  d = NaN
```

A-5 輸出與輸入指令

程式設計常需要電腦輸出執行結果，有時為了提高程式的互動性，會要求使用使用者輸入資料，這些輸出與輸入的工作，都可以透過 console.log、process.stdout.write 及 prompt 指令來完成。

A-5-1 輸出 console.log 與 process.stdout.write

Console 是操作主控台 console 物件的 API，提供許多方法供我們使用 console.log() 是其中一個方法，功能是輸出一些訊息到主控台。例如：

```
範例：log.js
01   name="陳大忠";
02   age=30;
03   console.log(name,'的年齡是',age,'歲');
```

【執行結果】

```
D:\sample>node exa/log.js
陳大忠 的年齡是 30 歲

D:\sample>_
```

而 process.stdout.write() 方法可以在 Node 環境下進行標準輸出，例如：

```
process.stdout.write('排序後的結果是：');
```

範例：write.js

```
01   name="陳大忠";
02   age=30;
03   process.stdout.write (name+'的年齡是'+age+'歲');
```

【執行結果】

```
D:\sample>node exa/write.js
陳大忠的年齡是30歲
D:\sample>
```

A-5-2　輸出跳脫字元

除了輸出一般的字串或字元外，也在字元前加上反斜線「\」來通知編譯器將後面的字元當成一個特殊字元，形成所謂「跳脫字元」（Escape Sequence Character），例如 \n' 表示換行功能的「跳脫字元」，下表為幾個常用的跳脫字元：

跳脫字元	說明
\t	水準跳格字元（horizontal Tab）
\n	換行字元（new line）
\"	顯示雙引號（double quote）
\'	顯示單引號（single quote）
\\	顯示反斜線（backslash）

例如：

```
process.stdout.write('程式語言！\n越早學越好');
```

執行結果如下：

```
程式語言！
越早學越好
```

A-5-3 輸入 prompt 指令

在 node 執行環境下如何輸入資料，請參考下圖網頁說明：

https://www.codecademy.com/articles/getting-user-input-in-node-js

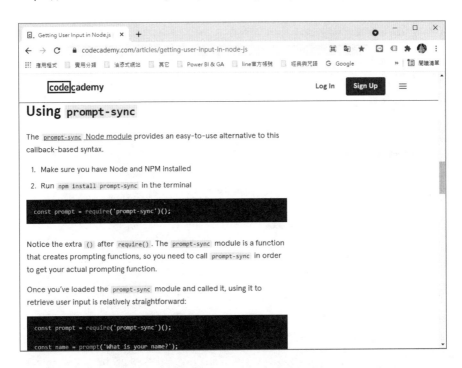

此處假設各位（建議與筆者示範的目錄一致）的範例程式放在 D 槽硬碟的 sample 目錄下，首先請利用 cd 指令切換到 sample 資料夾，接著於命令提示符號下輸入如下指令：

```
D:\>cd sample
D:\sample>npm install prompt-sync
```

下圖為安裝完成後的畫面：

完成安裝後，這個時候你的 D 欄 sample 資料夾就會多出 node_modules 資料夾，如下圖所示：

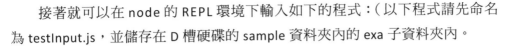

接著就可以在 node 的 REPL 環境下輸入如下的程式：（以下程式請先命名為 testInput.js，並儲存在 D 槽硬碟的 sample 資料夾內的 exa 子資料夾內。

```
const prompt = require('prompt-sync')();
const name = prompt('請問你的名字?');
console.log('我叫 ${name}');
```

要在「命令提示字元」的視窗執行這支 JavaScript 程式，只要在確認已切換到「sample」目錄路徑，並下達如下指令：

```
node exa/testInput.js
```

其程式執行的過程如下圖所示：

A-6 運算子與運算式

運算式是由運算子與運算元所組成。其中 =、+、* 及 / 符號稱為運算子，運算元則包含了變數、數值和字元。

A-6-1 算術運算子

算術運算子主要包含了數學運算中的四則運算、餘數運算子、取得整除數運算子、指數運算子等運算子。例如：

```
X = 58 + 32;
X = 89 - 28;
X = 3 * 12;
X = 125 / 7;
X = 145 // 15
X = 46 % 5;
```

A-6-2　複合指定運算子

由指定運算子「=」與其他運算子結合而成，也就是「=」號右方的來源運算元必須有一個是和左方接收指定數值的運算元相同。例如：

```
X += 1;     //即 X = X + 1
X -= 9;     //即 X = X - 9
X *= 6;     //即 X = X * 6
X /= 2 ;    //即 X = X / 2
X **= 2;    //即 X = X ** 2
X %= 5;     //即 X = X % 5
```

A-6-3　關係運算子

用來比較兩個數值之間的大小關係，通常用於流程控制語法，如果該關係運算結果成立就回傳真值（true）；不成立則回傳假值（false）。（下例 A=5, B=3）

運算子	說明
>	A 大於 B，回傳 true
<	A 小於 B，回傳 false
>=	A 大於或等於 B，回傳 true
<=	A 小於或等於 B，回傳 false
==	A 等於 B，回傳 false
!=	A 不等於 B，回傳 true

A-6-4　邏輯運算子

主要有三個運算子：!、&&、||，下表詳列常用的比較運算子。

邏輯運算子	範例	說明
&&	a&& b	and（只有 a 與 b 兩方都為真，結果才為真）
||	a|| b	or（只要 a 與 b 一方為真，結果就為真）
!	!a	not（只要不符合 a 者，皆為真）

例如：

```
console.log( (100>2) && (52>41));   //輸出true
total = 124;
value = (total % 4 == 0) && (total % 3 == 0)
console.log (value);   //傳回false
```

A-6-5　運算子優先順序

當程式執行時，擁有較高優先順序的運算子會在擁有較低優先順序的運算子之前執行，下表列出 JavaScript 運算子的優先順序：

功能	運算子
括號	. 、 [] 、 ()
變號、增量、減量	++ 、 -- 、 - 、 ~ 、 !
乘除法	* 、 / 、 %
加減法	+ 、 -
位移	<< 、 >>
比較	< 、 <= 、 > 、 >=
等值、不等值	== 、 !=
位元邏輯	&
位元互斥邏輯	^
位元邏輯	|

功能	運算子
且	&&
或	||
三項運算式	?:
算術	=

A-7 流程控制

所謂「結構化程式設計」包括三種流程控制結構:「循序結構」、「選擇結構」以及「重複結構」。本單元將針對 JavaScript 的「選擇結構」及「重複結構」的相關指令加以說明。

A-7-1 選擇性結構

選擇結構是經常使用的一種控制結構,JavaScript 提供了「if...else」以及「switch...case」二種選擇結構,讓我們撰寫程式能夠靈活有彈性。

◎ if...else 條件敘述

if...else 條件敘述主要是判斷條件式是否成立,當條件式成立時才執行指定的程式敘述。如果只有單一判斷,我們也可以單獨使用 if 敘述。其格式如下:

```
if(條件運算式){
    程式敘述;
}
```

在上述格式中,若條件運算式的值是 true,則執行括號 {} 中的程式碼;反之,則跳過 if 敘述而往下執行其他敘述。如果 if 內的程式敘述只有一行,可以省略大括號 {}:

```
if(條件運算式)
    程式敘述;
```

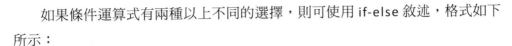

　　如果條件運算式有兩種以上不同的選擇，則可使用 if-else 敘述，格式如下所示：

```
if(條件運算式){
    程式敘述;
} else{
    程式敘述;
}
```

　　當 if 條件運算式的值成立（true），將執行 if 程式敘述內的程式，並跳過 else 內的敘述；當 if 條件運算式的值不成立（false），則執行 else 內的程式敘述。

　　如果 if 及 else 內的程式敘述只有一行，同樣可以省略大括號 {}。例如：

```
if(a==1)b=1; else b=2;
```

　　上述敘述也可以使用三元運算子「?:」來達成，三元運算子格式如下：

```
條件運算式? 程式敘述1 : 程式敘述2
```

　　條件運算式成立就執行程式敘述 1，否則就執行程式敘述 2，例如上面敘述可以如下表示：

```
b = (a==1?1:2);
```

　　在這裡三元運算子並不需要加上括號，加上括號只是為了程式易讀。

　　如果有超過兩種以上的選擇，可以使用 else if 敘述來指定新條件，格式如下：

```
if(條件運算式1){
    程式敘述;
} else if(條件運算式2){
    程式敘述
} else {
    程式敘述
}
```

範例：season.js

```
01  month=6;
02  if (2<=month && month<=4)
03      console.log('充滿生機的春天');
04  else if (5<=month && month<=7)
05      console.log('熱力四射的夏季');
06  else if (month>=8 && month <=10)
07      console.log('落葉繽紛的秋季');
08  else if (month==1 || (month>=11 && month<=12))
09      console.log('寒風刺骨的冬季');
10  else
11      console.log('很抱歉沒有這個月份!!!');
```

【執行結果】

```
D:\sample>node exa/season.js
熱力四射的夏季

D:\sample>
```

　　又例如以下範例會自動產生一個 0~99 的隨機整數，並判斷此整數是大於等於 50 或小於 50。

範例：ifelse.js

```
01  //if...else判斷式
02
03  let n = Math.floor(Math.random()*100);
04
05  if (n >= 50)
06  {
07      console.log(n + " 大於等於50");
08  }else{
09      console.log(n + " 小於50");
10  }
11
12  //使用三元運算子的寫法
```

```
13   n >= 50 ? (
14       console.log(n + " 大於等於50")
15   ) : (
16       console.log(n + " 小於50")
17   );
```

【執行結果】

```
D:\sample>node exa/ifelse.js
17 小於50
17 小於50

D:\sample>
```

　　這裡使用了 JavaScript 的內建函數 Math.random() 及 Math.floor()，Math. random() 用來隨機產生出 0~1 之間的小數，Math.floor() 則是回傳無條件捨去後的最大整數。

　　如果使用 else if 敘述就必須寫很多層，不僅撰寫容易出錯，程式也不易閱讀，這時，我們可以考慮使用另一種條件判斷結構— switch...case 敘述。

ⓞ switch...case 敘述

　　switch 敘述只要先取得變數或運算式的值，然後與 case 值比對是否符合，符合時就執行對應的程式敘述，如果沒有任何 case 匹配，則執行預設的程式敘述。其格式如下：

```
switch(變數或運算式)
{
    case value1:
        程式敘述;
        break;
    case value2:
        程式敘述;
        break;
    .
    .
```

```
          .
     case valueN:
          程式敘述;
          break;
     default:
          程式敘述;
}
```

在 switch 敘述中可以有任意數量的 case 敘述，value1~valueN 是指用來比對的值，當括號 () 內變數的值與某個 case 的變數值相同時，則執行該 case 所指定的敘述，當值與每個 case 值都不相同，會執行 default 所指定的指令。JavaScript 只要執行到 break 關鍵字時，就會離開 switch 程式區塊。

以下範例利用 switch...case 敘述判斷今天是星期幾。

範例：switch.js

```
01   //switch...case判斷式
02   let day;
03   day=3;
04   switch (day) {
05     case 0:
06       day = "星期日";
07       break;
08     case 1:
09       day = "星期一";
10       break;
11     case 2:
12       day = "星期二";
13       break;
14     case 3:
15       day = "星期三";
16       break;
17     case 4:
18       day = "星期四";
19       break;
20     case 5:
21       day = "星期五";
22       break;
23     case 6:
24       day = "星期六";
25   }
26   console.log('輸出結果: ',day);
```

【執行結果】

```
D:\sample>node exa/switch.js
輸出結果:　星期三

D:\sample>
```

A-7-2　for 迴圈

JavaScript 的 for 迴圈敘述有 for 敘述、for..in 敘述、forEach 敘述跟 for...of 敘述。

⬤ for 迴圈

for 迴圈的變數可以使用 const、let 或 var 來宣告，使用 const、let 宣告的變數生命周期只在迴圈裡，迴圈執行結束就跟著結束，格式如下：

```
for(let 變數起始值 ; 條件式 ; 變數增減值)
{
    程式敘述;
}
```

for 迴圈在每次迴圈重複前，會先測試條件式是否成立。如果成立，則執行迴圈內部的程式；如果不成立，就跳出迴圈，而繼續執行迴圈之後的第一行程式，

以下範例中將利用 for 迴圈來計算 1~10 的平方值。

範例：for.js

```
01  //for迴圈
02  for (i=1; i<=10; i++) {
03      console.log(i + " 平方 = " + (i*i));
04  }
05  console.log(" 現在i值 = " + i);
```

【執行結果】

```
D:\sample>node exa/for.js
1 平方 = 1
2 平方 = 4
3 平方 = 9
4 平方 = 16
5 平方 = 25
6 平方 = 36
7 平方 = 49
8 平方 = 64
9 平方 = 81
10 平方 = 100
 現在i值 = 11

D:\sample>_
```

範例中的 for 迴圈敘述：

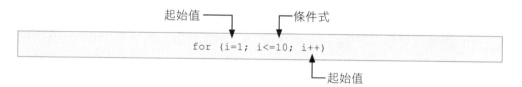

for 迴圈每執行一次 i 值就會加 1，當 i 值小於或者等於 10 時，就會進入迴圈執行迴圈內的敘述，當 i 值增加到 11 時，不符合條件式 (i<=10)，就會離開迴圈。

❶ for...in 迴圈

for...in、forEach、for...of 迴圈主要是用來遍歷可迭代物件，所謂的「遍歷」是指不重複拜訪物件元素的這個過程。for...in 是針對具有可列舉屬性（enumerable）的物件使用，格式如下：

```
for (let 變數 in 物件) {
    程式敘述
}
```

範例：forin.js

```
01  let fruit = ["apple", "banana", "grape"];
02  for (let x in fruit) {
03    console.log(fruit[x]);
04  }
```

【執行結果】

```
D:\sample>node exa/forin.js
apple
banana
grape

D:\sample>
```

JavaScript 的物件屬性是一對鍵（key）與值（value）屬性的組合，上述程式建立一個名為 fruit 的陣列物件，陣列內有三個元素，每個陣列元素會自動指定從 0 開始的 Key 值，如同下表：

key	Value
0	"apple"
1	"banana"
2	"grape"

⓪ forEach 與 for...of 迴圈

forEach 迴圈只能使用於陣列（Array）、地圖（Map）、集合（Set）等物件，用法與 for...in 用法類似，格式如下：

```
物件.forEach(function(參數[,index]){
    程式敘述
})
```

這裡的 function 是匿名函式，這個函式將會把物件的每一個元素作為參數，帶進函式裡一一執行。function 也可以使用 ES6 規範的箭頭函式。

```
物件.forEach(參數=> {
    程式敘述
})
```

範例：**forEach.js**

```
01   //forEach迴圈
02   let fruit = ["apple", "banana", "grape"];
03   fruit.forEach(function(x) {
04     console.log(x);
05   })
```

【執行結果】

```
D:\sample>node exa/forEach.js
apple
banana
grape

D:\sample>
```

❶ for...of 迴圈

for...of 迴圈語法看起來與 for...in 語法相似，應用的範圍很廣泛，像是陣列（Array）、地圖（Map）、集合（Set）、（字串）String、arguments 物件都可以使用，不過不能用來遍歷一般物件（object），變數可以使用 const，let 或 var 來宣告，格式如下：

```
for (let 變數of物件) {
    程式敘述
}
```

範例：**for_of.js**

```
01   //for..of迴圈
02   let fruit = ["apple", "banana", "grape"];
03   for (x of fruit) {
04     console.log(x);
05   }
```

【執行結果】

```
D:\sample>node exa/for_of.js
apple
banana
grape

D:\sample>
```

A-7-3　while 迴圈

　　如果所要執行的迴圈次數確定，那麼使用 for 迴圈指令就是最佳選擇。但對於某些不確定次數的迴圈，while 迴圈就可以派上用場了。while 結構與 for 結構類似，都是屬於前測試型迴圈，也就是必須滿足特定條件，才能進入迴圈。兩者之間最大不同處是在於 for 迴圈需要給它一個特定的次數；而 while 迴圈則不需要，它只要在判斷條件持續為 true 的情況下就能一直執行。

　　while 迴圈內的指令可以是一個指令或是多個指令形成的程式區塊。同樣地，如果有多個指令在迴圈中執行，就可以使用大括號括住。以下是 while 指令執行的流程圖：

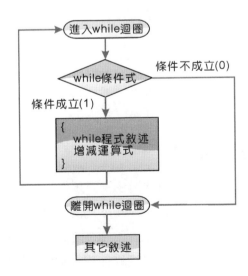

while 迴圈格式如下：

```
while(條件判斷式)
{
    程式敘述
}
```

while 迴圈會在條件式成立時，反覆執行 {} 內的程式敘述。

範例：while.js

```
01  product=1;
02  i=1;
03  while (i<6) {
04      product=i*product;
05      console.log('i=',i,'\tproduct=',product);
06      i+=1;
07  }
08  console.log('\n連乘積的結果=',product);
09  console.log();
```

【執行結果】

```
D:\sample>node exa/while.js
i= 1    product= 1
i= 2    product= 2
i= 3    product= 6
i= 4    product= 24
i= 5    product= 120

連乘積的結果= 120
```

A-7-4　do...while 迴圈

do while 迴圈指令和 while 迴圈指令十分類似，只要判斷式條件為真時都會去執行迴圈內的區塊程式。但是 do-while 迴圈的最重要特徵就是由於它的判斷式在迴圈後方，所以一定會先執行迴圈內的指令至少一次，而前面所介紹的 for 迴圈和 while 迴圈都必須先執行判斷條件式，當條件為真後才能繼續進行。以下是 do-while 指令執行的流程圖：

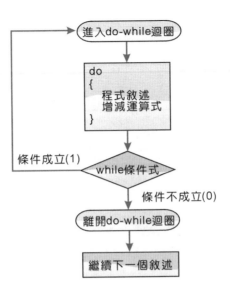

do...while 迴圈格式如下：

```
do{
    程式敘述
} while(條件式)
```

範例：dowhile.js

```
01   //do...while迴圈
02   let i=1;
03   do {
04       console.log(i + " 的 5 倍 = " +(i*5));
05       i++;
06   } while(i<=10)
07
08   console.log(" 現在i值 = " + i);
```

【執行結果】

```
D:\sample>node exa/dowhile.js
1 的 5 倍 = 5
2 的 5 倍 = 10
3 的 5 倍 = 15
4 的 5 倍 = 20
5 的 5 倍 = 25
6 的 5 倍 = 30
7 的 5 倍 = 35
8 的 5 倍 = 40
9 的 5 倍 = 45
10 的 5 倍 = 50
 現在i值 = 11

D:\sample>
```

do...while 迴圈與 while 迴圈一樣都必須注意要指定變數起始值並在迴圈內指定變數的增減值。

A-7-5　break 和 continue 敘述

break 指令就像它的英文意義一般，代表中斷的意思，各位在 switch 指令部份就使用過了。break 指令也可以用來跳離迴圈的執行，在例如 for、while 與 do while 中，主要用於中斷目前的迴圈執行，如果 break 並不是出現內含在 for、while 迴圈中或 switch 指令中，則會發生編譯錯誤。語法格式相當簡單，如下所示：

```
break;
```

break 指令通常會與 if 條件指令連用，用來設定在某些條件一旦成立時，即跳離迴圈的執行。由於 break 指令只能跳離本身所在的這一層迴圈，如果遇到巢狀迴圈包圍時，可就要逐層加上 break 指令。

相較於 break 指令的跳出迴圈，continue 指令則是指繼續下一次迴圈的運作。也就是說，如果是想要終止的不是整個迴圈，而是想要在某個特定的條件下時，才中止某一次的迴圈執行就可使用 continue 指令。continue 指令只會直接略過以下尚未執行的程式碼，並跳至迴圈區塊的開頭繼續下一個迴圈，而不會離開迴圈。語法格式如下：

```
continue;
```

break 敘述及 continue 敘述的使用方法請參考以下範例。

範例：**break.js**

```
01   //continue and break敘述
02   for (let a = 0 ; a <= 10 ; a++) {
03       if (a === 5){
04           console.log(a);
05           continue;
06       }
07       if (a === 7) {
08           console.log(a);
09           break;
10       }
11       console.log("a="+a);
12   }
```

【執行結果】

```
D:\sample>node exa/break.js
a=0
a=1
a=2
a=3
a=4
5
a=6
7

D:\sample>
```

當 a 等於 5 時，就會執行到 continue; 敘述，忽略以下的程式，回到 for 迴圈開始處，所以就不會輸出 a=5。當 a 等於 8 時，會執行到 break; 敘述，於是跳出迴圈。

A-8 陣列宣告與實作

陣列（Array）是 JavaScript 提供的內建物件之一，是一群具有相同名稱與資料型態的集合，並且在記憶體中佔有一塊連續記憶體空間，最適合儲存一連串相關的資料。這個觀念有點像學校的私物櫃，一排外表大小相同的櫃子，區隔的方法是每個櫃子有不同的號碼。

A-8-1 陣列宣告

陣列宣告方式有下列三種：

方法一：

```
var arrayName =new Array();
```

先建立陣列物件 arrayName，再利用索引（Index）來指定每一個元素的值。例如：

```
arrayName[0]= "元素一";
arrayName[1]= "元素二";
```

陣列索引從 0 開始，例如 arrayName 陣列的第一個元素為 arrayName[0]，第二個元素為 arrayName[1]... 依此類推。

方法二：

```
var arrayName = new Array("元素一","元素二");
```

宣告陣列物件 arrayName，() 括號裡每一項代表陣列的元素，元素個數就是陣列的長度。

方法三：

```
var arrayName = ["元素一","元素二"];
```

以中括號（[]）指定陣列的元素，使用括號表達式建立陣列時，陣列會自動初始化，並以元素個數來設定陣列的長度。

例如我們宣告一個陣列 school，並指定陣列元素值為「清華」、「台大」、「輔大」，那麼您可以這麼表示：

```
var school =new Array();
school[0]= "清華";
school[1]= "台大";
school[2]= "輔大";
```

也可以這麼表示：

```
var school=new Array("清華","台大","輔大");
```

或者這樣寫：

```
var school=["清華","台大","輔大"];
```

A-8-2 取用陣列元素的值

陣列存放的每筆資料稱為「元素」，元素的個數就是陣列的「長度」（length），透過陣列的「索引」（index）來存取每個元素，索引值從 0 開始。例如我們想取出陣列 school 中的「輔大」，則可以這樣表示：

```
arrayMajor[2];
```

「輔大」是陣列 school 的第二個元素，所以索引值是 2。

範例：array.js

```
01   //Array
02
03   newspaper=new Array('1.水果日報','2.聯合日報','3.自由報',
04                       '4.中國日報','5.不需要');      //宣告陣列
05   for (i = 0; i<newspaper.length; i++) {    //利用length屬性取得陣列的元素個數
06       console.log('第${i+1}個陣列元素是 ${newspaper[i]}');
07   }
```

【執行結果】

```
D:\sample>node exa/array.js
第1個陣列元素是 1.水果日報
第2個陣列元素是 2.聯合日報
第3個陣列元素是 3.自由報
第4個陣列元素是 4.中國日報
第5個陣列元素是 5.不需要

D:\sample>
```

A-9　函式定義與呼叫

所謂函數，就是一段程式敘述的集合，並且給予一個名稱來代表此程式碼集合，只要呼叫該函式，就可以執行，也就是將程式「模組化」的意思。使用函式（Function）有下列幾項優點：

- 可重複叫用，簡化程式流程。
- 程式除錯容易。
- 便於分工合作完成程式。

A-9-1　函式的定義與呼叫

使用者可以自行定義引數個數與引數資料型態，並指定回傳值型態。如果沒有回傳值。以下先來看看如何定義函式。

● 定義函式

JavaScript 中的函式包含函式名稱（Function name），定義函式的格式如下：

```
function 函式名稱()
{
    程式敘述;

    return回傳值    //可省略
}
```

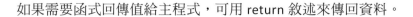

如果需要函式回傳值給主程式，可用 return 敘述來傳回資料。

⊙ 呼叫函式

函式呼叫的方法如下：

```
函式名稱();
```

例如：

```
function run() {    //定義myJob函式
    console.log("呼叫了run函式!");
}

run()   //呼叫函式
```

A-9-2　函式參數

函式可以將參數（parameter）傳入函式裡面，成為函式裡的變數，讓程式能夠根據這些變數做處理。函式參數只會存活函式裡面，函式執行完畢也會跟著結束。定義函式表示方式如下：

```
function 函式名稱(參數1,參數2,...,參數n){...};
```

參數與參數之間必須以逗號（,）區隔。呼叫函式傳入的引數（argument）數量最好與函式所定義的參數數量相符合，格式如下：

```
函式名稱(引數1,引數2,...,引數n);
```

JavaScript 呼叫函式的時候，並不會對引數數量做檢查，只從左到右將引數與參數配對，沒有配對到的參數值會是 undefined。請參考以下範例。

範例：parameter.js

```
01   //函式參數
02
03   function grade(Name,Chi,Com) {      //設定3個參數
04       console.log("引數數量：" + arguments.length );
05       console.log("學生姓名："+Name+"\t國文成績："+Chi+"\t電腦成績："+Com);
06       console.log()
07   }
08
09   grade("陳瑋婷","98","64");           //傳入3個引數
10   grade("王郁宜","88");                //傳入2個引數
11   grade("林俊豪","98","92","87");      //傳入4個引數
```

【執行結果】

```
D:\sample>node exa/parameter.js
引數數量：3
學生姓名：陳瑋婷          國文成績：98      電腦成績：64

引數數量：2
學生姓名：王郁宜          國文成績：88      電腦成績：undefined

引數數量：4
學生姓名：林俊豪          國文成績：98      電腦成績：92

D:\sample>
```

A-9-3　函式回傳值

當我們希望能取得函式執行處理之後的結果，那麼就可以利用 return 敘述來達成，格式如下：

```
return value;
```

return 敘述會終止函式執行並回傳 value，如果省略 value 則表示只終止函式執行，會回傳 undefined。

範例：return.js

```
01  //有回傳值的函式
02
03  function myAvg(Name='', Math = 0, Eng = 0) {
04      let score =( Math + Eng ) / 2;
05      return score;   //回傳值
06  }
07
08  let avg = myAvg("陳大豐",86,94); //變數avg接收myAvg函式回傳值
09  console.log("數學及英文的平均成績：" + avg);
```

【執行結果】

```
D:\sample>node exa/return.js
數學及英文的平均成績：90

D:\sample>
```

A-9-4 箭頭函式（Arrow function）

箭頭函式（Arrow function）一種函式精簡的寫法。基本的格式如下：

```
(參數) => {
    程式敘述;
    return value;
}
```

以下是一般函式表達式的寫法：

```
var myfunc = function(a) {    //函式表達式
    return a + 5;
}
console.log(myfunc (7))       //呼叫函式
```

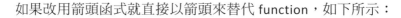

如果改用箭頭函式就直接以箭頭來替代 function，如下所示：

```
var myfunc = (a) => {        //箭頭函式表達式寫法
    return a + 5;
}
console.log(myfunc (7))     //呼叫函式
```

如果函式裡只有單一行敘述，也可以省略大括號 {} 與 return 關鍵字，如下式：

```
var myfunc = (a) => a + 5;
```

箭頭函式如果只有一個參數，可以不加括號，例如以下兩種寫法都可以。

```
var myfunc = (a) => console.log("箭頭函式" + a);
var myfunc = a => console.log("箭頭函式" + a);   //一個參數可以不加括號
```

如果箭頭函式沒有參數，仍必須保留括號，例如：

```
var myfunc = () => console.log("箭頭函式");
```

A-9-5　全域變數與區域變數

請注意 var 關鍵字宣告的變數依其有效範圍可區分為全域變數及區域變數。

1.　全域變數：不在函式內的變數都屬於全域範圍變數，也就是說程式內的其他位置都可以使用此一變數。

2.　區域變數：當變數宣告在函式之內，那麼只有在函式區域內可以使用此一變數，這種變數就稱為區域變數。函式內的變數請使用 var 或 let 來宣告，當函式執行完，記憶體也會回收，如果變數不進行宣告，該變數會是全域變數，這一點請特別留意。

範例：**scope1.js**

```
01  var x=3;
02  var cal=()=>{            //定義cal函式
03      var x=6, y=3;
04      console.log(x+y); //9
05  }
06  cal();                  //執行cal函式
07  console.log(x);         //3
```

【執行結果】

```
D:\sample>node exa/scope1.js
9
3

D:\sample>
```

　　宣告在 cal 函式的變數 x 是區域變數，作用域只有函式裡面，不會影響全域變數，因此第 7 行的 x 仍然是全域變數的值。不過，如果程式修改如下，執行結果又完全不同了。

範例：**scope2.js**

```
01  var x=3;
02  function cal(){         //定義cal函式
03      x=6, y=3;           //x是全域變數
04      console.log(x+y); //9
05  }
06  cal();                  //執行cal函式
07  console.log(x);         //6
```

　　程式第 3 行沒有用 var 來宣告變數，此時的變數是全域變數 x，因此當函式內的 x 變更為 6，等於改變了全域變數 x 的值，第 7 行的 x 值也會跟著變更。

```
D:\sample>node exa/scope2.js
9
6

D:\sample>
```

變數使用前必須先宣告，否則會出現 ReferenceError 錯誤，例如：

```
var x=y+1;//ReferenceError: y is not defined
```

上行敘述的變數 y 尚未宣告，就會出現「ReferenceError: y is not defined」的錯誤訊息。

然而變數可以不宣告直接給初始值，省略宣告的變數都會被視為全域變數，例如：

```
y=2;
var x=y+1;//3
```

JavaScript 的宣告具有 Hoisting（提升）的特性，這種特性會在程式碼開始執行之前會先建立一個執行環境，這時變數、函式等物件會被建立起來，直到執行階段才會賦值。這也就是為什麼呼叫變數的程式碼就算放在宣告之前，程式碼仍然可以正常運作的原因。由於建立階段尚未有值，變數會自動以 undefined 初始化，例如：

```
console.log(x);    // undefined
var x;
```

上面程式執行並不會出現錯誤，只是 console 會顯示返回的 undefined。Hoisting 是開發 JavaScript 程式很容易被忽視的特性，如果程式設計師沒有注意到這種特性，所撰寫的程式執行結果就有可能出錯，為了避免錯誤，在使用變數之前，最好還是進行宣告並指定初始值比較妥當。

A-10 物件的屬性與方法

除了原生型別 number、string、boolean、null、undefined 之外，Javascript 到處都是物件，不管是陣列、函式或是瀏覽器的 API 都是物件，物件具有屬性（properties）與方法（methods）可以操作。

A-10-1　認識物件導向程式設計

每一個物件（Object）均有其相應的屬性（Attributes）及屬性值（Attribute values）。建立物件之前必須先定義物件的規格形式，稱為「類別（class）」，也就是先定義好這個物件長什麼樣子以及要做哪些事情。類別（Class）是具有相同結構及行為的物件集合，是許多物件共同特徵的描述或物件的抽象化。例如小明與小華都屬於人這個類別，他們都有出生年月日、血型、身高、體重等類別屬性。類別定義的樣式，稱為「屬性」，它是用來描述物件的基本特徵與其所屬的性質，例如：一個人的屬性可能會包括姓名、住址、年齡、出生年月日等。

要做的事情或提供的服務，稱為「方法」（Methods）。「方法」則是物件導向資料庫系統裡物件的動作與行為，我們在此以人為例，不同的職業，其工作內容也就會有所不同，例如：學生的主要工作為讀書，而老師的主要工作則為教書。類別中的一個物件有時就稱為該類別的一個實例（Instance）。

「物件」則是由類別利用 new 關鍵字建立的物件實體（instance），由類別建立物件實體的過程稱為「實體化（Instantiation）」。

A-10-2　在 JavaScript 使用物件

JavaScript 雖然是物件導向語言，不過它與其他物件導向程式（例如 C++、Java）有很大的差別。因為 JavaScript 沒有真正的類別（class）！ JavaScript 是以原型（prototype-based）為基礎的物件導向，它是利用函式來當做類別（Class）的建構子（Constructor），稱為建構子函式，並利用複製建構子函式的方式來模擬繼承。雖然現有版本的 JavaScript 語法提供使用 class 關鍵字來定義類別，程式看起來很接近一般認知的物件導向，不過仍然是以原型為基礎。

舉例來說，我們想要製作一個名稱為 Cat（貓）的物件，並且給兩個屬性名稱：Name、Age，以及一個 run 的方法，建立完成之後，只要用 new 關鍵字就能夠產生物件實體。物件實作完成了，我們就可以使用點（.）來調用物件的屬性（attribute）與方法（method），由於方法（method）是函式，所以要加上括號來調用。

　　另外，「this」關鍵字是一個指向變數，this 到底指向誰，必須視執行時的上下文環境（Context）而定。如果使用建構子函式 new 一個新物件，此時的 this 會指向物件實體所建構的環境。

```
class Cat {
    constructor(catName,catAge) {
        this.Name = catName;
        this.Age=catAge;
    }
    run() {
        console.log(this.Name, "跑走了!");
    };
};
var animal=new Cat('kitty', 12);
console.log(animal);
```

　　接下來的範例，就請各位來練習實作一支簡單的物件導向程式。

範例：oop.js

```
01  class Person{
02      constructor(name, age) {
03          this.name = name;
04          this.age = age;
05      }
06
07      showInfo() {
08          return '(' + this.name + ', ' + this.age + ')';
09      }
10  }
11
12  var obj = new Person('吳健銘', '35');
13  console.log('姓名: ',obj.name);
14  console.log('姓名: ',obj.age);
```

【執行結果】

```
D:\sample>node exa/oop.js
姓名:  吳健銘
姓名:  35

D:\sample>
```

B

資料結構使用 JavaScript 程式除錯實錄

對於程式設計開發者而言，當程式無法正常執行時，常常會花上好多時間進行除錯，為了降低除錯過程中所花費的時間及挫折感，筆者在本單元列出幾個本書撰寫過程中較常出現的錯誤畫面，並提供可能原因的經驗分享與解決建議，希望有助於各位的學習。

B-1 print 格式化字串設定錯誤

【尚未除錯的程式片段】format.js

```
01   var Score=[87,66,90,65,70];
02   var Total_Score=0;
03   for(count=0;count<5;count++) Total_Score+=Score[count];
04   process.stdout.write('------------------------\n');
05   process.stdout.write(Total_Score);
```

【錯誤訊息】

```
D:\sample>node exb/format.js
------------------------
internal/streams/writable.js:285
    throw new ERR_INVALID_ARG_TYPE(
    ^

TypeError [ERR_INVALID_ARG_TYPE]: The "chunk" argument must be of type string or
an instance of Buffer or Uint8Array. Received type number (378)
    at WriteStream.Writable.write (internal/streams/writable.js:285:13)
    at Object.<anonymous> (D:\sample\exb\format.js:5:16)
    at Module._compile (internal/modules/cjs/loader.js:1063:30)
    at Object.Module._extensions..js (internal/modules/cjs/loader.js:1092:10)
    at Module.load (internal/modules/cjs/loader.js:928:32)
    at Function.Module._load (internal/modules/cjs/loader.js:769:14)
    at Function.executeUserEntryPoint [as runMain] (internal/modules/run_main.js
:72:12)
    at internal/main/run_main_module.js:17:47 {
  code: 'ERR_INVALID_ARG_TYPE'
}

D:\sample>_
```

【可能原因說明】

這個錯誤告訴使用者，在進行 process.stdout.write 函數輸出時，所傳入的引數必須是字串資料型態，但這個例子所傳入的資料型態卻是 number 資料型態，有兩種建議修改的方式：一種是直接將該數值資料型態利用 toString() 方法強制轉換成字串資料型態，另一種則是在引數中輸入其他的文字的說明，再串接這個數值的輸出，系統會自動進行資料型態的轉換。如此一來，這兩種方式都可以修正這一類的錯誤。

【第一種方式修正後的正確程式碼】format_ok1.js

```
01   var Score=[87,66,90,65,70];
02   var Total_Score=0;
03   for(count=0;count<5;count++) Total_Score+=Score[count];
04   process.stdout.write('-------------------------\n');
05   process.stdout.write(Total_Score.toString());
```

【第二種方式修正後的正確程式碼】format_ok2.js

```
01   var Score=[87,66,90,65,70];
02   var Total_Score=0;
03   for(count=0;count<5;count++) Total_Score+=Score[count];
04   process.stdout.write('-------------------------\n');
05   process.stdout.write('總分= '+Total_Score);
```

B-2 區域變數在未指派值前被引用

【尚未除錯的程式片段】unassign.js

```
01   class Node {
02       constructor() {
03           this.value=0;
04           this.left_Thread=0;
05           this.right_Thread=0;
06           this.left_Node=null;
07           this.right_Node=null;
08       }
09   }
10
11   //將指定的值加入到二元引線樹
12   var Add_Node_To_Tree=(value)=> {
13       let newnode=new Node();
14       newnode.value=value;
15       newnode.left_Thread=0;
16       newnode.right_Thread=0;
```

```
17        newnode.left_Node=null;
18        newnode.right_Node=null;
19        let previous=new Node();
20        previous.value=value;
21        previous.left_Thread=0;
22        previous.right_Thread=0;
23        previous.left_Node=null;
24        previous.right_Node=null;
25        //設定引線二元樹的開頭節點
26     if (rootNode==null) {
27         rootNode=newnode;
28         rootNode.left_Node=rootNode;
29         rootNode.right_Node=null;
30         rootNode.left_Thread=0;
31         rootNode.right_Thread=1;
32         return;
33     }
34     ...以下程式碼省略
```

【錯誤訊息】

```
D:\sample>node exb/unassign.js
引線二元樹經建立後,以中序追蹤能有排序的效果
第一個數字為引線二元樹的開頭節點,不列入排序
D:\sample\exb\unassign.js:27
    if (rootNode==null) {
        ^

ReferenceError: rootNode is not defined
    at Add_Node_To_Tree (D:\sample\exb\unassign.js:27:5)
    at Object.<anonymous> (D:\sample\exb\unassign.js:110:5)
    at Module._compile (internal/modules/cjs/loader.js:1063:30)
    at Object.Module._extensions..js (internal/modules/cjs/loader.js:1092:10)
    at Module.load (internal/modules/cjs/loader.js:928:32)
    at Function.Module._load (internal/modules/cjs/loader.js:769:14)
    at Function.executeUserEntryPoint [as runMain] (internal/modules/run_main.js:72:12)
    at internal/main/run_main_module.js:17:47

D:\sample>
```

【可能原因說明】

　　這個錯誤告訴使用者，在引用區域變數的值之前並未指派值給該區域變數，遇到這種情況，一種作法，就是在該函數內引用該區域變數前先行設定值給該變數，另一種情況，有可能這個變數是一個全域變數，在函數外已被設定初值，以本例而言，只要在函數外先行宣告這 rootNode 類別變數，如此一來，就不會發生這類錯誤。

【修正後的正確程式碼】unassign_ok.js

```javascript
01  class Node {
02      constructor() {
03          this.value=0;
04          this.left_Thread=0;
05          this.right_Thread=0;
06          this.left_Node=null;
07          this.right_Node=null;
08      }
09  }
10  rootNode=new Node();
11  //將指定的值加入到二元引線樹
12  var Add_Node_To_Tree=(value)=> {
13      let newnode=new Node();
14      newnode.value=value;
15      newnode.left_Thread=0;
16      newnode.right_Thread=0;
17      newnode.left_Node=null;
18      newnode.right_Node=null;
19      let previous=new Node();
20      previous.value=value;
21      previous.left_Thread=0;
22      previous.right_Thread=0;
23      previous.left_Node=null;
24      previous.right_Node=null;
25      //設定引線二元樹的開頭節點
26      if (rootNode==null) {
27          rootNode=newnode;
28          rootNode.left_Node=rootNode;
29          rootNode.right_Node=null;
30          rootNode.left_Thread=0;
31          rootNode.right_Thread=1;
32          return;
33      }
34      //設定開頭節點所指的節點
35      let current=rootNode.right_Node;
36      if (current==null) {
37          rootNode.right_Node=newnode;
38          newnode.left_Node=rootNode;
39          newnode.right_Node=rootNode;
40          return;
41      }
42      ...以下程式碼省略
```

B-3 串列索引超出範圍的錯誤

【尚未除錯的程式片段】index.js

```
01   data=[[1,2],[2,1],[1,5],[5,1],
02          [2,3],[3,2],[2,4],[4,2],
03          [3,4],[4,3]];
04
05   for (i=0; i<14;i++) {           //讀取圖形資料
06       for (j=0; j<2;j++) {        //填入arr矩陣
07           for (k=0; k<6;k++) {
08               tmpi=data[i][0];    //tmpi為起始頂點
09               tmpj=data[i][1];    //tmpj為終止頂點
10               arr[tmpi][tmpj]=1; //有邊的點填入1
11           }
12       }
13   }
```

【錯誤訊息】

```
D:\sample>node exb/index.js
D:\sample\exb\index.js:16
            tmpi=data[i][0];    //tmpi為起始頂點
                     ^

TypeError: Cannot read property '0' of undefined
    at Object.<anonymous> (D:\sample\exb\index.js:16:25)
[90m    at Module._compile (internal/modules/cjs/loader.js:1063:30) [39m
[90m    at Object.Module._extensions..js (internal/modules/cjs/loader.js:1092:10) [39m
[90m    at Module.load (internal/modules/cjs/loader.js:928:32) [39m
[90m    at Function.Module._load (internal/modules/cjs/loader.js:769:14) [39m
[90m    at Function.executeUserEntryPoint [as runMain] (internal/modules/run_main.js:72:12) [39m
[90m    at internal/main/run_main_module.js:17:47 [39m

D:\sample>_
```

【可能原因說明】

　　這個錯誤告訴使用者，在取用串列內的元素時，發生超出索引的錯誤，通常這種錯誤的正確解決方法，就是詳細檢查所宣告的串列元素個數，再去比對利用迴圈存取串列的元素時，是否索引值超出所設的範圍。仔細檢查本範例，就可以發現 for 迴圈中控制數字範圍的上限出了問題，因此只要修正成如下的程式碼，就可以解決這項錯誤。

【修正後的正確程式碼】index_ok.js

```
01  data=[[1,2],[2,1],[1,5],[5,1],
02        [2,3],[3,2],[2,4],[4,2],
03        [3,4],[4,3]];
04
05  for (i=0; i<10;i++) {          //讀取圖形資料
06      for (j=0; j<2;j++) {        //填入arr矩陣
07          for (k=0; k<6;k++) {
08              tmpi=data[i][0];    //tmpi為起始頂點
09              tmpj=data[i][1];    //tmpj為終止頂點
10              arr[tmpi][tmpj]=1;  //有邊的點填入1
11          }
12      }
13  }
```

B-4 忘了加 new 指令

【尚未除錯的程式片段】new.js

```
01  class list_node {
02      constructor() {
03          this.val=0;
04          this.next=null;
05      }
06  }
07
08  newnode=list_node()
```

【錯誤訊息】

```
D:\sample>node exb/new.js
D:\sample\exb\new.js:8
newnode=list_node()
        ^

TypeError: Class constructor list_node cannot be invoked without 'new'
    at Object.<anonymous> (D:\sample\exb\new.js:8:9)
 [90m    at Module._compile (internal/modules/cjs/loader.js:1063:30) [39m
 [90m    at Object.Module._extensions..js (internal/modules/cjs/loader.js:1092:
10) [39m
 [90m    at Module.load (internal/modules/cjs/loader.js:928:32) [39m
 [90m    at Function.Module._load (internal/modules/cjs/loader.js:769:14) [39m
 [90m    at Function.executeUserEntryPoint [as runMain] (internal/modules/run_m
ain.js:72:12) [39m
 [90m    at internal/main/run_main_module.js:17:47 [39m

D:\sample>
```

【可能原因說明】

這個錯誤告訴類別建構子必須以 new 指令去進行類別的建立工作。

【修正後的正確程式碼】new_ok.js

```
01   class list_node {
02       constructor() {
03           this.val=0;
04           this.next=null;
05       }
06   }
07
08   newnode=new list_node();
```

B-5 索引不當使用的資料型態錯誤

【尚未除錯的程式片段】graph.js

```
01   // 建立圖形
02   var BuildGraph_Matrix=(Path_Cost)=> {
03       for(let i=1;i<SIZE;i++) {
04           for(let j=1;j<SIZE;j++) {
05               if (i == j)
06                   Graph_Matrix[i][j] = 0; // 對角線設為0
07               else
08                   Graph_Matrix[i][j] = INFINITE;
09           }
10       }
11       // 存入圖形的邊線
12       i=0;
13       while (i<SIZE) {
14           Start_Point = Path_Cost[3*i];
15           End_Point = Path_Cost[3*i+1];
16           Graph_Matrix[Start_Point][End_Point]=Path_Cost[3*i+2];
17           i+=1;
18       }
19   }
20
21   // 單點對全部頂點最短距離
```

```
22  var shortestPath=(vertex1, vertex_total)=>{
23      let shortest_vertex = 1; //紀錄最短距離的頂點
24      let goal=[];   //用來紀錄該頂點是否被選取
25      for(let i=1;i<vertex_total+1;i++) {
26          goal[i] = 0;
27          distance[i] = Graph_Matrix[vertex1][i];
28      }
29      goal[vertex1] = 1;
30      distance[vertex1] = 0;
31      process.stdout.write('\n');
32
33      for(let i=1;i<vertex_total;i++) {
34          shortest_distance = INFINITE;
35          for(let j=1;j<vertex_total+1;j++) {
36              if (goal[j]==0 && shortest_distance>distance[j]) {
37                  shortest_distance=distance[j];
38                  shortest_vertex=j;
39              }
40          }
41
42          goal[shortest_vertex] = 1;
43          // 計算開始頂點到各頂點最短距離
44          for(let j=1;j<vertex_total+1;j++) {
45              if (goal[j] == 0 &&
46                  distance[shortest_vertex]+Graph_Matrix[shortest_vertex]
                        [j]<distance[j]) {
47                  distance[j]=distance[shortest_vertex] +
48                          Graph_Matrix[shortest_vertex][j];
49              }
50          }
51      }
52  }
53  // 主程式
54
55  Path_Cost = [ [1, 2, 29], [2, 3, 30],[2, 4, 35],
56              [3, 5, 28],[3, 6, 87],[4, 5, 42],
57              [4, 6, 75],[5, 6, 97]];
58
59  BuildGraph_Matrix(Path_Cost);
60  以下程式略...
```

【錯誤訊息】

```
D:\sample>node exb/graph.js
D:\sample\exb\graph.js:29
        Graph_Matrix[Start_Point][End_Point]=Path_Cost[3*i+2];
                                                      ^
TypeError: Cannot set property '[object Array]' of undefined
    at BuildGraph_Matrix (D:\sample\exb\graph.js:29:45)
    at Object.<anonymous> (D:\sample\exb\graph.js:72:1)
 [90m    at Module._compile (internal/modules/cjs/loader.js:1063:30) [39m
 [90m    at Object.Module._extensions..js (internal/modules/cjs/loader.js:1092:10) [39m
 [90m    at Module.load (internal/modules/cjs/loader.js:928:32) [39m
 [90m    at Function.Module._load (internal/modules/cjs/loader.js:769:14) [39m
 [90m    at Function.executeUserEntryPoint [as runMain] (internal/modules/run_main.js:72:12) [39m
 [90m    at internal/main/run_main_module.js:17:47 [39m

D:\sample>
```

【可能原因說明】

這個錯誤告訴使用者，TypeError：無法設置未定義的屬性，查看程式後得知陣列的維度不符，必須以二維陣列的方式去設定資料。

【修正後的正確程式碼】 graph_ok.js

```
01   // 建立圖形
02   var BuildGraph_Matrix=(Path_Cost)=> {
03       for(let i=1;i<SIZE;i++) {
04           for(let j=1;j<SIZE;j++) {
05               if (i == j)
06                   Graph_Matrix[i][j] = 0; // 對角線設為0
07               else
08                   Graph_Matrix[i][j] = INFINITE;
09           }
10       }
11       // 存入圖形的邊線
12       i=0;
13       while (i<SIZE) {
14           Start_Point = Path_Cost[i][0];
15           End_Point = Path_Cost[i][1];
16           Graph_Matrix[Start_Point][End_Point]=Path_Cost[i][2];
17           i+=1;
18       }
19   }
20
```

```
21   // 單點對全部頂點最短距離
22   var shortestPath=(vertex1, vertex_total)=>{
23       let shortest_vertex = 1; //紀錄最短距離的頂點
24       let goal=[];   //用來紀錄該頂點是否被選取
25       for(let i=1;i<vertex_total+1;i++) {
26           goal[i] = 0;
27           distance[i] = Graph_Matrix[vertex1][i];
28       }
29       goal[vertex1] = 1;
30       distance[vertex1] = 0;
31       process.stdout.write('\n');
32
33       for(let i=1;i<vertex_total;i++) {
34           shortest_distance = INFINITE;
35           for(let j=1;j<vertex_total+1;j++) {
36               if (goal[j]==0 && shortest_distance>distance[j]) {
37                   shortest_distance=distance[j];
38                   shortest_vertex=j;
39               }
40           }
41
42           goal[shortest_vertex] = 1;
43           // 計算開始頂點到各頂點最短距離
44           for(let j=1;j<vertex_total+1;j++) {
45               if (goal[j] == 0 &&
46                   distance[shortest_vertex]+Graph_Matrix[shortest_vertex]
                          [j]<distance[j]) {
47                   distance[j]=distance[shortest_vertex] +
48                           Graph_Matrix[shortest_vertex][j];
49               }
50           }
51       }
52   }
53   // 主程式
54
55   Path_Cost = [ [1, 2, 29], [2, 3, 30],[2, 4, 35],
56                 [3, 5, 28],[3, 6, 87],[4, 5, 42],
57                 [4, 6, 75],[5, 6, 97]];
58
59   BuildGraph_Matrix(Path_Cost);
60   以下程式略...
```

B-6 將指令放在不當區塊位置所造成的錯誤

【尚未除錯的程式片段】unpair.js

```
01   class student {      //宣告串列結構
02       constructor() {
03           this.num=0;
04           this.score=0;
05           this.next=null;
06       }
07   }
08
09   var create_link=(data,num)=> { //建立串列副程式
10       for (i=0;i<num;i++) {
11           let newnode=new student();
12           if (!newnode) {
13               process.stdout.write('Error!! 記憶體配置失敗!!\n')
14               return;
15           }
16           if (i==0) {    //建立串列首
17               newnode.num=data[i][0];
18               newnode.score=data[i][1];
19               newnode.next=null;
20               head=newnode;
21               ptr=head;
22           }
23           else {     //建立串列其他節點
24               newnode.num=data[i][0];
25               newnode.score=data[i][1];
26               newnode.next=null;
27               ptr.next=newnode;
28               ptr=newnode;
29           }
30           newnode.next=head;
31       }
32       return ptr      //回傳串列
33   }
34
35   var print_link=(head)=> { //列印串列副程式
36       let i=0;
37       let ptr=head.next;
38       while (true) {
39           process.stdout.write('['+ptr.num+'-'+ptr.score+'] => \t');
40           i=i+1;
41           if (i>=3) {          //每行列印三個元素
```

```
42              process.stdout.write('\n');
43              i=0;
44              ptr=ptr.next;
45          }
46          if (ptr==head.next)
47              break;
48      }
49 }
50
51 var concat=(ptr1,ptr2)=> {  //連結串列副程式
52     head=ptr1.next;          //在ptr1及ptr2中，各找任意一個節點
53     ptr1.next=ptr2.next;    //把兩個節點的next對調即可
54     ptr2.next=head;
55     return ptr2;
56 }
57
58 data1=[];
59 data2=[];
60 for (let i=0;i<6;i++) {
61     data1[i]=[null,null];
62     data2[i]=[null,null];
63 }
64
65 for (i=1;i<7;i++) {
66     data1[i-1][0]=i*2-1;
67     data1[i-1][1]=40+Math.floor((Math.random()*61));
68     data2[i-1][0]=i*2;
69     data2[i-1][1]=40+Math.floor((Math.random()*61));
70 }
71
72 ptr1=create_link(data1,6);    //建立串列1
73 ptr2=create_link(data2,6);    //建立串列2
74 i=0;
75 process.stdout.write('\n原 始 串 列 資 料：\n');
76 process.stdout.write('座號 成績   \t座號 成績   \t座號 成績\n');
77 process.stdout.write('=====================================\n')
78 process.stdout.write('串列 1 ：\n');
79 print_link(ptr1);
80 process.stdout.write('串列 2 ：\n');
81 print_link(ptr2);
82 process.stdout.write('=====================================\n');
83 process.stdout.write('連結後串列：\n');
84 ptr=concat(ptr1,ptr2);    //連結串列
85 print_link(ptr);
```

【錯誤訊息】

執行後的輸出結果不是自己原先預期的結果，本範例預計將兩個串列連結後的結果輸出，但卻得到如下的輸出結果：

```
D:\sample>node exb/unpair.js

原始串列資料:
座號 成績        座號 成績        座號 成績

串列 1 :
[1-48] =>        串列 2 :
[2-56] =>
連結後串列:
[1-48] =>
D:\sample>_
```

【可能原因說明】

通常這類輸出的結果和自己預期有差別，很大的可能性在於某些指令放置在不對的區塊位置。所以除錯重點在於仔細檢查每一個指令，並查看該指令的位置是否正確，後來經仔細查看，才發現第 44 行指令的位置有誤，經作了如下的修正後，就如預期輸出正確的執行結果。下圖才是正確的執行結果：

```
D:\sample>node exb/unpair_ok.js

原始串列資料:
座號 成績        座號 成績        座號 成績

串列 1 :
[1-82] =>        [3-63] =>        [5-92] =>
[7-62] =>        [9-80] =>        [11-46] =>
串列 2 :
[2-69] =>        [4-52] =>        [6-63] =>
[8-40] =>        [10-77] =>       [12-71] =>

連結後串列:
[1-82] =>        [3-63] =>        [5-92] =>
[7-62] =>        [9-80] =>        [11-46] =>
[2-69] =>        [4-52] =>        [6-63] =>
[8-40] =>        [10-77] =>       [12-71] =>

D:\sample>
```

【修正後的正確程式碼】 unpair_ok.js

```
01   class student {      //宣告串列結構
02       constructor() {
03           this.num=0;
04           this.score=0;
05           this.next=null;
06       }
07   }
08
09   var create_link=(data,num)=> { //建立串列副程式
10       for (i=0;i<num;i++) {
11           let newnode=new student();
12           if (!newnode) {
13               process.stdout.write('Error!! 記憶體配置失敗!!\n')
14               return;
15           }
16           if (i==0) {    //建立串列首
17               newnode.num=data[i][0];
18               newnode.score=data[i][1];
19               newnode.next=null;
20               head=newnode;
21               ptr=head;
22           }
23           else {    //建立串列其他節點
24               newnode.num=data[i][0];
25               newnode.score=data[i][1];
26               newnode.next=null;
27               ptr.next=newnode;
28               ptr=newnode;
29           }
30           newnode.next=head;
31       }
32       return ptr       //回傳串列
33   }
34
35   var print_link=(head)=> { //列印串列副程式
36       let i=0;
37       let ptr=head.next;
38       while (true) {
39           process.stdout.write('['+ptr.num+'-'+ptr.score+'] => \t');
40           i=i+1;
```

```
41          if (i>=3) { //每行列印三個元素
42              process.stdout.write('\n');
43              i=0;
44          }
45          ptr=ptr.next;
46          if (ptr==head.next)
47              break;
48      }
49  }
50
51  var concat=(ptr1,ptr2)=> { //連結串列副程式
52      head=ptr1.next;              //在ptr1及ptr2中，各找任意一個節點
53      ptr1.next=ptr2.next;     //把兩個節點的next對調即可
54      ptr2.next=head;
55      return ptr2;
56  }
57
58  data1=[];
59  data2=[];
60  for (let i=0;i<6;i++) {
61      data1[i]=[null,null];
62      data2[i]=[null,null];
63  }
64
65  for (i=1;i<7;i++) {
66      data1[i-1][0]=i*2-1;
67      data1[i-1][1]=40+Math.floor((Math.random()*61));
68      data2[i-1][0]=i*2;
69      data2[i-1][1]=40+Math.floor((Math.random()*61));
70  }
71
72  ptr1=create_link(data1,6);     //建立串列1
73  ptr2=create_link(data2,6);     //建立串列2
74  i=0;
75  process.stdout.write('\n原 始 串 列 資 料：\n');
76  process.stdout.write('座號 成績     \t座號 成績     \t座號 成績\n');
77  process.stdout.write('====================================\n')
78  process.stdout.write('串列 1 ：\n');
79  print_link(ptr1);
80  process.stdout.write('串列 2 ：\n');
81  print_link(ptr2);
```

```
82   process.stdout.write('========================================\n');
83   process.stdout.write('連結後串列：\n');
84   ptr=concat(ptr1,ptr2);       //連結串列
85   print_link(ptr);
```

B-7　類別內方法的宣告方式錯誤

【尚未除錯的程式片段】add_var.js

```
01   //=============== Program Description ===============
02   //程式目的： 老鼠走迷宮
03
04   class Node {
05       constructor(x,y) {
06           this.x=x;
07           this.y=y;
08           this.next=null;
09       }
10   }
11
12   class TraceRecord {
13       constructor() {
14           this.first=null;
15           this.last=null;
16       }
17
18       var isEmpty=()=>{
19           return this.first==null;
20       }
21       var insert=(x,y)=>{
22           let newNode=new Node(x,y);
23           if (this.first==null) {
24               this.first=newNode;
25               this.last=newNode;
26           }
27           else {
28               this.last.next=newNode;
29               this.last=newNode;
30           }
31       }
```

```
32      var delete=()=> {
33          if (this.first==null) {
34              process.stdout.write('[佇列已經空了]\n');
35              return;
36          }
37          let newNode=this.first;
38          while (newNode.next!=this.last)
39              newNode=newNode.next;
40          newNode.next=this.last.next;
41          this.last=newNode ;
42      }
43  }
44  以下程式碼略...
```

【錯誤訊息】

```
D:\sample>node exb/add_var.js
D:\sample\exb\add_var.js:18
    var isEmpty=()=>{
        ^^^^^^^

SyntaxError: Unexpected identifier
[90m    at wrapSafe (internal/modules/cjs/loader.js:979:16) [39m
[90m    at Module._compile (internal/modules/cjs/loader.js:1027:27) [39m
[90m    at Object.Module._extensions..js (internal/modules/cjs/loader.js:1092:10) [39m
[90m    at Module.load (internal/modules/cjs/loader.js:928:32) [39m
[90m    at Function.Module._load (internal/modules/cjs/loader.js:769:14) [39m
[90m    at Function.executeUserEntryPoint [as runMain] (internal/modules/run_main.js:72:12) [39m
[90m    at internal/main/run_main_module.js:17:47 [39m

D:\sample>
```

【可能原因說明】

在 JavaScript 類別內的方法（或稱函數）必須直接以方法名稱去定義，而不需要像一般我們在宣告函數時，會在函數名稱前再加上 var 保留字，只要將 var 去掉即可，以下為修改後的正確執行結果。

```
D:\sample>node exb/add_var_ok.js
[迷宮的路徑(0的部分)]
111111111111
100011111111
111011000011
111011011011
111000011011
111011011011
111011011011
111111011011
110000001001
111111111111
[老鼠走過的路徑(2的部分)]
111111111111
122211111111
111211222211
111211211211
111222211211
111211011211
111211011211
111111011211
110000001221
111111111111

D:\sample>_
```

【修正後的正確程式碼】 add_var_ok.js

```javascript
01   //============== Program Description ==============
02   //程式目的： 老鼠走迷宮
03
04   class Node {
05       constructor(x,y) {
06           this.x=x;
07           this.y=y;
08           this.next=null;
09       }
10   }
11
12   class TraceRecord {
13       constructor() {
14           this.first=null;
15           this.last=null;
16       }
17
18       isEmpty=()=>{
19           return this.first==null;
20       }
```

```
21      insert=(x,y)=>{
22          let newNode=new Node(x,y);
23          if (this.first==null) {
24              this.first=newNode;
25              this.last=newNode;
26          }
27          else {
28              this.last.next=newNode;
29              this.last=newNode;
30          }
31      }
32      delete=()=> {
33          if (this.first==null) {
34              process.stdout.write('[佇列已經空了]\n');
35              return;
36          }
37          let newNode=this.first;
38          while (newNode.next!=this.last)
39              newNode=newNode.next;
40          newNode.next=this.last.next;
41          this.last=newNode ;
42      }
43  }
44  以下程式略...
```